中国石油天然气集团有限公司统建培训资源
业务骨干能力提升系列培训丛书

炼油化工项目设备典型故障分析与管控

《炼油化工项目设备典型故障分析与管控》编写组　编

石油工业出版社

内 容 提 要

本书是中国石油炼油化工和新材料分公司组织编写的"中国石油天然气集团有限公司统建培训资源——业务骨干能力提升系列培训丛书"的一本。本书梳理炼油化工企业动设备、静设备、仪表、电气四个专业在设计及设备选型、施工安装及调试、装置初期运行阶段的典型故障案例，系统讲述了装置概况、事故事件经过、直接原因和间接原因、整改措施，总结经验教训、好的做法和不足。

本书可为炼化企业新改扩建项目提供参考，供炼化企业设备技术、管理人员使用。

图书在版编目（CIP）数据

炼油化工项目设备典型故障分析与管控 /《炼油化工项目设备典型故障分析与管控》编写组编. -- 北京：石油工业出版社，2024.11. -- （中国石油天然气集团有限公司统建培训资源）. -- ISBN 978-7-5183-6883-9

Ⅰ.TE96

中国国家版本馆 CIP 数据核字第 2024FV0073 号

出版发行：石油工业出版社
　　　　　（北京市朝阳区安华里二区 1 号楼　100011）
　　　　网　　址：www.petropub.com
　　　　编辑部：（010）64243803
　　　　图书营销中心：（010）64523633
经　　销：全国新华书店
印　　刷：北京晨旭印刷厂

2024 年 11 月第 1 版　2024 年 11 月第 1 次印刷
787×1092 毫米　　开本：1/16　　印张：23.5
字数：580 千字

定价：80.00 元
（如发现印装质量问题，我社图书营销中心负责调换）
版权所有，翻印必究

《炼油化工项目设备典型故障分析与管控》编委会

主　　　　任：李汝新
执 行 主 任：刘国海
副　 主　 任：林震宇　赵　斌　王　勇　高俊峰　王　兵
编　　　委：瞿宾业　刘　斌　刘文智　何广池　张恩贵
　　　　　　陆　军　李俊斌　宋运通　刘玉力　吴伟阳
　　　　　　白天相　王立新　宿伟毅　吴育新　孟庆元
　　　　　　王俊山　姜　伟　吴　磊　于晶华　熊　杰
　　　　　　绪　军　罗广辉　胡　斌　贾舒晨　李宇光
　　　　　　刘文才　李迎丽　王　军　王　超　焦庆雨
　　　　　　李洪亮　常广冬　邓宗华

编写组

主　　　　编：高志杰
副 主 　编：张　雷　李庆龙　吴化龙　徐国良
编 写 人 员：高子惠　李　腾　丁　毅　陈建义　刘宜鑫
　　　　　　代　旭　孙　博　吴世权　张伟东　葛华东
　　　　　　米吉龙　陶志成　陈　鸿　张宏达　许小林
　　　　　　刘三廷　顾维俊　伊　冠　赵书金　徐国庆
　　　　　　王富东　王晶晶

序

当前，中国石油天然气集团有限公司（以下简称集团公司）正处在加快转变增长方式，调整产业结构，全面建设世界一流综合性国际能源公司的关键时期。在炼化产业市场化进程中，集团公司炼油化工企业结构调整、转型升级，新建项目建设存在诸多挑战，使得项目开工后长周期运行存在隐患，尤其设备隐患若未能提前发现并处理，不仅会造成较大的经济损失，也会对人民的生命安全构成威胁，给社会环境造成巨大负面影响。因此加强设备故障分析与管控能力是新建炼油化工项目面临的重大课题。

安全生产事关人民福祉，事关经济社会发展大局。党的十八大以来，以习近平同志为核心的党中央高度重视安全生产工作，党的二十大报告强调，要坚持安全第一、预防为主。在炼油化工项目建设过程中，设备故障可能引发严重的安全事故，针对设备典型故障，落实切实可行的防控措施十分必要，这些措施包括完善管理制度、提高运维能力、提升操作水平、推进精益化检修等。通过落实这些措施，可以有效降低设备故障的发生概率，提高炼油化工项目的安全生产管控能力。

近期，中国石油天然气股份有限公司炼油化工和新材料分公司组织编写了《炼油化工项目设备典型故障分析与管控》一书，收集近十余年来中国石油新建炼化项目发生的典型设备故障案例，通过对这些案例进行分析提炼，总结好的经验和做法，指出不足，提出管控要点。希望本书的面世，能为炼化企业未来一段时期新改扩建项目提供技术支持，也可为从事专业设计、设备制造、设备采购、日常运维和检维修的设备技术、管理人员提供帮助。

中国石油天然气股份有限公司副总裁
炼油化工和新材料分公司执行董事、党委书记
中国石油石油化工研究院党委书记
2024 年 6 月

前 言

近年来，炼油化工新建项目存在诸多的挑战：一是项目建设的费用、进度、质量、安全、环保等要求更加严格；二是装置规模化、大型化、国产化要求对设备的考验更加严峻；三是设计方、施工方水平参差不齐；四是大型设备故障率较高，检维修难度大；五是部分设备为国内首套，未经过市场验证，质量尚存较多不确定性；六是装置投用后长周期运行要求逐步提高，普遍由"三年一修"提高到"四年一修""五年一修"；七是部分企业尚未全面落实设备全生命周期管理理念，仍然沿用传统设备管理方式方法；八是个别企业在项目建设阶段介入度不够深入，"源头把控设备本质安全"未落到实处。

为进一步提升新建项目设计、采购、设备制造及施工验收等各阶段管理水平，中国石油天然气股份有限公司炼油化工和新材料分公司组织企业动设备、静设备、仪表、电气专家编制本书。通过挖掘设备事故事件价值，梳理新建项目三查四定、项目中交、单机试车、联动试车、投料试车及装置运行初期等各环节主要问题，为装置顺利开车和后期长周期运行打下基础，同时为大检修企业检修准备，检修过程质量、进度及安全管控等提供经验教训。

本书以动、静、仪、电四个专业为纲，突出专业引领，深入剖析问题，进一步明确项目建设期专业管理要求，关口前移，补强项目管理弱矩阵；将动设备、静设备、仪表、电气各专业单独整理成篇，层次性更强。全书共四章，第一章、第二章为动设备、静设备生产准备和开车阶段典型案例及总结、提升，按照炼油、化工、公用工程装置分别介绍，第三章、第四章为仪表、电气生产准备和开车阶段典型案例及总结、提升，按照设计及设备选型、施工安装及调试、装置初期运行分别介绍，可为炼化企业未来一段时期新改扩建项目提供技术支持，亦可供从事日常运维、专业设计、设备制造、采购和检维修的设备技术、管理人员参考使用，也可供与炼化行业相关的科研院所、高校等使用。

本书由中国石油炼油化工和新材料分公司牵头组织编写，由辽阳石化、大庆炼化、云南石化、四川石化、广东石化、华北石化、广西石化、大庆石化、兰州石化、独山子石化、大连石化等多家企业提供素材并组成专家团队编写成书，在此，谨向在编写过程中作出贡献的各方面人士表示衷心感谢！

由于案例的收集存在局限性、时效性，本书的建议及管控措施在科学性、系统性上可能存在不足，且编者水平有限，疏漏和不当之处在所难免，欢迎读者批评指正以期修订完善。

编　写　组

2024 年 6 月

说 明

本书收集设备事故事件案例209例,其中动设备专业69例,静设备专业55例,仪表专业47例,电气专业48例。每一个案例均描述了装置(设备)背景、事故事件简要经过、原因分析、针对性整改措施及经验教训总结,力求通过清晰阐述,揭示故障根源,并提炼出行之有效、具备广泛推广价值的整改方案。通过对这一系列案例的深入剖析,旨在向读者全面展示新建项目中动设备、静设备、仪表、电气交付与启动过程中可能遇到的各种难题与挑战,并为读者在新建项目的类似阶段提供宝贵的参考与借鉴,具体案例情况说明如下。

动设备专业按照炼油、化工及公用工程装置分类,共收集了典型事故事件案例69例,其中炼油装置40例、化工装置20例、公用工程装置9例,主要为设计选型、设备采购、3D模型审查、现场施工、安装调试、三查四定、PSSR检查❶和交工验收,以及生产准备、单机试车、联动试车和开工阶段过程中的典型案例,从设计选型不合理、运行指标控制不严格、变更管理不严谨、设备质量验收不到位、安装质量不合格、操作管理不规范、日常维护保养不精细等方面进行直接原因、间接原因、管理原因剖析。

静设备专业按照炼油、化工及公用工程装置分类,共收集了典型事故事件案例55例,其中炼油装置41例、化工装置7例、公用工程装置7例,主要为设计选型、采购制造、到货验收、现场施工、安装调试、三查四定、交工验收,以及联动试车和开工阶段过程中的典型案例,从设计选型不合理、设备材质选用错误、制造质量不合格、施工安装质量差、管线吹扫不合格、腐蚀管控不严等方面进行直接原因、间接原因、管理原因剖析。

仪表专业收集典型事故事件案例47例,其中设计及设备选型17例、施工安装及调试20例、装置初期运行10例,主要从以下三个方面进行直接原因、间接原因、管理原因剖析:一是仪表设计选型方面忽视关键选型参数、设计参数偏离工况、环境因素考虑不足、技术附件审查不严;二是施工方面施工质量存在缺陷、质量验收缺乏管控;三是人员操作不规范、人员安全意识不强、仪表设备质量差等。

电气专业收集典型事故事件案例48例,其中设计及设备选型15例、施工安装及调试19例、装置初期运行14例,主要从以下两个方面进行直接原因、间接原因、管理原因剖

---

❶ 三查四定:查设计漏项、查工程质量及隐患、查未完工程量;定任务、定人员、定时间、定措施。

PSSR检查:启动前安全检查。

析：一是设备选型采购、现场施工及安装调试、三查四定及交接验收、单机试车、停（送）电管理、运行操作及监盘管理等各个环节；二是变电所建筑物、220kV GIS、电缆（架空线）、继电保护及安全自动装置、变压器、开关柜、电动机、UPS、电容器、空调等十余类别的设备设施等。

本书提取炼油化工新建项目生产准备和开车阶段动设备、静设备、仪表、电气专业好的经验和做法、不足以及管控要点，并派出各专业专家组赶往各项目发生地，开展实地考察、交流、访谈及资料论证收集，按照"分类汇总，同类编组"的原则，进行了详细的阐述，增强了逻辑性和全面的理论提升，力图让读者能有效规避新建项目三查四定、项目中交、单机试车、联动试车、投料试车及装置运行初期等各环节主要问题，总结概括情况如下。

动设备专业总结好的经验和做法 39 项，主要涉及储备定额、机组油运及试车前检查、密封辅助系统管理、机组润滑油压联锁延时制定、特殊结构机泵试车方案制定、设备运行初期注意事项等内容。总结管理不足 31 项，主要包括基础管理、技术人员培训、安装质量管控、设计沟通协调、现场施工、试车方案制定及执行等内容。形成管控要点 31 项，主要有设备操作规程制定、出厂试验、开箱验收、安装调试、三查四定、单机试车、水联运、动设备运行管理等工作。

静设备专业总结好的经验和做法 22 项，主要涉及设备图纸审查、重点设备监造、现场材质抽检、特种设备注册、静密封泄漏管理、腐蚀防控等内容。总结管理不足 27 项，主要包括设计审查、设备采购和到货验收、设备安装质量、施工过程管控、隐蔽工程检查和橇装设备管理等内容。形成管控要点 33 项，主要有设计选型、采购制造、设备管线安装、法兰密封、现场施工、备品备件、开工期间泄漏检查和设备监检测等相关工作。

仪表专业总结好的经验和做法 52 项，主要涉及基础管理、项目过程管控、控制系统测试、仪表组态设置及调试、仪表规范投用 5 个方面；总结管理不足 31 项，主要包括项目人员管理及培训、设计、仪表选型及到货验收、规范施工方面、仪表调试、维护作业管控 6 个方面；形成管控要点 48 项，主要有人员准备、基础资料准备、验收管控、仪表调试、关键仪表备件准备、投料前仪表设备设施完好性作为重点检查管控、控制系统管理、调节阀检查调试、分析仪表投用管理、环保及在线分析仪表技术准备、仪表失效数据库建立、强化仪表作业管控 12 个方面。

电气专业总结好的经验和做法 56 项，主要涉及前期准备、设备采购选型、施工安装及调试、三查四定及交接验收、单机试车、初期运行管理 6 个方面；总结管理不足 58 项，主要包括设计审查、设备选型及采购、施工安装及调试、初期运行管理 4 个方面；形成管控要点 66 项，主要有土建设计、电气设计、设备选型及采购、设备生产制造、施工安装及调试、三查四定、交接验收、初期运行管理、执行"两项"制度 9 个方面。

目 录

第一章 动设备 ··· 1

第一节 炼油装置生产准备和开车阶段典型案例 ··· 1

案例一 常减压装置常底泵放空法兰泄漏 ·· 1
案例二 常减压装置初底泵试运中口环卡涩 ·· 2
案例三 常减压装置开工阶段减底泵多次抽空 ··· 3
案例四 重油催化裂化装置主、备风机组入口整流栅安装错误 ······················ 5
案例五 重油催化裂化装置油浆泵通流部件磨损 ··· 6
案例六 重油催化装置备用主风机组电动机滑动轴承磨损 ···························· 8
案例七 重油催化装置主风机组开机增速箱振动超标 ·································· 9
案例八 重油催化裂化装置富气压缩机组汽轮机单试故障 ·························· 10
案例九 催化装置富气压缩机试机振动超标 ··· 12
案例十 气体分馏装置脱丙烷塔回流泵密封失效 ······································· 13
案例十一 气体分馏装置轻烃回收单元压缩机管线振动异常 ······················· 14
案例十二 重整装置二甲苯塔底泵抽空 ·· 15
案例十三 连续重整装置丙烷压缩机故障 ··· 17
案例十四 连续重整装置预加氢进料泵故障 ·· 18
案例十五 连续重整装置干气密封系统含杂质 ·· 21
案例十六 制氢装置锅炉给水泵密封失效 ··· 22
案例十七 航煤加氢装置循环氢压缩机缸盖密封泄漏 ································· 24
案例十八 航煤加氢装置油雾润滑系统泄漏 ··· 25
案例十九 异构化装置地下污油倒窜进压缩机中体隔离室 ·························· 27
案例二十 渣油加氢装置新氢气阀故障 ·· 29
案例二十一 渣油加氢装置循环氢压缩机干气密封进油 ····························· 30
案例二十二 渣油加氢装置高压贫胺液泵润滑油开关误关 ·························· 32
案例二十三 渣油加氢装置分馏塔底泵衬套抱死 ······································· 34
案例二十四 渣油加氢装置压缩机非联轴器端干气密封泄漏 ······················· 35
案例二十五 渣油加氢装置循环氢压缩机联锁停车 ··································· 36
案例二十六 蜡油加氢裂化新氢压缩机启机前故障信号 ····························· 39
案例二十七 蜡油加氢裂化装置循环氢压缩机主密封气增压泵频繁自停 ········· 42

案例二十八	蜡油加氢裂化装置循环氢压缩机主密封气压力波动	43
案例二十九	蜡油加氢裂化装置汽轮机轴承温度高	44
案例三十	蜡油加氢裂化装置机泵密封自冲不畅	46
案例三十一	柴油加氢精制循环氢压缩机联锁停机	47
案例三十二	柴油加氢精制装置汽轮机猫爪螺栓卡死	49
案例三十三	柴油加氢精制装置原料泵超负荷跳闸	50
案例三十四	汽柴油改质装置新氢压缩机振动联锁停机	52
案例三十五	延迟焦化装置富气压缩机组暖管时无法盘车	54
案例三十六	油品新罐区渣油供料泵机封寿命不达标	55
案例三十七	油品新罐区蜡油供料泵振动超标	56
案例三十八	储运部液化气深井筒袋泵频繁故障	57
案例三十九	连续重整装置预加氢循环氢压缩机活塞杆断裂	59
案例四十	加氢裂化装置循环氢压缩机干气密封泄漏	61

第二节　化工装置生产准备和开车阶段典型案例 ································ 63

案例一	乙烯装置裂解气压缩机干气密封失效	63
案例二	乙烯装置乙烯气压缩机汽轮机径向轴瓦温度高	65
案例三	乙烯装置丙烯制冷压缩机启机过程中主油泵汽轮机跳车	67
案例四	高密度聚乙烯装置夹套水泵运行超额定电流	68
案例五	高密度聚乙烯装置淤浆泵机封泄漏	70
案例六	高密度聚乙烯装置夹套水泵机封泄漏	71
案例七	高密度聚乙烯装置尾气压缩机无法盘车	73
案例八	高密度聚乙烯装置离心机润滑油流量计低报警	74
案例九	全密度聚乙烯装置排放气压缩机止推轴承磨损	75
案例十	全密度聚乙烯装置循环气压缩机振动值高	77
案例十一	全密度聚乙烯装置挤压机组切粒机运行周期短频繁停机	79
案例十二	乙二醇装置尾气压缩机入口压力联锁停机	80
案例十三	丁辛醇装置压缩机干气密封排放室积液	82
案例十四	丁辛醇装置压缩机单机试车期间轴振动超标	83
案例十五	丁辛醇装置催化剂循环泵机封泄漏	84
案例十六	重整加氢PX装置异构化循环氢压缩机叶轮断裂	85
案例十七	聚丙烯装置丙烯回收泵不上量	87
案例十八	聚丙烯装置挤压造粒系统挤压机筒体进水	88
案例十九	聚丙烯装置挤压机筒体二段温度过高	90
案例二十	聚丙烯装置挤压造粒机主减速器离合器故障	92

第三节　公用工程装置生产准备和开车阶段典型案例 ························ 94

案例一	循环水排污水装置螺杆泵故障	94

案例二　二联合循环水装置汽轮机振动大 ··· 95
　　案例三　公用工程部二联合装置循环水泵叶轮穿孔 ··· 96
　　案例四　空分装置含盐污水提升泵自吸能力不足 ··· 98
　　案例五　热电联合车间燃料油泵内部件磨损 ··· 99
　　案例六　自备电站汽轮机气缸漏汽、高低调门反复波动 ··· 100
　　案例七　公用工程部一联合空分装置膨胀机振动异常 ··· 102
　　案例八　公用工程部二联合装置DCI污泥排放泵故障 ··· 104
　　案例九　余热回收站高压锅给水泵转子抱死 ··· 105
　第四节　生产准备和开车阶段总结与提升 ··· 106

第二章　静设备 ··· 114
　第一节　炼油装置生产准备和开车阶段典型案例 ··· 114
　　案例一　常减压装置小接管安装质量不合格 ··· 114
　　案例二　常减压装置脱后原油与常三线换热器泄漏 ··· 115
　　案例三　常减压装置常压炉烟道挡板联锁打开滞后 ··· 117
　　案例四　常减压装置引原油期间原油进装置闸阀无法打开 ··· 118
　　案例五　催化裂化装置卸剂线阀门内漏 ··· 119
　　案例六　重油催化装置再生斜管振动大 ··· 120
　　案例七　催化裂化装置气压机级间冷却器内漏 ··· 122
　　案例八　催化裂化装置汽包定排阀、连排阀、放空阀内漏 ··· 125
　　案例九　连续重整芳香烃联合装置重整进料换热器泄漏 ··· 126
　　案例十　重整联合装置再生烟气脱氯罐底部卸料管线泄漏 ··· 127
　　案例十一　连续重整装置再生黑烧线氯腐蚀泄漏 ··· 128
　　案例十二　连续重整装置中压蒸汽减温减压器故障 ··· 130
　　案例十三　加氢裂化装置原料油反冲洗过滤器频繁反冲洗 ··· 132
　　案例十四　加氢裂化装置螺纹锁紧环换热器泄漏 ··· 134
　　案例十五　加氢裂化装置反应器底部出口法兰泄漏 ··· 135
　　案例十六　加氢裂化装置高压换热器管程主密封垫片泄漏 ··· 136
　　案例十七　柴油加氢装置硫化过程中高压空冷器泄漏 ··· 137
　　案例十八　延迟焦化装置高温旋塞阀开工升温期间无法打开 ··· 140
　　案例十九　硫磺回收装置制硫炉及转化器衬里出现裂纹 ··· 141
　　案例二十　硫磺回收装置制硫余热锅炉管板泄漏 ··· 142
　　案例二十一　硫磺回收装置硫磺解析塔顶后冷器泄漏 ··· 144
　　案例二十二　硫磺回收装置碱液线焊道泄漏 ··· 145
　　案例二十三　硫磺回收装置文丘里塔内衬层焊道腐蚀泄漏 ··· 146
　　案例二十四　硫磺回收装置蒸汽过热器膨胀节露点腐蚀 ··· 147
　　案例二十五　硫磺回收装置尾气炉开工升温初期点火多次失败 ··· 149

案例二十六　新建硫磺回收装置地基沉降问题 ················· 150
　　案例二十七　溶剂再生及酸性水汽提装置空冷器管线焊道泄漏 ········· 154
　　案例二十八　酸性水汽提装置汽提塔顶空冷器出口管线泄漏 ·········· 155
　　案例二十九　溶剂再生装置再生塔顶后冷器壳体腐蚀减薄 ··········· 156
　　案例三十　胺溶剂再生装置减温减压器除氧水流量不足 ············ 158
　　案例三十一　异构化装置轨道球阀内漏 ··················· 159
　　案例三十二　污泥干化焚烧装置二燃室烘炉过程中壁温过高 ·········· 160
　　案例三十三　储运部储罐内防腐脱落 ···················· 161
　　案例三十四　催化裂化装置主风总管膨胀节破裂 ··············· 164
　　案例三十五　催化裂化装置三旋出口膨胀节腐蚀泄漏 ············· 165
　　案例三十六　催化裂化装置第二再生器待生斜管膨胀节泄漏 ·········· 167
　　案例三十七　催化裂化装置提升管反应器管线焊道砂眼泄漏 ·········· 168
　　案例三十八　催化裂化装置第二再生器旋风分离器料腿断裂 ·········· 170
　　案例三十九　催化裂化装置半再生滑阀导轨无法开关 ············· 172
　　案例四十　催化裂化装置半再生单动滑阀填料泄漏 ·············· 173
　　案例四十一　催化裂化装置开工过程中沉降器跑剂 ·············· 174
　第二节　化工装置生产准备和开车阶段典型案例 ················ 176
　　案例一　乙烯装置乙炔反应器进料加热器管箱法兰泄漏 ············ 176
　　案例二　乙烯装置裂解炉辐射段炉管倾斜变形 ················ 178
　　案例三　乙烯装置乙烷汽化器内漏 ····················· 179
　　案例四　乙烯装置裂解气压缩机二段吸入罐内部挡板泄漏 ··········· 181
　　案例五　丁辛醇装置换热器泄漏 ······················ 182
　　案例六　乙二醇装置四效蒸发器与再沸器连接短管法兰泄漏 ·········· 183
　　案例七　聚丙烯装置地基回填土质量不合格 ················· 185
　第三节　公用工程生产准备和开车阶段典型案例 ················ 186
　　案例一　循环水场循环水给水泵出口阀门开关困难 ·············· 186
　　案例二　循环水场回水线手动蝶阀无法打开 ················· 187
　　案例三　污水处理场调节罐收油器补水管、注水管损坏 ············ 188
　　案例四　动力站除氧器内部旋膜器组件堵塞 ················· 189
　　案例五　空分装置空气压缩机级间排水设计不合理 ·············· 191
　　案例六　空分装置氧气管道未安装静电跨接 ················· 193
　　案例七　自备电站燃气锅炉系统高负荷运行时振动大 ············· 195
　第四节　生产准备和开车阶段总结与提升 ··················· 196

第三章　仪表 ······························· 203
　第一节　设计及设备选型阶段典型案例 ···················· 203
　　案例一　渣油加氢处理装置高压浮筒内筒脱落 ················ 203

案例二	渣油加氢处理装置贫胺液出口流量调节阀振荡	204
案例三	烷基化装置高温热偶套管故障	205
案例四	常减压装置压缩机界面计无法测量	207
案例五	乙烯裂解炉炉膛微压仪表指示开路联锁停车	208
案例六	乙烯装置乙烯机、丙烯机差压变送器不能正常使用	209
案例七	常压炉、减压炉烟道挡板关闭时间长触发装置停工	210
案例八	渣油加氢 II 系列原料泵出口流量低低联锁	212
案例九	制氢装置 PSA 单元仪表供风泄漏	213
案例十	直柴加氢及焦化装置磁翻板浮子液位计显示不准确	215
案例十一	渣油加氢装置原料油过滤器 PLC 系统失电	216
案例十二	工业摄像头供电电缆接地短路	218
案例十三	航煤加氢装置燃料气切断阀电磁阀失电	219
案例十四	硫磺回收装置卡件故障联锁动作	220
案例十五	重整装置 SIS 系统 24V DC 电源故障	221
案例十六	乙烷制乙烯开工锅炉联锁逻辑不合理	223
案例十七	常减压和轻烃回收装置切断阀防火罩导致气控阀故障	224

第二节 施工安装及调试阶段典型案例 ……………………………… 225

案例一	蜡油加氢裂化装置加热炉流量阀有异物无法关闭	226
案例二	柴油加氢装置控制阀电磁阀进水故障	227
案例三	470 余支热电偶套管进水故障	228
案例四	聚丙烯装置旋转下料器探头故障	229
案例五	硫磺回收装置尾气炉火焰检测器检测不到信号	231
案例六	渣油加氢装置新氢机组仪表引压管线卡套崩脱	232
案例七	蜡油加氢裂化装置罐液位计浮球连杆弯曲	234
案例八	制氢装置部分中压蒸汽调节阀异物卡涩	235
案例九	蜡油加氢裂化装置低速泄压放空阀泄漏	237
案例十	制氢装置蒸汽孔板流量计引压管安装不合理	239
案例十一	废酸再生装置高温过滤器吹扫电磁阀故障	240
案例十二	航煤加氢装置循环机振动信号故障	242
案例十三	PSA 装置压缩机轴瓦温度联锁停车	243
案例十四	烷基化装置压缩机组急停按钮端子松动停机	244
案例十五	空分装置膨胀机轴承温度高联锁停车	245
案例十六	蜡油加氢裂化装置原料油泵联锁停泵	248
案例十七	直柴加氢精制装置多路温度转换器接线错误	249
案例十八	柴油罐区液位计组态错误	250
案例十九	空分装置组态错误联锁停车	252

案例二十　超高压锅炉给水泵温度联锁值组态错误 253
　第三节　装置初期运行阶段典型案例 254
　　案例一　公用工程部动力中心锅炉强制错误 254
　　案例二　汽柴油改质装置加氢高压浮筒参数设置错误 256
　　案例三　误操作SIS停运 257
　　案例四　空分装置下装错误控制程序导致停车 258
　　案例五　重油催化装置分馏塔底液位仪表作业泄漏 259
　　案例六　高密度聚乙烯装置在线分析仪表校准造成风机停机 260
　　案例七　蜡油加氢装置高压角阀操作不当 262
　　案例八　蜡油加氢装置分馏塔底进料泵切断阀减压阀油杯破裂 263
　　案例九　渣油加氢装置阀位回讯故障 264
　　案例十　柴油加氢精制装置循环氢压缩机轴瓦温度探头故障 265
　第四节　生产准备和开车阶段总结与提升 267

第四章　电气 279
　第一节　设计及设备选型阶段典型案例 279
　　案例一　干式变压器人为误动柜门限位开关引起跳闸 279
　　案例二　干式变压器柜门限位开关误动跳闸 280
　　案例三　220kV线路遭雷击 282
　　案例四　110kV电源改造项目手续不全导致系统接入方案发生变更 283
　　案例五　裂解炉顶引风机变频器故障 284
　　案例六　柴油加氢精制装置仪表UPS旁路电源失电报警 286
　　案例七　仪表UPS电源故障停机 287
　　案例八　电力电容器调试过程中合闸后立即跳闸 290
　　案例九　低压系统备自投逻辑存在缺陷 291
　　案例十　低压开关柜指示信号灯闪烁 292
　　案例十一　电缆沟长期积水损坏电缆 294
　　案例十二　直埋电缆故障 295
　　案例十三　重整装置空冷变频器晃电停机 296
　　案例十四　改造项目110kV进口保护装置无法实现电压切换 298
　　案例十五　变电所6kV进线电缆过热 300
　第二节　施工安装及调试阶段典型案例 302
　　案例一　电动机保护器CT（电流互感器）模块故障 302
　　案例二　高压己烷冲洗泵电动机突停、备泵自启未成功 303
　　案例三　常减压变电所两台35kV变压器动力电缆连接交叉错位 305
　　案例四　高压柜二次回路接线错误导致交直流互窜 306
　　案例五　35kV管型母线接头对地放电 307

案例六　低压开关柜垂直母排短路 ·································· 309
　　案例七　干式变压器受潮 ··· 311
　　案例八　10kV 线路差动保护误动作 ································ 312
　　案例九　多台高压柜电量未上传至电量采集计量系统 ·················· 314
　　案例十　电动机变频器参数错误导致不能正常启动 ···················· 315
　　案例十一　电压波动造成多台变频器同时跳闸 ······················· 316
　　案例十二　加氢裂化新氢压缩机低电压跳闸 ························· 317
　　案例十三　35kV 变压器首次受电时线变组光差保护误动作 ············ 318
　　案例十四　稳压智能照明柜变压器绕组接地故障 ····················· 319
　　案例十五　柴油加氢装置进料泵电动机工艺联锁跳闸闭锁现场启动 ····· 321
　　案例十六　催化裂化主风机电动机强台风故障跳闸 ··················· 322
　　案例十七　主变压器高压侧套管与屋顶安全间距不符合规范 ··········· 323
　　案例十八　三座变电站发生漏水 ··································· 326
　　案例十九　变电所发生鼠害 ······································· 327
　第三节　装置初期运行阶段典型案例 ···································· 328
　　案例一　空分空压装置电气人员误操作 ····························· 328
　　案例二　高压变频器试运期间误跳闸 ······························· 329
　　案例三　220kV GIS 断路器送电时故障 ····························· 330
　　案例四　重整装置电加热器频繁跳闸停运 ··························· 332
　　案例五　火车编组装车场小爬车控制回路器件老化 ··················· 333
　　案例六　储运罐区渣油供料泵电动机缺相 ··························· 334
　　案例七　循环水排污水装置搅拌器电动机轴承润滑效果差 ············· 335
　　案例八　渣油加氢循环氢压缩机高压软启动器故障 ··················· 337
　　案例九　重整装置电加热器可控硅触发板故障 ······················· 338
　　案例十　柴油罐区低压柜抽屉短路 ································· 339
　　案例十一　加氢裂化装置进料泵软启动器无法正常工作 ··············· 340
　　案例十二　常压炉引风机发生无故障停机 ··························· 341
　　案例十三　炼油项目循环水场多台高压电动机跳闸 ··················· 343
　　案例十四　重整抽提装置高压综合保护信号受到干扰 ················· 344
　第四节　生产准备和开车阶段总结与提升 ································ 345

第一章　动设备

第一节　炼油装置生产准备和开车阶段典型案例

案例一　常减压装置常底泵放空法兰泄漏

一、装置（设备）概况

某公司常减压装置常压处理量为 $500×10^4$t/a，减压处理量为 $300×10^4$t/a，加工高硫低酸原油，设计原料硫含量为2.77%（质量分数），酸值0.5mgKOH/g；2018年6月30日建成交工，2018年9月26日一次开车成功。常压塔底泵（简称常底泵）P112A/B 为常压塔底抽出至常压炉作为减压原料，是常减压装置关键 A 类机泵。机泵参数如下：规格型号 CD88×10×14L，流量 508.8m³/h，扬程125m，介质设计温度350℃。

二、事故事件经过

2018年9月24日上午10时40分，2#常减压装置塔底循环升温，常压塔底温度升高至312℃，常底泵 P112A 机泵运行过程中操作人员发现 P112A 泵体放空法兰处冒烟着火，立即用对讲机联系班长及内操，同时在泵区的操作人员立即使用灭火器熄火，内操关闭常压塔底抽出切断阀机泵联锁停车，10时50分高压电配电间对 P112B 控制柜复位，现场11时6分启动 P112B 逐步恢复生产。

三、原因分析

（一）直接原因

常底泵 P112A 泵体放空法兰处高温热油泄漏（图1-1），泄漏重油温度在自燃点以上，与空气接触自燃。

图1-1　常底泵 P112 泄漏点

（二）间接原因

泄漏处法兰由于靠近泵体下部，紧固空间受限，螺栓紧固力矩不均，在装置开工升温过程中螺栓受热膨胀后，法兰螺栓紧固力矩不足，同时由于机泵振动导致泵体放空法兰密封失效出现泄漏。

（三）管理原因

泄漏部位泵体放空法兰为机泵厂家出厂前安装，安装法兰螺栓力矩未得到有效监控，由于此位置属于厂家橇装设备，装置建造安装单位未对此部位螺栓力矩值进行复查，造成力矩不合格并发生泄漏。

四、整改措施

（1）对装置内所有机泵、容器、换热器等设备低点排凝、放空、压力表嘴、预热线等密封点，安排技术人员逐一排查紧固。

（2）对机泵放空等易由于温度变化或者振动等造成螺栓力矩变化部位，增加双螺母，避免松动。

五、经验教训

（1）新设备安装后应对所有法兰、接头部位进行认真检查复核，在装置开工升温过程中也应该对相应位置进行重点关注。

（2）针对高温机泵、高温换热设备平台、炉出口、塔底部抽出及人孔等在开工阶段需要安排专人盯守，重点关注。

（3）加强对岗位操作人员技术培训，提高突发事件处理能力。

案例二　常减压装置初底泵试运中口环卡涩

一、装置（设备）概况

某公司 2#常减压装置处理量为 $500×10^4$ t/a，于 2018 年 9 月开工。初馏塔底泵（简称初底泵）P103A（图 1-2）介质为初馏塔底油，由初馏塔 C101 抽出，由 P103A 加压至常压炉 F101 加热后至常压塔进料。初底泵 P103A 型号为 CD8 10×14×18K，机泵流量 866.3 m^3/h。

二、事故事件经过

2018 年 7 月 25 日上午 9 时试泵 P103A，机泵启泵前封油注入、润滑油、白油压力正常，冷却水投用正常，机泵盘车无异常，机泵入口全开，C101 塔水上满，最上方人孔观察口见水。操作人员现场确认无问题后启泵，振动电流参数无异常，现场开大出口阀门，发现出口压力急剧降低，并且电流快速上升，现场紧急停泵，停泵后无法正常盘车。

三、原因分析

（一）直接原因

拆检机泵过滤器后发现过滤器堵塞严重，有大量锈渣，分析认为过滤器堵塞导致机泵抽空。

（二）间接原因

机泵为双吸泵，机泵口环间隙较小，同时流量较大，抽空瞬间造成口环干磨卡涩，导致电流快速上升且停泵后机泵无法正常盘车。

图 1-2　初底泵 P103A

（三）管理原因

初馏塔 C101 至 P103A/B 泵入口管线为 DN350mm 管线，长度约 50m，管线上附着的锈渣及塔内杂物较多，试泵时未考虑到过滤器短时间即发生堵塞的问题。

四、整改措施

（1）及时清理入口过滤器，防止堵塞。
（2）启泵前检查流程，确认入口流程畅通。
（3）初馏塔液位联校准确，内操重点关注液位变化，与外操联系检查现场玻璃板及浮球是否正常，及时判断液位是否失灵。
（4）机泵油运期间，及时脱水，防止高温热油泵介质带水后造成机泵抽空。

五、经验教训

（1）严格把关管道清洁度，每条管线在安装前后都要进行管道清洁度检查。
（2）对于安装的管线开口都应有专人负责监督，防止废料掉入管线。
（3）新建装置机泵在运行过程中要重点关注过滤器是否存在堵塞，定期进行清理。

案例三　常减压装置开工阶段减底泵多次抽空

一、装置（设备）概况

某公司 $1000×10^4$t/a 常减压装置采用 UOP 工艺技术，减压塔底泵（简称减底泵）型号 8 HED 16 DS，最小流量为 475m³/h，正常流量为 637m³/h，额定流量为 701m³/h，扬程为 355m，轴功率 847kW，运行温度 370℃，泵出口压力 3.5MPa，密封冲洗方案为 PLAN32+PLAN52+PLAN62，正常运行中使用减三线蜡油作为封油注入机泵。

二、事故事件经过

2010 年开工阶段，由于开工初期无蜡油，故使用开工柴油代替蜡油作为封油注入装置高温重油机泵。因开工柴油带水且柴油引入封油罐后脱水不到位，导致封油注入高温机泵后引起机泵抽空，特别是减底泵出现多次抽空。

三、原因分析

（一）直接原因

机泵封油带水进入热油泵后汽化，导致机泵抽空。

（二）间接原因

（1）开工初期使用柴油作为封油，未做好封油罐脱水工作，封油带水进入高温热油泵后导致汽化抽空。

（2）开工后期减二线、减三线来油后未及时切换至减压蜡油作为封油注入机泵。

（三）管理原因

（1）对柴油带水进入封油罐风险识别不到位。

（2）封油罐脱水管理不到位，导致柴油带水，最终进入泵体。

四、整改措施

（1）开工柴油作为封油引入封油罐前进行导淋排凝检查，进入罐内后静置 30min 后罐底水包进行脱水检查。

（2）各注入点投用封油前进行排凝脱水检查。

（3）减压侧线来油后（减二线、减三线）及时切换至减压蜡油作为封油。

五、经验教训

（1）在机泵发生抽空后要及时分析原因，封油带水时进入热油泵后易汽化导致机泵抽空，严重时会造成机封损坏泄漏。

（2）装置开工初期引系统开工柴油期间，要加强封油带水检查和封油罐脱水工作。

案例四 重油催化裂化装置主、备风机组入口整流栅安装错误

一、装置（设备）概况

某公司重油催化裂化装置设计规模 $330×10^4$ t/a，包括反应再生单元、分馏单元、油浆过滤单元、吸收稳定单元、机组单元、热工单元和烟气脱硫单元。再生单元产生的烟气先经 18 组两级旋风分离器分离催化剂后，再经三级旋风分离器 CY0104 进一步分离催化剂后进入烟气轮机膨胀做功，驱动主风机 K0101A。从烟气轮机出来的烟气，进入余热锅炉 F0501A/B 进一步回收烟气的热能，使烟气温度降到约 155℃后，经烟气脱硫单元净化后排入大气。能量回收机组为重油催化裂化装置的关键设备，采用三机组配置形式（图 1-3），由烟气轮机、轴流风机、增速箱、电动/发电机及静叶控制系统、润滑油系统组成。

图 1-3 催化裂化装置主风机

二、事故事件经过

2016 年 10 月 19 日，生产一部设备工程师按照现场施工及试车进度，准备对主风机、备用主风机出入口管线内部清洁度做封人孔前的最后例行检查，检查到备用主风机入口管道内部整流栅，发现安装方式错误，图 1-4 为错误安装图。

三、原因分析

（一）直接原因

主机厂现场代表指导安装错误，导致整流栅方向安装错误，正确方式为内弧折流（图 1-5）。

（二）间接原因

主机厂现场代表未向设计人员核实，仅凭经验现场指导安装。

（三）管理原因

现场技术人员对设备结构掌握不到位，现场安装质量把关不严，未对主机厂技术人员安装方案及时纠偏。

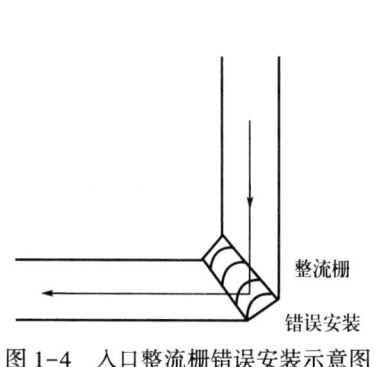
图 1-4 入口整流栅错误安装示意图

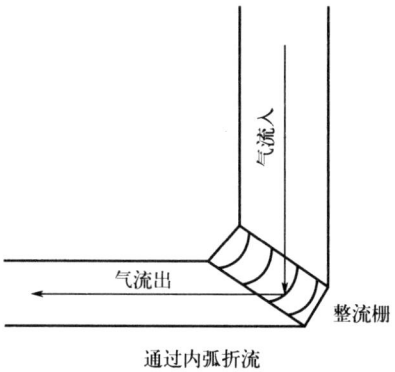
图 1-5 经过设计确认的正确入口整流栅安装示意图

四、整改措施

及时对催化装置主风机 AV100、备用主风机 AV80 机组进气管道上的整流栅进行调向安装。

五、经验教训

（1）在对设备进行检查验收时，要以设计图纸为准进行确认。在图纸中标注不明确或对安装存在疑虑问题时，务必向设计人员或有经验的专家核实，确保安装质量无问题。

（2）技术人员要进一步加强设备专业知识学习，掌握设备结构、性能、特点、安装要求等内容，做好现场安装检查验收，不能盲目听从厂家意见。

案例五　重油催化裂化装置油浆泵通流部件磨损

一、装置（设备）概况

某公司重油催化裂化装置设计规模 330×10^4 t/a，包括反应再生单元、分馏单元、油浆过滤单元、吸收稳定单元、机组单元、热工单元和烟气脱硫单元。油浆自分馏塔底经循环油浆泵 P0209 抽出后先与自常减压装置来的初底油经循环油浆—初底油换热器，再经原料油—循环油浆换热器、循环油浆蒸汽发生器（发生 3.8MPa 级饱和蒸汽）将温度降至 280℃后分为三路，其中两路返回分馏塔，第三路经产品油浆泵升压后分为两路，一路作为回炼油浆与回炼油混合后直接送至提升管反应器，另一路经油浆过滤系统过滤催化剂后，经产品油浆冷却器，作为产品油浆送出装置。

二、事故事件经过

催化裂化装置油浆泵开工两星期后密封油发生轻微泄漏，运行一个月左右，发现密封与大盖的密封面有渗漏。对油浆泵进行解体，更换密封。检修时叶轮备帽、叶轮拆卸困难，最后使用专用工装拆卸。检修结束后机泵试运正常，运行两个星期后再次出现泄漏问题。

三、原因分析

（一）直接原因

油浆泵温度高、介质中含催化剂颗粒，导致机泵运行过程中过流部件冲刷严重，密封面冲刷泄漏（图1-6）。

图1-6 油浆泵设备解体后过流部件磨损情况

（二）间接原因

油浆泵预热线设置不合理。油浆泵备用泵预热方式为，从泵出口阀后引出一条线，跨过泵出口阀、泵出口单向阀后返回泵入口，由于油浆进到泵体后线速度下降，导致在泵预热期间油浆中的固含物大量沉积，在启泵后由于存在大量的催化剂细粉，运行时介质固含量高，造成泄漏。

（三）管理原因

管理技术人员对油浆泵在运行过程中介质固含量高带来的风险辨识不到位，没有及时检查发现机泵运行异常。

四、整改措施

（1）油浆密度严格按照1080kg/m³控制。
（2）油浆固含量严格按照≤6.0g/L控制。

（3）将循环油浆泵预热线改为与油浆温度接近但固含量低的回炼油，以保证泵的预热，同时又能避免大量的催化剂沉积在泵腔下部。

五、经验教训

本次泄漏事件中两台油浆泵均出现密封油向外滴漏、密封压盖与大盖出现渗漏，检修后运行两星期仍然出现同样的问题，所以需要充分辨识泄漏发生的原因，从设备本体、工艺运行等多方面进行分析，杜绝频繁检修。

案例六 重油催化装置备用主风机组电动机滑动轴承磨损

一、装置（设备）概况

某公司 $200×10^4$ t/a 重油催化装置备用主风机组 K102，主机为轴流式压缩机，型号为 AV63-11；电动机型号为 YCH1000-4，电压 10000V，功率 14000kW，转速 1487r/min。

二、事故事件经过

2020 年 8 月 2 日 8 时，试车人员开始对备用主风机电动机的单机试车做准备工作，10时 58 分工频启动电动机，启动后电动机振动、轴瓦温度等各项参数正常，运行至 11 时 11分 59 秒时现场操作人员发现电动机后端轴承靠近机体的回油视窗润滑油颜色突然变深，现场立刻按动紧急停机按钮，停机时电动机最高点温度显示 54.3℃，无任何报警信号。停机后电动机惰走过程中，前后径向轴承温度开始上升，前径向轴承温度最高升至 93℃、后径向轴承温度最高升至 73℃。

三、原因分析

（一）直接原因

电动机停机后组织人员对电动机轴承进行解体检查，发现电动机前、后径向轴承均发生磨损，润滑油中含有大量巴氏合金磨粒。对轴承间隙进行测量，电动机制造厂确认是由于轴承间隙过小导致的电动机滑动轴承磨损。

（二）间接原因

备用主风机由电动机直接拖动，在开车阶段，轴承的油膜形成效果差，本台备用主风机电动机转子较重，进一步加剧了轴瓦磨损。

（三）管理原因

电动机在制造厂试运中未对电动机进行负荷试车，没有及时发现设备制造中存在的问题，造成了后续在现场试运中出现问题。

四、整改措施

（1）对电动机轴承进行解体检查，更换新轴承并放大配合间隙，轴承磨损问题得到解决，进而也验证了电动机轴瓦磨损的根本原因。

（2）在条件允许的情况下，对关键核心设备比如电动机出厂前要进行带载实验。

五、经验教训

（1）机组在厂家进行了单机试运，但没有进行成套试运，主机与驱动机配套后不能保障正常运行。

（2）本机组出现的问题反映设备试运的重要性，今后设备在制造厂试运，应尽可能使用配套驱动机，避免出现问题。

案例七 重油催化装置主风机组开机增速箱振动超标

一、装置（设备）概况

某公司 $200×10^4t/a$ 重油催化装置备用主风机组 K101 为轴流式压缩机（图 1-7），型号为 AV80-12，电机型号为 YCH1120-4，出现问题的部位为 GD-63 型增速箱。

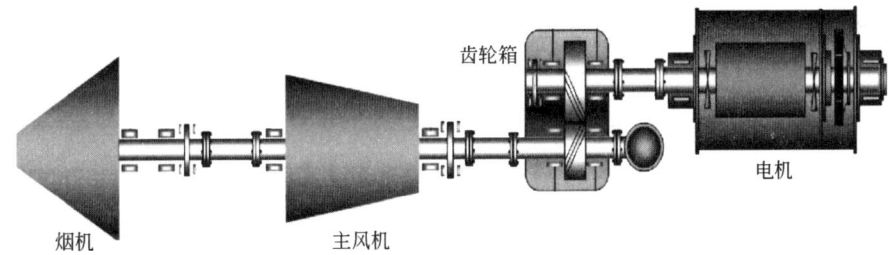

图 1-7 主风机组 K101 示意图

二、事故事件经过

$200×10^4t/a$ 重油催化装置主风机组于 2020 年 8 月进行试车投运，在开机过程中，发现电机功率在 3800kW 左右齿轮箱出现共振，振动幅度最高到达 144μm，耗电功率降低至 3000kW 以下时共振消失。后经制造厂售后服务人员对增速箱进行解体检查，与设计标准相符。结合现场运行数据分析，认为是齿轮啮合力与大齿轮自重的矢量合力方向落在低速轴圆柱轴承的油膜涡动区域。

三、原因分析

(一) 直接原因

增速箱的齿轮啮合力与大齿轮自重的矢量合力方向落在齿轮箱低速轴圆柱轴承的油膜涡动区域，因油膜涡动引起齿轮箱轴在上述电机功率区间内振动值过高。

(二) 间接原因

电机功率运行在2000~4000kW范围内，此范围内易造成增速箱振动，产生油膜涡动。

(三) 管理原因

装置建成后，对设备的性能掌握不足，致使设备运行在高振动区域，对设备安全运行构成威胁。

四、整改措施

(1) 正常生产中控制电机功率范围，避免在2000~4000kW范围内长期运行，避开上述振动值高的区域。

(2) 适当调整润滑油温度和油压，增加油膜刚度，降低油膜涡动形成因素，达到降低振动目的。

(3) 通过改变轴承形式解决振动波动问题，由齿轮箱厂家负责对轴瓦进行整改，由圆瓦改为错位瓦，在装置检修期间进行更换。

五、经验教训

新建装置的设备投用后应尽快熟悉设备性能。本机组的齿轮箱存在某一功率范围振动高的问题，使用单位认识不足，没有相应的应对方案，造成设备振动值过高，影响生产平稳。

案例八 重油催化裂化装置富气压缩机组汽轮机单试故障

一、装置（设备）概况

某公司重油催化裂化装置富气压缩机组是由2MCL706两段压缩机和NG50/40背压式汽轮机组成（图1-8）。该机组安装在$250×10^4$t/a催化裂化联合装置内，机组主要用来将分馏塔顶油气分离器V1203来的富气，经气压机一段压缩后，进入中间冷却器冷却后进入中间分液罐进行分离，气相进入二段压缩，继续升压后（压力0.587MPa，温度92.5℃），经二段压缩出口送到稳定系统，液相中的凝缩油由泵P1303A/B送到稳定系统的解吸塔C-1302中，酸性水送到酸性水缓冲罐V1207中。

第一章　动设备

图 1-8　富气压缩机组汽轮机概貌图

该机组在压缩气体的同时，担负着控制反应压力的任务。正常时，通过反应压力调节机组转速，达到控制反应压力的目的。另外，压缩机入口有两个 DN800mm 和 DN350mm 放火炬阀，用来辅助调节反应压力。压缩机出口有一个反飞动阀❶，用来防止压缩机喘振。该套机组整个控制系统由 CCS 计算机系统执行。

二、事故事件经过

汽轮机在升速过程中，汽轮机后瓦温度较高，最高达到 90.42℃。温度较高，但并未超标。

三、原因分析

（一）直接原因

经拆件现有轴瓦间隙较小，轴瓦温度升高。

（二）间接原因

汽轮机安装过程未严格复查轴瓦安装数据，导致轴瓦间隙超差。

（三）管理原因

对设备安装质量控制环节不到位，关键核心数据未进行确认，导致数据不合格，机组运行故障。

四、整改措施

（1）停机降温后，打开机体处理，对汽轮机轴承间隙进行调整。

---

❶ 飞动即为喘振，现场常称飞动。

(2) 处理完成后第二次试车过程对比，发现后瓦振动由处理前的 12μm 升高至 22μm，该振动值满足设计参数要求，振动升高原因为调整轴瓦间隙降温引起。

五、经验教训

严格把控关键设备安装质量，对关键数据应进行步步确认、联合验收，机组运行中出现的问题应及时进行原因分析、及时处理。

案例九 催化装置富气压缩机试机振动超标

一、装置（设备）概况

某公司 140×10⁴t/a 催化装置内富气压缩机组由结构形式为 3M8-8 两段压缩机和 GK26/40 凝汽式汽轮机组成。

二、事故事件经过

2017 年 5 月 15 日，装置停工检修完毕后准备开工，富气压缩机在试机过程中发现振动值超标，无法正常运行。经拆解检查，转子外送动平衡，回装后开机正常。

三、原因分析

（一）直接原因

富气压缩机转子部分有轻微结垢，造成动不平衡，回装后开机机组振动超标。

（二）间接原因

富气压缩机在停机检修期间对转子检查、清理不彻底，造成压缩机转子产生不平衡量。

（三）管理原因

（1）技术管理人员对机组转子的清洁度检查不够重视，检维修质量把控不足，造成转子产生不平衡量。

（2）"检维修策略"编制不科学，转子拆件后若发现转子存在结垢等问题必须进行处理，处理后对可能产生的不平衡问题未进行考虑，导致转子现场清理后未对转子安排动平衡测试，直接回装，最终机组振动超标。

四、整改措施

（1）拆卸富气压缩机转子并进行清理，转子应外送做动平衡试验。

（2）重新完善机组"检维修策略"，依据现场不同情况制定相应的"检维修策略"。

五、经验教训

（1）严格按照规范标准安排机组检维修施工，全过程管控检维修质量。

（2）杜绝以历史运行经验判断转子等关键部件状态的情况，该修必修，应检必检，确保各部件测试数据满足运行要求。

（3）重视"检维修策略"编制和修订，根据历史周期运行状态及规范要求，动态修订、及时更新。

案例十　气体分馏装置脱丙烷塔回流泵密封失效

一、装置（设备）概况

某公司气体分馏装置脱丙烷塔回流泵 155-P-1002A/B 是双支撑泵，介质为 C_2、C_3，采用干气密封 PLAN11+PLAN72+PLAN76 方案，密封氮气压力 0.2MPa，密封流量 1000~1500NL/h。

二、事故事件经过

在装置开工过程中出现机封泄漏情况，伴随有结霜现象及异味。现场立即切换至备泵运行，对泄漏泵进行能量隔离，更换机封。

三、原因分析

（一）直接原因

（1）大气侧干气密封静环（碳化硅环）碎裂。

（2）介质侧动环（石墨环）端面磨损严重。

（3）轴套与动环密封圈结合处，结垢结焦严重。

（二）间接原因

（1）泵自冲洗 PLAN11 方案的自冲洗流量不满足现场需求，导致密封动环内孔结垢结焦严重，附着在其内壁，同时与之接触的轴套外表面也附着结焦物。此类结焦物阻塞了动环密封圈、动环和轴套的正常间隙，导致动环失去了弹簧的轴向补偿性，从而导致密封泄漏。

（2）动环端面磨损严重也是密封泄漏原因之一。

（三）管理原因

未形成有效的管理制度用于检查各机封冲洗方式及冲洗流量是否满足要求。

四、整改措施

（1）增大自冲洗 PLAN11 方案的自冲洗流量（扩大自冲洗管线上节流孔板的孔径）。

（2）改变 PLAN11 方案的引出口（提高冲洗压），将引出线由泵体改为泵出口，降低密封腔体的温升和发热，从而防止端面润滑不佳导致密封端面的局部干摩擦，同时避免温升过高导致部分物料结垢结焦而阻塞动环的正常补偿。

五、经验教训

（1）建立相关制度或规定，用于检测机封冲洗是否满足要求。

（2）定期对机封辅助系统进行检查，确保满足机封安全使用条件。

（3）机封冲洗方式的选择应考虑是否满足工艺条件。

（4）为保证机封有足够的冲洗流量，可选择扩大自冲洗管线上节流孔板的孔径或从压力高点引流。

案例十一　气体分馏装置轻烃回收单元压缩机管线振动异常

一、装置（设备）概况

某公司气体分馏装置半产品压缩机 C16202A/B 采用 4M40 往复式，机组双层布置，四列四缸两级压缩，各级缸均采用双作用，其进、排气口按上进、下出布置。

二、事故事件经过

现场启机条件确认后，启动往复式半产品气压缩机 C16202B，空负荷运行半小时后，根据工艺需要逐渐提高负荷至 25%、50% 直至 75%。在提高负荷的过程中发现，压缩机二级排气出口管线振动值较高，且二级出口分液罐本体振动和噪声很大。

三、原因分析

（一）直接原因

经现场检查，半产品压缩机 C16202 出口管线上的 6 个管卡（用扁铁卡管道）为施工单位遗漏，以普通承重支架安装或以简单圆钢作管卡。

（二）间接原因

半产品压缩机 C16202 开工初期原料量偏低，波动较大造成二回一调节阀频繁波动，阀门开度不在正常工作范围内，压缩机出口流量、压力波动较大。管路特性、分液罐体积偏小等其他原因造成压缩机二级分液罐的不正常噪声、振动。

（三）管理原因

(1) 施工单位施工质量管控不严格，现场施工未按设计图纸进行。
(2) 工艺纪律不严谨，造成设备运行流量偏低，振动异常。
(3) 施工质量验收不到位，未及时发现施工漏项。

四、整改措施

(1) 经设计方同意，对往复压缩机的管道进行加固。
(2) 引入加氢裂化干气，经过工艺调整，C16202B 二级出口分液罐噪声及振动在设计范围内。

五、经验教训

(1) 严格把控施工质量关，确保施工方交付内容符合设计要求。
(2) 对于引起问题出现的可能项要逐一排查、逐一分析。
(3) 操作调整要平稳，避免因负荷变化幅度过大引起设备振动异常。
(4) 管线或设备振动的消减措施要经过详细设计、科学论证后实施，防止错误方法导致现场问题进一步恶化。

案例十二　重整装置二甲苯塔底泵抽空

一、装置（设备）概况

某公司 3#重整装置处理量为 130×10^4 t/a，于 2019 年 5 月开工。二甲苯塔底泵 P209 A/B（图 1-9）额定流量 900m³/h，介质温度 266℃，扬程 115.2m，有效汽蚀余量 4.5m。

二、事故事件经过

二甲苯塔底泵 P209A/B 水运及冷油运正常，热油运时 P209A/B 入口过滤器存在较多锈渣，经过近两周的循环，锈渣逐渐减少，在此过程中，由于 P209B 处于管线近端，故 P209B 入口堵塞频率

图 1-9　二甲苯塔底泵 P209

及锈渣量明显多于 P209A。

2019 年 11 月升温至正常过程中，P209B 较为频繁发生汽蚀抽空，P209A 也有汽蚀，但次数少于 P208B。在升温至工艺设计温度 266℃ 时，P209B 仍然不能长周期运行。

三、原因分析

（一）直接原因

二甲苯塔的塔盘多，塔及回流罐容积大，相连管线管径大，施工过程中，塔内壁、回流罐内壁及管线内壁因氧化产生较多铁屑、铁锈等杂物，造成初期机泵易抽空。二甲苯塔底温度高，塔底管线要求的热膨胀转角大，入口管线长，压降较大，易造成机泵产生汽蚀。

（二）间接原因

在 P209A/B 运行过程中，P209A 的运行情况优于 P209B，经过对比，P209A/B 的差别仅存在于入口管路的差别，即从主管引出的形式，P209A 为弯头，P209B 为 T 形三通，T 形三通的管阻大于 90°弯头。推测管阻较大可能为导致 P209B 更易发生汽蚀抽空的原因。调研其他炼厂二甲苯塔底泵也出现过不上量的情况。

（三）管理原因

在装置设计初期未进行充分调研，二甲苯塔底流程设计未充分考虑余量。

四、整改措施

（1）在装置开工初期，对泵入口过滤器滤芯目数进行调整，减小系统管阻。

（2）在几次不同温度及组分的情况下试运 P209B，发现此泵运行情况与塔底组分及塔底温度密切相关，因此在操作参数上，调整方向为在保证产品合格的情况下，降低塔底温度。

（3）提高二甲苯塔底液位，增加机泵入口压头。

（4）在大检修期间更改二甲苯流程，增加二甲苯塔侧线抽出流程，降低塔底轻组分含量。

（5）调整入口管线分布，机泵入口管线由 F 形改至 T 形分布。

五、经验教训

（1）严格控制施工过程和塔封孔前检查，确保管线及设备内部清洁。

（2）优化二甲苯塔底管线布置，减少入口管线长度，降低压降，提高泵入口压头。

（3）优化入口过滤器，避免有过大的变径，防止杂质堵塞过滤器导致机泵抽空。

（4）塔底管线要求的热膨胀转角大，不建议使用 F 形布管，建议采用 T 形布管。

案例十三　连续重整装置丙烷压缩机故障

一、装置（设备）概况

某公司连续重整装置于 2016 年完成装置中交。连续重整单元采用 UOP 超低压连续重整工艺，可提高重整生成油液收率、获得较高的芳香烃产率和氢气产率。连续重整反应器采用"2+2"两台叠式布置，反应器内物流为上进上出（中心管上流式），降低反再框架的高度，节省投资，方便施工、检修和操作。连续重整副产氢气经两段压缩和两段逆流再接触工艺流程。在第二段再接触流程中设有丙烷制冷系统，采用蒸发式制冷工艺，使二段再接触物流降温至 4℃ 后进行再接触分离，以进一步回收 C_3、C_4 馏分，并提高重整产氢的纯度。重整联合装置丙烷压缩机 1220-K-0203（图 1-10）机组型号为 XDA-XD2240S-28，压缩机和驱动电动机安装在共用底座上，电动机采用单独润滑油站供油，整机由就地 PLC 控制系统控制启停操作。

图 1-10　丙烷压缩机概貌图

二、事故事件经过

2020 年 8 月 31 日 8 时 0 分，重整联合装置丙烷压缩机 1220-K-0203B 出口分油器液位 LI-43001B 波动，由 99.7% 在 25s 内降至 67%，持续约 1h 后恢复至 99.8%。9 月 1 日凌晨 0 时 55 分液位再次从 95.1% 波动至 68.1%，3 时 55 分左右液位显示突然断开，1min 后恢复正常显示，3 时 58 分 1220-K-0203B 电动机停运，随后 1220-K-0203A 自启运行正常。9 时 10 分，仪表现场校验液位计 LI-43001B，检查前远传指示 69.8%，与现场玻璃板液位计指示不一致，经过对液位计进行排液，重新充液投用后，液位显示正常，与现场实际液位一致，均为 90%。

9 月 1 日 17 时 14 分试运丙烷压缩机 1220-K-0203B 2min，运行 1min 后油分器液位从 101% 持续下降至 55% 时现场手动停机，停机后油分液位持续下降至 11.4%。

三、原因分析

（一）直接原因

电气专业人员排查停机信号，发现停机信号为机旁分闸信号，确认停机信号来自现场 PLC。经电气、仪表共同确认，检查通信电缆、电缆绝缘，排除通信电缆故障导致机组停机；

因机组出现明显的跑油现象，判断油分离器滤芯失效，导致油分离器短路引起系统跑油。

（二）间接原因

根据丙烷压缩机维护保养方案，精油分离器滤芯应定期更换，防止机组跑油及系统内存油，对此要求现场执行不到位。

（三）管理原因

（1）机组"一机一策"执行不到位，未严格按照机组日常维护保养要求定期更换分离器滤芯。

（2）机组出现故障现象后未认真分析故障原因，机组出现跑油现象后继续开机、未及时主动切换压缩机，处理不及时导致机组严重跑油。

四、整改措施

（1）更换故障机组的滤芯和滤芯垫片，恢复开机。

（2）严格执行大机组"一机一策"要求，定期对易损件进行更换并根据检修策略及时对机组进行检修维护。

（3）在日常操作中加强机组特护工作，重点对机组振动、温度、油位等进行监控。

五、经验教训

（1）此次重整联合装置 1220-K-0203 丙烷压缩机停机事件，充分暴露出机组"一机一策"严格执行的重要性，前期基础工作中必须按照相关文件和资料制定适宜的"一机一策"要求，并严格执行。

（2）大机组特护工作必须落到实处，充分发挥"机、电、仪、管、操"人员作用，各司其职做好机组关键参数监控，及时发现问题。

（3）机组出现故障特征时，必须认真分析故障原因，必要时要及时停机处理，尤其是故障联锁停机原因不清楚、问题没有根本解决的，杜绝盲目开机。

（4）加强员工技能培训，现场出现异常时应能够及时作出科学分析和判断，避免故障进一步扩大。

案例十四 连续重整装置预加氢进料泵故障

一、装置（设备）概况

某公司连续重整装置于 2016 年完成装置中交，连续重整单元采用 UOP 超低压连续重整工艺，可提高重整生成油液收率、获得较高的芳香烃产率和氢气产率。连续重整反应器采用"2+2"两台叠式布置，反应器内物流为上进上出（中心管上流式），降低反再框架的高度，节省投资，方便施工、检修和操作。连续重整副产氢气经两段压缩和两段逆流再接触工艺流程。在第二段再接触流程中设有丙烷制冷系统，采用蒸发式制冷工艺，使二段再接触物流降温至4℃后进行再接触分离，以进一步回收C_3、C_4馏分，并提高重整产氢的纯度。

石脑油加氢单元1210-P-0101B预加氢进料泵，型号250×200（B）DCD4D1M，介质为石脑油，正常工作流量为466m^3/h，额定流量为513m^3/h，最佳操作区为367.5~630m^3/h，允许操作区为180~630m^3/h。功率630kW，转速2980r/min。

二、事故事件经过

2021年9月27日19时1分，重整二班内操监盘时发现1210-P-0101B预加氢进料泵驱动端、非驱动端振动均发生波动报警，19时5分班长与动设备维保现场检查发现非驱动端机封泄漏，随即进行切泵，19时16分切换至A泵运行。

A泵启动后，前5min运行平稳，各参数正常，但从19时21分开始驱动端轴承振动与温度均出现了上涨。现场通过对驱动端轴承箱润滑油进行在线置换，并使用工业风吹扫轴承箱降温，最终将驱动端振动稳定在130μm左右，轴承温度稳定在42℃左右，虽然振动依然偏高，但稳定在了可控范围内，部门组织对A泵特护运行。

9月27日21时对B泵进行检修，拆检发现非驱动端径向轴承磨损，推力轴承损坏（图1-11、图1-12）。

9月29日10时对A泵进行检修，拆检发现驱动端径向轴承磨损（图1-13）。

图1-11　1210-P-0101B泵推力轴承损坏情况

图1-12　1210-P-0101B泵径向轴承磨损情况　　图1-13　1210-P-0101A泵径向轴承磨损情况

三、原因分析

（一）直接原因

经排查泵介质中混入LPG，LPG在泵入口条件下汽化，造成泵入口气液混输。泵在入口气液混合下工作状态极为不稳定，影响如下：

（1）泵转子振动，损坏径向轴承。气体混入首级叶轮，造成叶轮叶片中有些位置为气体、有些为液体，叶轮重量偏心，会产生严重的动不平衡。第二级叶轮由于压力增加，气体会逐渐变成液体，LPG的影响会越来越小。而泵的首级叶轮吸入口位置为整个泵的压力最低点，所以首级叶轮的影响最大，相应地，位于首级叶轮侧、驱动端的径向轴承更容易损坏。

（2）轴向力增加，损坏推力轴承。平衡鼓、平衡盘的低压点通过平衡管通向入口。平衡鼓、平衡盘的作用是平衡轴向力，当入口LPG变为气体时，由于管路体积的限制，存在由液态变为气态、气态变为液态的极不稳定状态，会造成平衡鼓、平衡盘低压点的压力或大或小，从而影响到轴向力平衡，造成右侧推力轴承的损坏。

（3）机泵振动超标，直接影响机械密封的平稳运行，易造成密封泄漏。

（4）原泵是为液体介质而设计的，设计上未考虑气液混输的二相流状态。当有气体混入泵入口时，对泵的负面影响非常大，严重地偏离设计工况。

（二）间接原因

生产从节能降耗方面考虑，将泵保护返回线控制在最小，虽然机泵还在允许最小流量范围内运行，但始终不在泵的最佳工况点运行，导致机泵轴向力与设计存在一定偏差、机泵振动异常。

（三）管理原因

技术人员对岗位人员培训不到位。岗位人员对操作调整的关联性掌握不够，调整参数时未能及时对相关参数进行联调，未能理解参数调整对整个系统（包括机泵）运行变化的影响。

四、整改措施

（1）确保机泵尤其是多级泵的物料平稳，避免泵入口中混入气体、影响机泵安全平稳运行。

（2）装置节能降耗与设备长周期运行相结合，节能措施要进行统筹、综合考虑，以保证设备长周期运行。

（3）进一步加强技术、操作以及维保等各级人员培训，强化紧急处理、应对极端情况的能力，编制完善相关应急处置方案并加强演练，以应对复杂突发事件。

五、经验教训

（1）在操作调整中要清楚调整后的关联性，调整参数时及时对相关参数进行联调，确保参数调整后整个系统（包括机泵）运行稳定。

（2）此次 1210-P-0101B 预加氢进料泵机械密封泄漏事件中，班组第一时间到现场检查，发现非驱动端机械密封泄漏，随即进行切泵，班组在应急处置过程中平稳有序，未引发次生事故。在今后工作中应完善相关应急处置方案，强化班组应急处置演练，确保装置生产操作安全受控。

案例十五　连续重整装置干气密封系统含杂质

一、装置（设备）概况

某公司 $120×10^4$ t/a 连续重整装置重整循环氢压缩机 K201、重整氢增压机 K202 为 BCL 系列筒型离心式压缩机，机组配套干气密封设计主密封气源可为外引管网氢气、压缩机出口气、稳压氮气总管气源，在机组不同运行阶段气源可备用切换。

干气密封为带中间迷宫密封的串联式干气密封（单向旋转），密封运转时密封端面非接触运行。正常运行工况时，干气密封一级密封气采用压缩机出口工艺气，二级密封气及后置隔离气均采用稳压氮气。干气密封控制系统一级密封气过滤器选用带过滤功能的脱液灌，精过滤器选用双过滤器，所有管路附件、阀门及过滤器壳体均采用不锈钢材料。

二、事故事件经过

2020 年 10 月装置开车前对两套机组干气密封系统进行开车前检查，分别将压缩机出口气源、稳压氮气气源、外引工业氢气源至干气密封盘接口，打开法兰进行吹扫检查。循环氢压缩机 K201 所有密封气源管路清洁、未发现异常，增压机 K202 外引工业氢至干气密封盘管路有大量明水并携带杂质，随后对外引工业氢总管进行全面排查、吹扫，并对整条管道进行爆破吹扫，最终用白板靶片监测验收合格。由于在开机前对所有气源系统进行筛查，及时发现问题，未对机组干气密封系统造成影响，干气密封系统聚液器滤芯压差、主密封气精过滤器压差运行稳定。

三、原因分析

（一）直接原因

由于装置建设期管道试压时天气转冷，管道经排水、吹扫，但低点仍有明水未被吹出，沉积在管道内的明水在管道内存积近一年，对管壁形成一定腐蚀，导致开机前工业氢管道至干气密封盘管道带明水、杂质。

（二）间接原因

项目建设后期已经入冬，气温低，部分管道水压结束后未彻底排净，低点放空、吹扫不彻底，造成管道积水未清理干净。

（三）管理原因

对清洁度要求高的管道未制定专项检查表，施工单位与属地之间沟通不畅，属地检查、管理不及时，将问题留在开机前最后检查确认。

四、整改措施

（1）对稳压氮气自装置界区至机组干气密封气源接口的所有管道进行彻底吹扫、检查，稳压氮气相关联分支管道充压放空检查，排查系统无介质互窜。

（2）对压缩机系统充压，压缩出口气源引出管至干气密封盘管道吹扫、白板靶片验收合格。

（3）对工业氢自装置界区至机组干气密封气源接口的所有管道进行彻底吹扫、检查，工业氢相关联分支管道充压放空检查，排查系统无介质互窜，管道吹扫、白板靶片验收合格。

五、经验教训

（1）装置建设中交后机组经过单试、负荷试车，所有与机组相关联管道在装置开车前应再次检查确认，特别是干气密封系统管道，必须在密封盘接口法兰处打开，使用工业风（氮气）吹扫、白板靶片检查，确保管道清洁度。机组大检修后开车应对所有密封气源管路进行清洁度检查，防止检修期其他介质窜入密封气系统。

（2）丙烷制冷螺杆压缩机、提升风机、再生风机、除尘风机等使用氮气作为密封气的设备，开机前必须再次检查、确认密封气源的清洁度，防止系统内残留或窜入明水导致干气密封受损。

（3）离心机组主油泵为汽轮机驱动。该油泵启动不受干气密封联锁条件限制。在主油泵现场必须悬挂警示标识牌，提示必须确认干气密封系统隔离气已经投用，并要求密封气源稳定，防止隔离气中断造成机组密封系统进油损坏。

案例十六　制氢装置锅炉给水泵密封失效

一、装置（设备）概况

某公司制氢装置锅炉给水泵 P701AB/Ⅰ，P701AB/Ⅱ共 4 台，机泵形式为高速离心泵，设备型号为 LG222-40/543-131-141ⅡDT。

二、事故事件经过

2019 年 3 月装置开工以来，锅炉给水泵 P701 存在汽蚀情况，泵入口温度、压力处于汽蚀临界值，导致机泵经常性突然抽空、振动增大、机封损坏（图 1-14），造成人力及物资的浪费，给装置平稳生产带来极大安全隐患。

图 1-14　锅炉给水泵 P701 叶轮及机封损坏

三、原因分析

（一）直接原因

现场机泵入口介质的压力及温度处于汽蚀临界值，机泵在运行中容易造成频繁抽空，导致振动升高、密封频繁损坏。

（二）间接原因

原料罐设计安装高度不满足机泵选型的汽蚀余量，介质温度较高造成介质在机泵入口容易汽化，机泵抽空。

（三）管理原因

在设计及安装阶段未充分辨识机泵入口的装置汽蚀余量和泵本身必须汽蚀余量，造成汽蚀余量不足，在运行阶段容易发生汽蚀，导致机泵抽空、振动升高，密封频繁损坏。

四、整改措施

在泵入口安装冷却水夹套（图 1-15），将入口水温降到 99℃ 以下，避开汽蚀工况点，实现机泵长周期平稳运行。

五、经验教训

机泵选型阶段要充分考虑泵入口的装置汽蚀余量。汽蚀余量必须满足设计值，如无法实现设计要求，应及时联系设计修改设备安装高度或选用必须汽蚀余量小的机泵。

图 1-15　锅炉给水泵 P701 整改现场图

案例十七 航煤加氢装置循环氢压缩机缸盖密封泄漏

一、装置（设备）概况

某公司航煤加氢装置处理量为 $80×10^4 t/a$。该装置由反应部分（包括循环氢压缩机）、分馏部分、碱洗部分三部分组成，其技术特点是反应压力低，氢油比小，催化剂活性高，可以满足生产航煤和低硫柴油两种工况。装置于 2013 年 10 月 28 日中交，2013 年 12 月 17 日产出合格产品，一次开车成功。240-K101B 循环氢压缩机为往复式压缩机，型号为 DW-31.3/（14.5-27.5）-X，两列一级压缩，功率 800kW，气缸及填料均为无油润滑设计，进排气压力 1.45MPa/2.75MPa，主要作用是为航煤加氢反应提供循环氢。

二、事故事件经过

航煤加氢装置 240-K101B 循环氢压缩机氮气工况负荷试车前，在对缸盖、气阀、法兰等结合面做气密试验时，发现右侧缸盖有漏气现象。

三、原因分析

（一）直接原因

通过分析压缩机结构，发现导致此处泄漏的主要原因是缸盖上的 O 形圈、缸盖与缸套之间的缠绕垫密封不严（图 1-16），保运单位在打开气缸盖后检查 O 形圈，发现 O 形圈有接痕，O 形圈质量不过关。

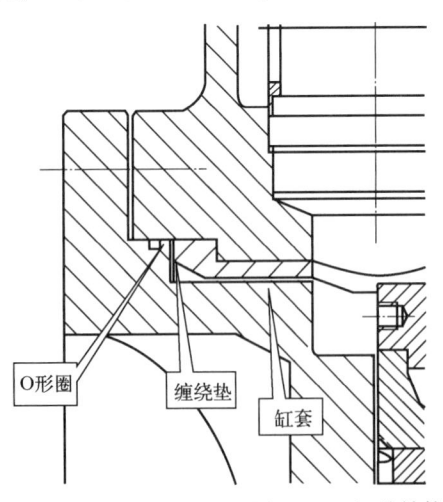

图 1-16 缸盖结构图、缸套和缸体现场图

在更换了新的 O 形圈、缸盖缠绕垫后，重新做气密，仍然有泄漏，怀疑是缸套和缸体配合间隙过大，气体从缸套的气阀孔进入缸套和缸体之间的间隙，绕过金属缠绕垫的金属

外环，在缠绕垫外环聚集，压力升高产生泄漏（图1-17）。制作了专用夹具，对右端缸盖、缸套进行了充压气密试验，经验证该处存在明显泄漏。

图1-17　压缩机K101B右端缸套泄漏

（二）间接原因

（1）设备制造存在缺陷，未控制好缸套和缸体的配合间隙。

（2）配件安装前未检查确认零配件质量，装配质量不合格。

（三）管理原因

（1）设备监造过程存在盲区，监造人员未按照监造大纲要求对重要质量控制点进行监造，设备制造厂家质量管理不到位。

（2）施工单位安装方案未有效执行，材料配件管理缺失，质量管理失控，未对安装配件进行检查。

四、整改措施

（1）在缸套和缸体配合间隙泄漏处，涂抹密封胶。

（2）更换压缩机厂家提供的缸盖O形圈、金属缠绕垫。

五、经验教训

在设备检维修施工过程中，对检修质量要多方检查把控，验收合格后方可进行下一步工作。

案例十八　航煤加氢装置油雾润滑系统泄漏

一、装置（设备）概况

某公司航煤加氢装置处理量$80×10^4$t/a。该装置由反应部分（包括循环氢压缩机）、分馏部分、碱洗部分三部分组成。其技术特点是反应压力低，氢油比小，催化剂活性高，可以满足生产航煤和低硫柴油两种工况。装置于 2013 年 10 月 28 日中交，2013 年 12 月 17 日产出合格产品，一次开车成功。航煤加氢装置油雾润滑系统位于航煤加氢装置内，为航煤加氢、异构化、MTBE 三套装置内的机泵轴承提供油雾润滑，油雾润滑系统管道进入航煤加氢界区和异构化装置界区处装有手阀。

二、事故事件经过

装置外操人员在巡检过程中发现，油雾润滑系统主机顶部的油压高高报警灯闪红灯，主机出口安全阀排出口有大量润滑油雾喷出，经检查发现航煤加氢装置、异构化装置界区的主管路阀门被关闭。该油雾润滑主机配置是按照三套装置设计，也是在三套装置全部投用的状态下进行调试的。在油雾发生量不变的情况下，关闭去异构化、航煤加氢装置的主路，造成油雾润滑系统主机出口憋压，安全阀起跳，油雾喷出。操作人员立即打开这两台阀门，并检查航煤加氢和异构化装置使用油雾润滑的机泵，机泵轴承温度和振动均处于正常范围。

三、原因分析

（一）直接原因

油雾润滑系统去航煤加氢和异构化装置的手阀被误关闭，造成油雾系统主机出口憋压，安全阀起跳，大量润滑油雾喷出。

（二）间接原因

（1）外操进行开关阀等操作时，未和内操及时沟通。
（2）外操在开关阀门时，未对阀门所在管道的介质进行确认，对流程不熟悉。

（三）管理原因

（1）关键阀门的开关未挂签，存在误操作可能。
（2）对操作人员的培训管理不到位，操作技能和责任心有待加强和提高。
（3）界区管道目视化管理存在不足。

四、整改措施

（1）加强对员工的培训管理，提高操作技能，养成良好的操作习惯。
（2）对关键阀门的开关状态，进行铅封并挂签警示。
（3）对一些关键操作进行双人操作，双人确认。

五、经验教训

（1）对一些必须常开、常关的关键阀门，进行铅封挂牌警示，防止误操作。

(2) 岗位员工进行操作时，必须做好交接和记录。

案例十九　异构化装置地下污油倒窜进压缩机中体隔离室

一、装置（设备）概况

某公司异构化装置，处理量 $40×10^4t/a$。地下污油罐位号 D202，容积 $9.2m^3$，设计压力 0.48MPa，正常操作压力 0.05MPa，最高操作压力 0.3MPa，罐顶设计有一条 DN50mm 的管线至火炬线，根部阀常开。压缩机位号 K101A，型号为 PW-0.86/(18.35-37.88)-X，一级一列无油润滑，中体采用双隔离室结构，靠近气缸的外隔离室顶部放空至火炬，单向阀阻止火炬气返窜回隔离室，靠近十字头的内隔离室顶部管线直接放大气，隔离室下部排污排至地下污油罐 D202（图 1-18），排放介质为润滑油，隔离室下部手阀常关，在排污时才打开。

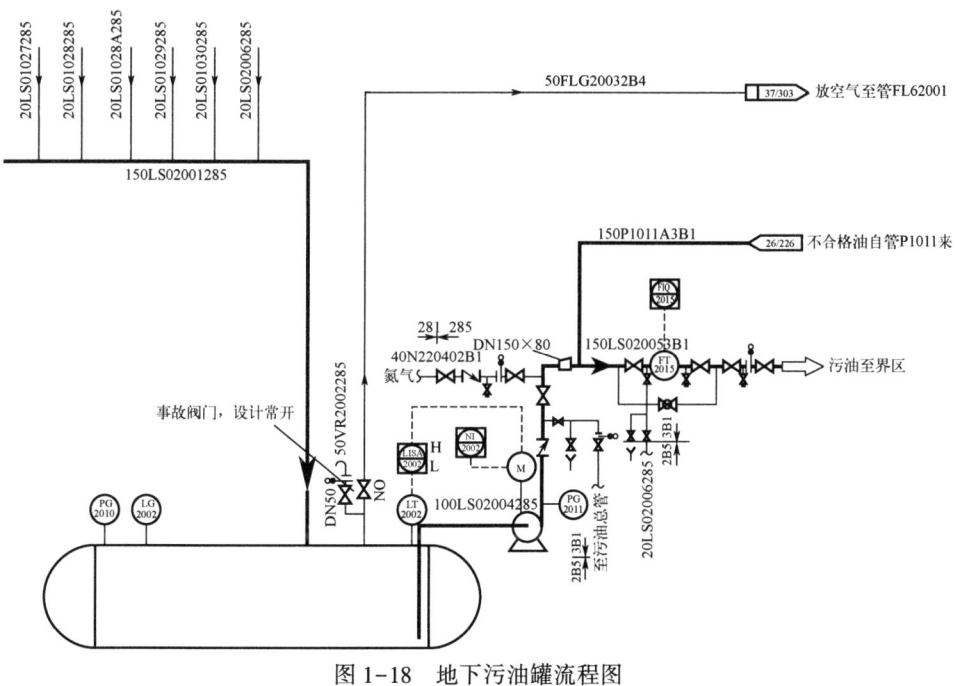

图 1-18　地下污油罐流程图

二、事故事件经过

异构化装置开工期间，外操人员在对 K101A 压缩机内隔离室排污时，发现隔离室内有异响，外操人员立即关闭排污阀，报告管理人员后停机检查，松开隔离室螺栓，即有污油漏出，打开隔离室盖板，隔离室内灌满污油。稍开隔离室底部排污阀，即有污油从排污口冒出。经过分析排查，发现地下污油罐 D202 顶部去火炬线的手阀处于关闭状态（该阀设计常开，防止污油罐憋压），地下污油罐压力 0.12MPa；压缩机隔离室底部排污线去排污总管的单向阀装反，未起到防止介质反窜的作用。反窜来的污油主要是以前排放的污油残存在管道低处，在 D202 憋压后，D202 罐内压力将管道内残存的污油吹至压缩机隔离室（压缩机排污流程见图 2-19）。在将单向阀重新调向安装，打开地下污油罐去火炬线的手阀后，排污正常。

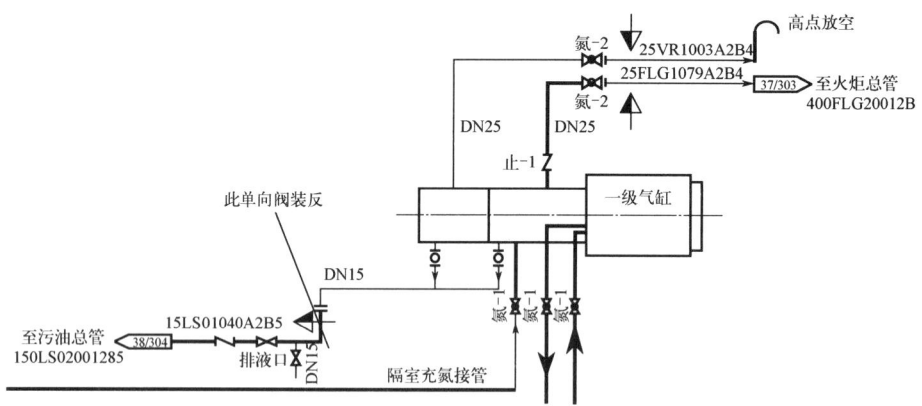

图 1-19　压缩机中体排污流程图

三、原因分析

（一）直接原因

（1）地下污油罐 D202 顶部去火炬线的手阀被误关闭，导致 D202 罐憋压，罐内气体将管线残存的污油吹入隔离室。

（2）压缩机隔离室底部排污线去排污总管的单向阀装反，未起到防止介质反窜的作用。

（二）间接原因

（1）外操进行开关阀等操作时，未和内操进行及时沟通确认。

（2）操作人员在进行相关操作时，未对相关流程进行检查确认。

（三）管理原因

（1）关键阀门的开关未挂签，存在误操作可能。

（2）三查四定及开工前流程检查不细致，未发现单向阀装反。

四、整改措施

（1）举一反三，对装置内有方向要求的阀门进行全面排查，方向有误的阀门根据所处管道的状态，及时调向。

（2）对关键阀门的开关状态，进行铅封并挂签警示。

五、经验教训

(1) 对一些必须常开、常关的关键阀门,进行铅封挂牌警示,防止误操作。
(2) 结合工艺设计对排污线阀门开关状态进行确认,防止介质互窜。

案例二十　渣油加氢装置新氢气阀故障

一、装置(设备)概况

某公司 340×10^4 t/a 渣油加氢处理装置以减压渣油、催化循环油为原料,经过催化加氢反应,脱除硫、氮、金属等杂质,降低残炭含量,为催化裂化装置提供原料,同时生产部分柴油,并副产少量石脑油和燃料气,新氢压缩机型号为 4M150-57/21.18-221.99-Ⅰ型。

二、事故事件经过

2019 年 7 月 10 日,巡检发现新氢机 K-102A 一级排气温度偏高,详细检查缸头侧的气阀温度为 104℃(偏高),之后运行观察,排气温度逐步升高至 115℃(报警温度 125℃)。拆检一级排气缸头侧的两个排气阀,气阀解体后发现,排气阀为环状阀,其中一个排气阀的外圈阀片局部断裂、开裂、多处有损伤,且环状阀外圈的弹簧均已断裂损坏(图 1-20),检查另外一排气阀目测无损伤。

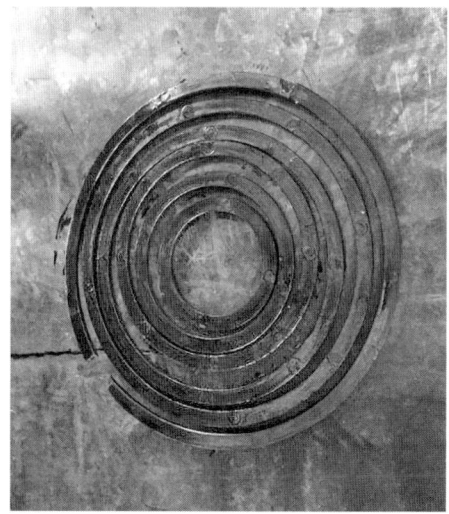

图 1-20　新氢机 K-102A 气阀故障

三、原因分析

（一）直接原因

压缩机气阀阀片损坏，造成气阀漏气，气阀温度升高。

（二）间接原因

（1）气阀弹簧断裂损坏后，导致阀片在工作过程中受力不匀，且损坏的弹簧对阀片造成二次损伤，导致阀片损坏。

（2）气阀表面存在积炭与油的混合物，导致气阀在工作中启、闭延迟，且外圈气阀阀片冲击速度、力量偏大。

（三）管理原因

压缩机组精细化管理不到位，未严格按照压缩机说明书控制各点注油量，导致注油量过大，气阀阀片处存油，影响阀片动作，最终气阀损坏、温度升高。

四、整改措施

（1）对压缩机故障气阀阀座进行清理并更换新气阀。

（2）加强大机组基础管理，对机组各项指标进行梳理并依据设计文件和出厂资料设定指标控制范围。

（3）强化大机组特护管理，充分利用"机、电、仪、管、操"人员做好大机组现场的检查工作，确保各项指标正常。

五、经验教训

（1）机组管理必须要有严格的管控标准，润滑油压、油温、注油量、进排气温度、轴瓦温度、机身振动等关键参数必须要有严格的控制指标，并对指标进行量化，确保机组运行受控。

（2）定期开展机组知识培训工作，并对相关人员的掌握情况进行考核，确保操作、维保人员清楚机组的管控重点、检查特护内容、指标控制范围。

（3）进一步落实大机组特护工作，强化现场检查，确保现场机组控制指标，出现问题能够及时发现，避免故障扩大。

案例二十一　渣油加氢装置循环氢压缩机干气密封进油

一、装置（设备）概况

某公司 $400×10^4$ t/a 渣油加氢脱硫装置共有两套循环氢压缩机组，型号为 BCL459/B，均为垂直剖分离心式压缩机，压缩机均采用型号为 NK32/36/16 中压凝汽式汽轮机驱动（图 1-21）。

图 1-21　循环氢压缩机概貌图

二、事故事件经过

2017 年 7 月 14 日 19 时 0 分，渣油加氢循环氢压缩机（两台）开工过程中，操作工发现机组干气密封增压泵漏油，经过检查确认由于操作不当，导致柴油从分馏塔底泵出口工艺管线经氮气服务站窜油至氮气管网，机组非计划停车，装置开工中断。解体检查发现两台机组的干气密封损坏（图 1-22），随后对机组的干气密封系统、润滑油系统进行了全面清理，并更换了两台机组的干气密封。

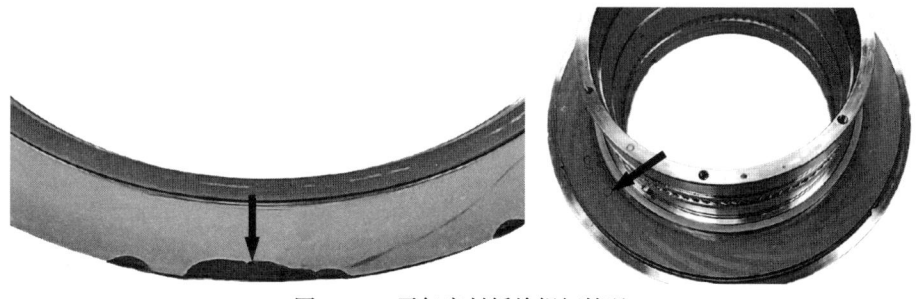

图 1-22　干气密封拆检损坏情况

三、原因分析

（一）直接原因

渣油加氢压缩机二级密封气和隔离气的气源为氮气，氮气管线中进柴油导致干气密封

带液，干气密封气膜被破坏致使密封动静环相碰，泄漏超标密封失效。

（二）间接原因

工艺安排使用服务站软管接氮气充压后未及时拆除，开工期分馏部分油运过程中，柴油从分馏塔底泵出口工艺管线经氮气服务站窜油至氮气管网。

（三）管理原因

（1）交接班管理不到位，现场临时安排的工作没有实行交接班管理跟踪，工作没有衔接延续。

（2）风险识别不到位，未识别到氮气服务站窜油至氮气管网风险。

（3）操作变动前没有认真进行现场检查确认，未及时发现连接管线可能导致物料互窜问题。

四、整改措施

（1）当班期间所有问题纳入交接班，形成闭环管理。

（2）操作变动前执卡操作，确保现场检查确认到位。

（3）干气密封使用的中压氮气和低压氮气技改为专用氮气线，与工艺氮气分开，实现本质安全。

五、经验教训

（1）干气密封使用的中压氮气和低压氮气技改为专用的氮气线，与工艺氮气分开，实现本质安全。

（2）操作变动前执卡操作，全过程执行"手指口述"和"唱票"要求，确保现场检查确认到位。

案例二十二　渣油加氢装置高压贫胺液泵润滑油开关误关

一、装置（设备）概况

某公司 $400×10^4$ t/a 渣油加氢脱硫装置共有3套高压贫胺液泵组，泵型号为GSG 150-360（D）/9S，透平型号为GSG 80-260/5+5，开二备一。其中主泵由液力透平和电动机联合驱动，备泵为电动机驱动（图1-23）。

二、事故事件经过

2017年11月1日晚，渣油加氢装置二系列高压贫胺液泵驱动端机械密封的隔离液压力低报，当班班组联系维保人员给该泵机械密封补压。维保人员现场补压操作完毕离开现

第一章 动设备

图 1-23 高压贫胺液泵概貌图

场 10min 后，23 时 31 分当班内操人员发现该泵驱动端轴瓦温度达到高报警值 80℃，而且温度和振动都在快速上涨，随即联系外操到现场检查，外操人员发现轴承箱处冒烟，同时排查还发现驱动端轴承箱润滑油供油手阀处于关闭状态，内操人员立即紧急停泵处理。安排拆检轴承箱发现轴瓦烧损（图 1-24），更换轴瓦后，机泵运行正常。

三、原因分析

（一）直接原因

高压贫胺液泵驱动端润滑油供油中断，轴瓦润滑效果变差引起温度升高轴瓦损坏。

（二）间接原因

维保人员误将驱动端轴承箱润滑油供油手阀当作机械密封补液泵后的隔离手阀关闭，导致驱动端润滑油供油中断。

图 1-24 高压贫胺液泵轴瓦烧损图

（三）管理原因

（1）培训不到位，维保人员现场实操培训缺失，部分人员现场流程检查不仔细，缺乏责任心。

（2）操作管控不到位，维保人员给机械密封补压没有作业卡指导，操作随意性大。

（3）现场风险管控不到位，供油阀门设计为球阀，易引起误操作，设计审查时未有效规避潜在风险。

四、整改措施

（1）加强维保人员现场实操培训，确保维保人员熟知流程，通过"老带新"提高岗

(2) 编制切实可行的操作卡，要求维保人员严格持卡操作。

(3) 将球阀的手柄拆除后系挂在阀门旁边，从本质上杜绝误操作的发生。

五、经验教训

(1) 要把承包商员工当作自己内部员工管理，尤其培训工作一定要监督落到实处，切实消除短板，保证现场作业人员水平能够满足安全要求。

(2) 只要有作业就得有操作卡，不持卡操作就是违章操作，保证整个过程安全受控，过程中要求"手指口述"和"唱票"，从根本杜绝误操作发生。

(3) 装置操作人员应对设备运行状态具备监盘能力，能第一时间作出正确判断，避免事件扩大。

案例二十三　渣油加氢装置分馏塔底泵衬套抱死

一、装置（设备）概况

某公司渣油加氢装置分馏塔底泵 P1810 型号为 8WTB-163 三级离心泵，介质为渣油，温度 354℃，额定流量 511m^3/h，出口压力 4.22MPa，扬程 558m，采用双端面密封，冲洗方案为 PLAN54，密封累计使用 24 个月。

二、事故事件经过

2017 年 5 月 11 日 16 时 30 分开启 P1810M，当日 17 时 8 分现场泵轴附近出现异响，操作员发现流量与电流下降，出口压力降低，无法继续运行，紧急切换至 P1810S。

解体检查发现平衡鼓与平衡套之间，二级级间轴套与喉部衬套之间抱死无法拆卸，平衡鼓出现裂纹。更换泵轴、叶轮、级间轴套、平衡套、驱动端与非驱动端集装密封及支撑轴承后开车正常。

三、原因分析

（一）直接原因

泵抽空导致故障发生。调取 DCS 相关数据，开泵后 16 时 30 分至 16 时 45 分之间，泵流量、电流、出口压力均出现波动，泵出口流量一直偏低，机泵处于抽空状态运行，造成机泵振动及泵轴窜动，导致平衡鼓损坏，二级级间轴套与喉部衬套之间抱死。

（二）间接原因

入口过滤器堵塞导致抽空。清理泵入口过滤器发现滤网表面覆盖一层致密杂质，造成泵出现抽空，经分析开泵过程中恰逢柴油循环阶段，介质中杂质较多。

（三）管理原因

开泵后对泵运行状态监控不到位，未及时发现抽空及振动等问题并进行处理，导致泵在不稳定状态下运行引发故障。

四、整改措施

（1）对泵进行大修更换泵轴、叶轮、级间轴套、平衡套、驱动端与非驱动端集装密封及支撑轴承后开车正常。

（2）机泵启动、切换等操作之后，对机泵的运行状态进行检查确认，加强特护工作的落实。

（3）加强开停工过程中的机泵运行管理，对于杂质较多的介质，在开工及日常运行阶段注意监控运行情况，避免因抽空导致机泵故障。

五、经验教训

（1）开工阶段系统内杂质较多，与日常工况不同，要求对操作更加仔细，如机泵出现抽空迹象应立即清理过滤器。

（2）机泵启动或切换过程中要密切关注机泵运行状态，严格落实机泵特护工作。

案例二十四　渣油加氢装置压缩机非联轴器端干气密封泄漏

一、装置（设备）概况

某公司渣油加氢离心机型号 BCL408/B，入口压力 17.46MPa，出口压力 21.43MPa，流量 224315Nm^3/h，转速 12600r/min，干气密封形式为串联式双端面带中间迷宫密封。

二、事故事件经过

2017 年 5 月 14 日，开一系列循环机 K1801-1，在投用干气密封时发现非驱动端一级主密封火炬气泄漏量增大，漏气压力已超出压力表量程（报警压力 0.24MPa，高报联锁压力 0.56MPa），紧急停机泄压进行检查。

三、原因分析

（一）直接原因

拆解轴承箱后发现干气密封与机壳固定的 8 颗 M12×80 六角头螺栓全部未安装，造成干气密封组件间静密封点无法密封，导致主密封泄漏严重。

（二）间接原因

密封厂家现场施工遗漏关键工作步骤。根据协议，该干气密封完全由密封厂家技术人员进行安装，安装人员施工程序出现问题，没有对干气密封与机壳固定的8颗M12×80六角头螺栓进行安装。

（三）管理原因

（1）机修车间和装置管理人员对外施工单位维修质量管理不到位，未进行验收，过分相信厂家专业技术人员。

（2）检维修规程执行不到位，对关键施工步骤未进行确认。

（3）属地人员、机修人员培训不到位，此次未安装的固定螺栓在外观上十分明显，漏装属于低级错误，回装轴承箱前未发现说明双方人员对干气密封结构不够了解。

（4）未制定压缩干气密封静压实验方案，导致开机后才发现密封泄漏量大，问题发现不及时。

四、整改措施

（1）严格按照装配要求重新安装非驱动端干气密封。

（2）进一步修订检维修规程，将干气密封安装过程关键节点设定为质量管控点，进行步步确认并联合验收。

（3）密封在投用前增加静压实验环节，确保密封安装质量合格。

（4）加强技术人员专业技术培训，熟练掌握"四懂三会"知识，对专用设备在安装过程中清楚安装方法、技术要求等内容。

五、经验教训

（1）对于外单位包括原厂家的技术服务要有管控措施，要以图纸、说明书等文件为标准，不能完全放任相信，依靠经验做法施工。

（2）对于施工关键节点必须做好质量确认，对质量控制点施行分级管控，关键点要进行步步确认，同时进行联合验收。

案例二十五　渣油加氢装置循环氢压缩机联锁停车

一、装置（设备）概况

某公司300×10⁴t/a渣油加氢脱硫装置采用固定床渣油加氢脱硫工艺技术，以减压重蜡油、减压渣油和催化柴油为原料，经过催化加氢反应，进行脱除硫、氮、氧、金属等杂质，降低残炭含量,为催化裂化装置提供原料,同时生产柴油,并副产少量石脑油和燃料气。

装置Ⅱ系列循环氢压缩机为汽轮机驱动离心式压缩机,机组基本参数如下:汽轮机型号NG32/25/0,输送介质为蒸汽,类型为背压式,额定转速12100r/min,额定功率2848kW,额定进气压力4.0MPa。压缩机型号BCL409/B,工作介质循环氢,类型为离心式,压缩机轴功率2815kW,额定转速12100r/min,最大连续转速12705r/min。

二、事故事件经过

该机组在2014年6月的运行过程中共停车三次,其中第一次因渣油加氢Ⅱ系列装置停工检修,进行正常停车操作;第二次为装置正常生产期间,因机组非驱动端振动值联锁停车;第三次为装置应急处置紧急停车操作过程中,机组非驱动端振动值联锁停车。

(一)第一次联锁停机经过

6月24日11时5分,因燃料气组分变化,导致反应炉出口温度大幅降低,反应系统压差由1.45MPa上升至1.58MPa。13时59分,因系统压差上升,对循环氢压缩机K-2001-2进行提速操作,从10593r/min按照每次50r/min速度开始提速。14时20分,机组转速升至10707r/min时,压缩机ITCC显示运行进入喘振报警区,操作员继续提高循环氢压缩机转速,由10707r/min至10750r/min。14时38分,压缩机推力端轴振动由15μm上升至43μm左右,14时39分50秒振动值迅速上升至99.15μm(报警值64μm,联锁值88.9μm),压缩机联锁停机。

(二)第二次联锁停机经过

6月30日,渣油加氢装置事故紧急停车期间,循环氢压缩机轴振动达到93.3μm(报警值64μm,联锁值88.9μm),压缩机联锁停机。

三、原因分析

(一)直接原因

压缩机轴振动达到联锁值,导致机组联锁停机。

(二)间接原因

(1)从压缩机6月24日和6月30日停车前后的振动频谱波形图(图1-25、图1-26)看,机组在第一次故障停车时,压缩机轴振动值最高至99.15μm联锁停车,第二次故障停车时,压缩机轴振动值最高至93.3μm联锁停车,两次频率均主要为0.4倍频和转频。

从两次机组故障停车原因分析,压缩机转子敏感度高,容易发生激振。0.4倍频(78.26Hz左右)接近转子的一阶临界频率,容易激发压缩机转子产生一阶共振,导致机组轴振动迅速升高。

(2)经分析判断现用轴承阻尼较小,容易引起转子失稳,导致轴振动升高。

(三)管理原因

技术人员处理压缩机轴振动高问题经验不足,未及时发现压缩机轴振动高的根本原因。

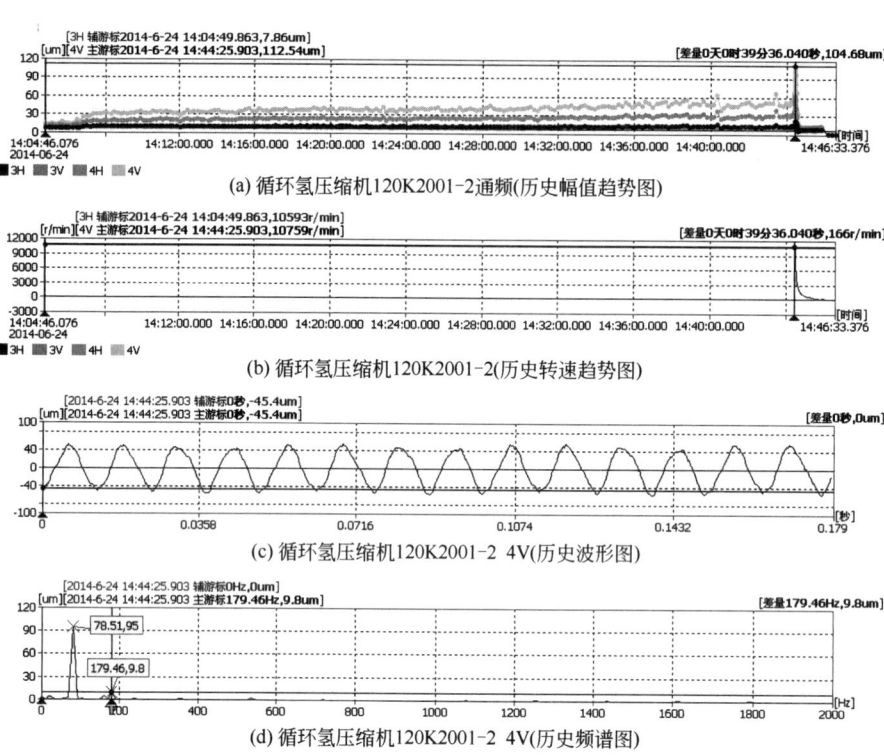

图1-25 6月24日停车时压缩机振动图谱

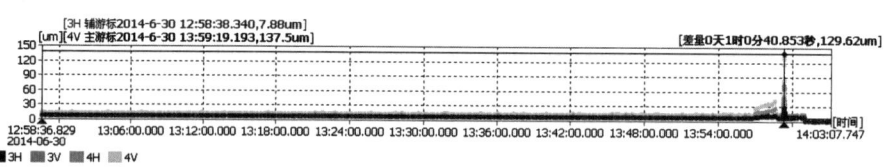
(a) 循环氢压缩机120K2001-2通频(历史幅值趋势图)

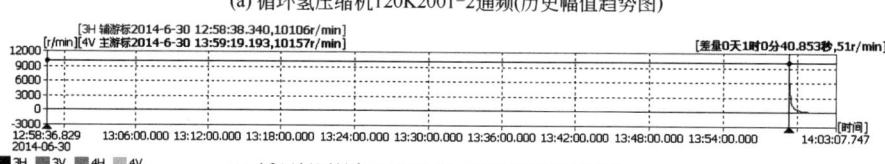
(b) 循环氢压缩机120K2001-2(历史转速趋势图)

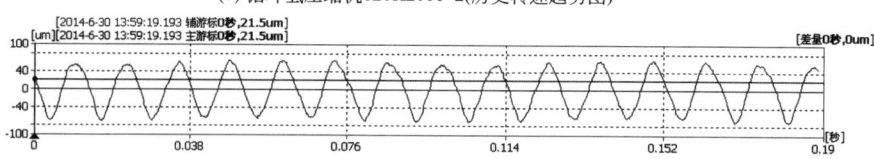
(c) 循环氢压缩机120K2001-2 4V(历史波形图)

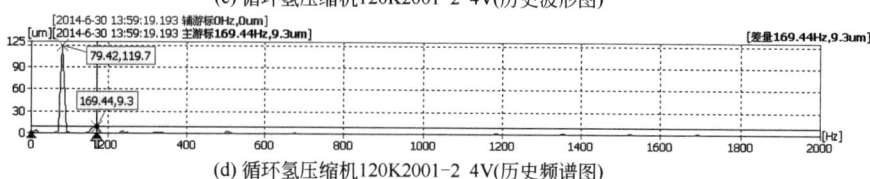
(d) 循环氢压缩机120K2001-2 4V(历史频谱图)

图1-26 6月30日停车时压缩机振动图谱

四、整改措施

（1）将压缩机轴承更换为阻尼轴承，提升机组抗干扰能力。

（2）操作中严格控制压缩机入口进气温度，防止大幅度波动，特别是压缩机转速在10000r/min以上时，稳定好入口温度。严格控制压缩机转速调整量不超过30r/min，严密监视压缩机进出口流量和压力变化。

（3）对机组防喘振线在现场实际条件下重新标定，设置防喘振系统合理动作控制点，保证设备在安全工况下运行。

五、经验教训

（1）压缩机在高转速、高压力条件下运行极易发生气体激振，激振现象可以在压缩机设计阶段采取措施避免。

（2）压缩机轴振动高对压缩机损害较大，会使叶轮和隔板等部件的寿命缩短，如果不及时调整改善，可能会导致叶轮破裂、隔板松动、其他零部件损坏，应加强监控并采取措施避免。

（3）提高操作人员和维护人员的技术水平，及时发现设备故障隐患，可以有效防止设备故障损坏。

（4）机组在线监测系统及相关停机联锁保护必须设置到位且测试合格，确保机组在异常工况下能够及时联锁停机，避免事故扩大。

案例二十六　蜡油加氢裂化新氢压缩机启机前故障信号

一、装置（设备）概况

某公司蜡油加氢新氢压缩机为往复式两列三级四缸压缩机（图1-27），其中三级缸为两个，机组型号为4HF/3，设计流量55300Nm^3/h，介质为新氢，一级入口压力2.1MPa，三级出口压力17MPa，采用三相6000V同步电动机，电动机额定功率6000kW。该机组整个开机过程属于"一键式"自动开机，压缩机开车前的润滑油泵、注油器及顶升油泵投自动，联锁复位满足条件后现场按启动开关，机组进入开机程序，程序控制阀门自动吹扫及充压，控制注油器、润滑油泵、顶升油泵的启停，检测阀门开关信号，判断置换程序进行情况，程序走完后便启动主电动机。程序进行中有一项不满足开机条件，即无法自动启运电动机（图1-28）。

二、事故事件经过

（1）压缩机运行开机程序，置换时开门开关正常，在自动吹扫结束后，程序即转入氢

图 1-27 新氢压缩机现场图

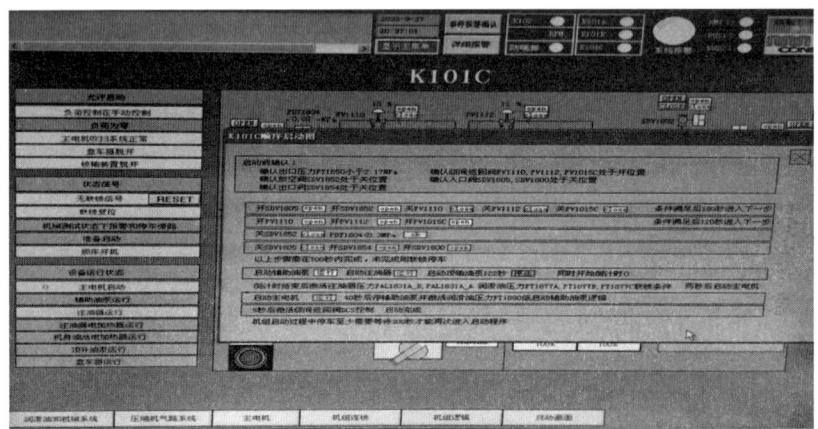

图 1-28 新氢压缩机启动画面

气充压阶段，外管网压力在 2.1MPa，冲压结束后机组未能启动，无法进入下一步程序，开机失败。

（2）压缩机检修后按照正常程序启动，开机程序均正常，注油器、辅助油泵、顶升油泵按程序启动，主电机按照程序启动，压缩机转动，之后压缩机停机，显示为注油器压力低低联锁。

（3）压缩机启动前检查完毕，按照程序开机，到开机置换程序时，出现置换失败，级间返回阀未正常打开，最后导致程序超时，开机失败。

（4）压缩机启动前检查正常，按照程序启动压缩机，机组启机失败，显示为主电动机正压通风风压不足。

三、原因分析

（一）直接原因

（1）氢气充压不满足条件，充压后入口球阀前后压差不应大于 0.3MPa，系统判定充压失败，启机失败。

（2）压缩机启运后检测到注油器总管压力低低时终止电动机运行。

（3）阀位回讯错误主要集中在吹扫和充压阶段，出现过入口阀因电磁阀故障打不开，逐级返回阀全开或全关时触点开关接触不到位，以上程序都属于误动作而终止开机。更换电磁阀和重新调整触电位置，开机前要确保调试合格。

（4）系统判定主电动机正常吹扫风压不足，联锁停机。

（二）间接原因

（1）安全阀出现了泄漏，充气压力未达到设定值，启机失败。

（2）新氢压缩机是按少量注油设计保证气缸和填料处润滑，开机时注油总管存有气体未排净，存在气阻，导致压力波动停机，开机前总管内气体需要排空。

（3）级间返回阀置换回讯触点为定位器上增加的滑片，在小于15%、大于85%的阀位时会触发位置开关，给系统判定阀开或者阀关，但滑片触点不稳定，经常出现检测不到开关位置的情况，从而导致开机失败。

（4）电动机充压风压力低主要是由于充压控制系统故障，造成电动机保护风压低而禁止新氢压缩机启动，仪表对控制系统中保压阀压力设定进行适当调大，增加了系统抗风压波动的能力，电动机充压风压力正常满足开机条件。

（三）管理原因

（1）管理技术人员对机组开机程序不熟悉，对每一个条件的检测判定方式不了解，未能在启动前充分检查。

（2）管理技术人员风险辨识能力不强，注油器检修后未考虑管线存气，未能提前启动排气。

四、整改措施

（1）启动压缩机前按照各启机条件，逐项进行检查落实，确保满足启动条件。

（2）对级间返回阀进行改造，由定位器内滑片改为电涡流检测开关，通过阀指示针的金属面与探头接近和远离来判定阀门的开关，同时细化操作规程，开机时仪表现场待命，及时处理因相对位置变化可能导致的阀位识别不到位问题。

（3）机组检修后，将机组打至MRT状态，运行注油器，将注油管路中的空气排净后再正常备用，保证开机时注油器能立即注油，满足润滑效果。

（4）正压通风系统的风压要保有一定的余量，不要过于接近联锁值，保留安全裕度。

五、经验教训

本台机组程序检测操作便捷，可排除人为因素带来的不安全操作，却增设了不少开机条件的确认，由于程序涉及的阀门、压力、压差、回讯多，需要启机前操作人员详细检查，否则易出现启机失败的情况。

案例二十七 蜡油加氢裂化装置循环氢压缩机主密封气增压泵频繁自停

一、装置（设备）概况

某公司 $210×10^4$ t/a 蜡油加氢裂化装置有循环氢压缩机组一套，型号为 BCL458/A 高压离心压缩机，机壳为垂直剖分式。功率为 4340kW，入口流量 499000Nm³/h，入口压力 14.691MPa。原动机均采用型号 NG40/32 背压式汽轮机驱动。

二、事故事件经过

图 1-29 增压泵解体图

2021年1月10日，装置大修完毕，循环氢压缩机做开机前准备工作，在投用主密封气增压泵过程中，多次出现增压泵自停现象。属地工程师与密封厂家共同对增压泵进行了拆解见证，增压泵内部并未发现划痕及缺陷，同时发现增压泵内部有大量明水（图1-29）。经分析认为，大修新增的专用氮气线经过水压试验后，氮气吹扫结束的标准是露点温度低于-15℃，此露点温度不能满足增压泵的工作要求，氮气管线内残留的水分经增压泵压缩后析出，从而造成增压泵无法正常工作。经过再次长时间就地吹扫放空，露点温度达到-28℃后，增压泵恢复正常工作。

三、原因分析

（一）直接原因

专用氮气线水压试验后，吹扫结束的露点温度标准不能满足增压泵的使用要求，导致管线内残留的水分在增压泵内部析出，造成增压泵自停。

（二）间接原因

蜡油加氢装置位于全厂专用氮气线末端，系统管线内存水易聚集至蜡油装置，造成蜡油加氢装置氮气专用线含水较多。

（三）管理原因

专业衔接沟通不畅，未明确现场验收标准，氮气吹扫结束的露点温度标准，应以最终用户增压泵的使用要求为准。

四、整改措施

（1）继续对专用氮气线进行吹扫，增压泵氮气露点温度达到-28℃。
（2）完善氮气专用线吹扫方案，明确露点达到-28℃方可停止吹扫。

五、经验教训

（1）加强变更管理，变更前要进行详细的风险识别分析，避免发生次生问题。
（2）在蜡油加氢裂化装置的开工准备工作中，压缩机辅助系统的设备设施性能测试要提前开展，避免开机期间发生问题。

案例二十八 蜡油加氢裂化装置循环氢压缩机主密封气压力波动

一、装置（设备）概况

某公司 $220×10^4$t/a 蜡油加氢裂化装置循环氢压缩机组（120-K102）为离心式压缩机，设置一台无备机。压缩机为垂直剖分锻钢壳体筒型离心压缩机，压缩机为单轴双支撑一段6级压缩，型号为20MB6型，压缩机组进、排气口均按向上布置。

压缩机高低压缸壳体为垂直剖分型锻钢壳体，主轴为锻钢轴带不锈钢轴套，叶轮均为闭式。干气密封系统选用集装式带轴承油隔离密封带增压系统的串联式干气密封。正常运行工况时，串联式干气密封一级密封气采用压缩机出口气，二级密封气及后置隔离气均采用氮气运行（图1-30）。

 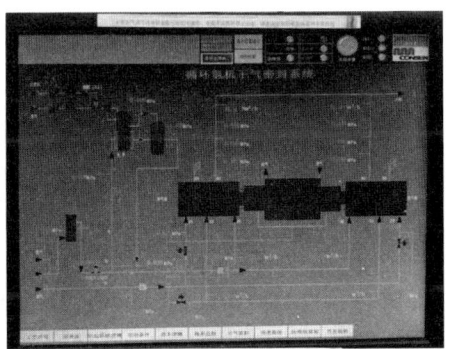

图1-30 循环氢机干气密封系统

二、事故事件经过

在机组开机过程，发现循环氢压缩机主密封调节阀阀位波动较大，造成主密封流量波动大，主密封气流量低于168Nm³/h时增压泵自启。

三、原因分析

（一）直接原因

主密封气调节阀波动大。

（二）间接原因

主密封调节阀 PID 控制参数设置不合理，导致调节阀收敛性差，阀位波动大，造成主密封气流量来回波动。

（三）管理原因

静态时没有进行充分试验，对密封系统、控制系统试验不足，未能及时发现 PID 参数不合理的问题；对阀门 PID 参数未仔细核对验证。

四、整改措施

核定 PID 参数，使其能平稳调节，快速收敛。

五、经验教训

在机组试运过程中，要仔细调校各控制阀的控制参数，根据控制阀的流量特性曲线来调节 PID 值，保证阀门的调节特性满足实际工艺需要。

案例二十九　蜡油加氢裂化装置汽轮机轴承温度高

一、装置（设备）概况

某公司加氢裂化分馏塔进料泵 P202A 的驱动机位号 PT202A（图 1-31），为单级双支点背压式汽轮机，入口为 1.0MPa 低压蒸汽，出口为 0.4MPa 低低压蒸汽。PT202A 汽轮机轴承为轴瓦，采用内部甩油环润滑，轴承箱设置串联式冷却水线。汽轮机基础参数如下：型号为 DYRPG，额定功率 171kW，转速 2533～3129r/min，蒸汽参数 1.0MPa，进汽温度 250℃，排气压力 0.4MPa。

二、事故事件经过

在试运期间，经现场测温和远传温度表均显示汽轮机非驱动端轴承温度逐渐上升，轴瓦最高温度达到 83℃，影响汽轮机的安全运行，后经检查发现非驱动端轴承润滑油带水，导致润滑不良。

图 1-31 分馏塔进料泵汽轮机现场图

三、原因分析

（一）直接原因

PT202A 非驱动端轴承润滑油带水，导致润滑油劣化，轴承温度升高。

（二）间接原因

（1）汽轮机气封是碳环填料密封，运行时间较长后会有蒸汽微量泄漏。

（2）气封和轴承箱间距过小，泄漏的蒸汽无法有效溢散，易沿轴进入轴承箱，污染润滑油。

（3）轴承箱油池无观察油杯，无法观察到润滑油，特别是底部的油质变化。

（三）管理原因

（1）管理技术人员风险辨识不到位，没有识别到气封和轴承箱距离较近可能存在的风险。

（2）管理人员未识别到碳环密封磨损后泄漏蒸汽进入轴承箱的风险。

（3）管理和维保人员未及时想到增加观察油杯，用于及时观察油质变化。

四、整改措施

（1）气封与轴承箱之间增加隔离气（图 1-32），防止泄漏蒸汽进入轴承箱，轴承箱温度降到 60℃。

（2）在轴承箱油池底部增加观察油杯，便于日常检查油质情况。

图 1-32 轴承箱现场图

(3) 检修期间对轴承箱油封进行了改造，油封外侧加工成带螺旋槽状，汽轮机运行后可进行强制风冷，从根本上解决了泄漏蒸汽进入轴承箱风险，同时也减少了冷却蒸汽消耗。

五、经验教训

（1）对气封无抽气设计的汽轮机，气封与轴承箱之间可通过增加隔离气、增加螺旋槽、安装挡汽环等方式，防止泄漏蒸汽进入轴承箱。

（2）对油池润滑的轴承，应当在低点安装观察油杯，便于及时发现润滑油质问题。

（3）选择汽轮机时，应适当要求气封与轴承箱间隙，避免过近会出现蒸汽进油和轴热传导导致轴承温度高的问题。

案例三十　蜡油加氢裂化装置机泵密封自冲不畅

一、装置（设备）概况

某公司蜡油加氢裂化装置分馏塔进料泵为120-P202，介质为闪蒸后的热油，内含有大量加氢后的蜡油；120-P203为分馏塔底泵，介质为分馏塔底未转化油，主要成分为加氢蜡油；120-P101为蜡油加氢装置高压进料泵，介质为原料蜡油和分馏塔底未转化油，两者比例约1.7~1.8。

二、事故事件经过

在冬季时发现P202A/B、P203A/B、P101A/B备泵经常出现密封自冲洗油凝固（PLAN21方案），导致在切换后密封冲洗油中断，危及密封安全使用。

三、原因分析

（一）直接原因

机泵密封系统自冲洗蜡油凝固，导致冲洗中断，影响机泵密封安全运行。

（二）间接原因

由于泵介质大部分为蜡油组分，原先采用循环水（20℃、0.45MPa）冷却，蜡油在50℃以下流动性变差，低于30℃易凝固，在冬季泵备用时，因冲洗系统无循环，而环境温度低，导致冲洗管路的蜡油凝固。

（三）管理原因

技术人员经验不足，对介质性质不了解，在工艺审查和项目建设时未能及时识别到此风险。

四、整改措施

将泵密封 PLAN21 方案中换热器的冷却水线增加热媒水线，使用热媒水冷却（65℃、0.6MPa）流程，在泵备用时使用热媒水，保证密封自冲洗液不凝固，在启动前改回循环水，保证冷却效果。

五、经验教训

在工艺审查时要根据介质特点进行专项分析，做好风险识别；设备管理人要熟悉工艺情况，了解介质特点，明确设备使用环境，才能维护和管理好设备。

案例三十一　柴油加氢精制循环氢压缩机联锁停机

一、装置（设备）概况

某公司柴油加氢循环氢压缩机组由压缩机、汽轮机、润滑油系统、干气密封系统、监测控制系统及辅助系统组成（图1-33）。压缩机组由高、低压缸离心式压缩机和汽轮机组成，压缩机与压缩机、压缩机与汽轮机之间均采用叠片式联轴器直联，压缩机高低压缸和汽轮机采用公用底座，地脚螺栓采用基础贯穿式。压缩机轴端密封采用串联式干气密封（带中间迷宫密封），级间密封和叶轮口圈密封采用迷宫密封。

图1-33　循环氢压缩机组现场图

压缩机配防喘振控制阀，压缩机流量调节方式采用变转速调节，压缩机由凝汽式汽轮机直联驱动，汽轮机选用 NK 系列凝汽式汽轮机，型号为 NK25/28/25，汽轮机为单侧进汽，采用向上进汽和向下排汽的结构。汽轮机带有凝汽器、两级射汽抽气装置和凝结水泵；油封环带有充氮保护接口；凝汽器带安全阀、凝结水泵带入口闸阀、出入口闸阀和逆止阀，两台新氢压缩机组与一台循环氢压缩机组共用一套控制系统。

二、事故事件经过

压缩机运行过程中汽轮机排汽压力达到 0.07MPa 联锁值，循环氢压缩机联锁停机，导致柴油加氢装置临时停工。

三、原因分析

（一）直接原因

汽轮机排汽压力升高达到联锁值 0.07MPa，导致汽轮机联锁停机，压缩机停机。

（二）间接原因

汽轮机射汽抽气器二级排凝线堵塞，汽轮机凝汽器无法形成有效真空度，导致排汽压力升高，达到联锁值机组停车。

（三）管理原因

（1）汽轮机射汽抽气器二级排凝线为直排，在日常巡检中未及时发现排凝线堵塞，并采取有效措施，汽轮机排气压力不断升高导致联锁停机。

（2）大机组特护内容不完善，未将上述检查部分纳入大机组特护内容并进行有效监控。

四、整改措施

（1）强化大机组特护管理，对机组特护内容进一步梳理完善，将检查射汽抽气器二级排凝线列为重点检查项目，如若发现异常情况及时汇报进行处理。

（2）内操监盘过程中，重点关注汽轮机凝汽器真空度的变化，如有变化，及时进行排查分析。

五、经验教训

（1）大机组管理作为装置设备管理核心内容，要认真做好基础工作，对大机组特护内容、一机一策要不断更新完善，并认真有效落实。

（2）加强操作人员技能培训，提升操作水平，对于装置关键机组要全面监控，定期扫查，及时发现问题，及时进行整改。

案例三十二 柴油加氢精制装置汽轮机猫爪螺栓卡死

一、装置（设备）概况

某公司 $350×10^4t/a$ 柴油加氢精制装置采用柴油深度加氢脱硫技术，装置主要加工的原料为直馏柴油，占原料比例 78.77%，催化裂化柴油占原料比例 14.92%，渣油加氢柴油占原料比例 6.31%，产品精制柴油收率>99%。

装置循环氢压缩机 140-K-1002 为汽轮机驱动离心式压缩机，汽轮机型号 NG25/20，压缩机型号 BCL407。汽轮机进汽压力 3.8~4.0MPa，排汽压力 1.12~1.52MPa，进气温度 385~430℃，额定转速 10454r/min，正常转速 9740r/min。

二、事故事件经过

2013 年 12 月 1 日，按照机组启机流程，压缩机开始暖机，在将转速升至 3000r/min 进行充分暖机时，检查轴瓦温度、振动、润滑油压力、控制油压力、干气密封运行正常，猫爪处于自由状态。机组 3000r/min 暖机 15min 后，按照暖机要求将压缩机转速升至 7400r/min。再次检查机组运行情况，发现汽轮机联轴器端猫爪顶死（图 1-34），汽轮机被整体抬升，无法正常运行，停机进行处理。对汽轮机出入口管线重新进行配置和吹扫打靶，机组开机运行，测量猫爪间隙正常。

图 1-34 汽轮机猫爪顶死

三、原因分析

（一）直接原因

汽轮机进出口蒸汽管道在暖管过程中存在一定的位移，而管道设置的膨胀弯不够，无法将膨胀位移吸收，使管道膨胀产生的应力直接作用在汽轮机进出口法兰，造成汽轮机缸体受到向上的作用力，猫爪螺栓卡死。

（二）间接原因

汽轮机蒸汽进出口管系设计不合理，不能充分吸收因管道膨胀造成的位移。

（三）管理原因

风险辨识不到位，未辨识出汽轮机在初次投用时可能存在机体或管道受热膨胀产生应力导致猫爪卡死的风险。

四、整改措施

（1）联系设计院相关专业人员对汽轮机出入口管线重新进行应力核算，重新进行配管，以减少出入口管线热膨胀对汽轮机管口的载荷，满足汽轮机管口允许载荷要求，确保机组能够长周期稳定运行。

（2）深刻汲取本次汽轮机猫爪卡死事件的经验教训，加强汽轮机启机前和启机过程的管控，确定连续测量猫爪膨胀值并进行记录，形成趋势曲线，力争及时发现问题。

（3）完善补充循环氢压缩机启机操作卡，在启机操作中增加汽轮机猫爪检查和测量的提示。

（4）加强岗位员工操作培训，提高岗位员工发现类似问题的能力，日常生产过程中加强对汽轮机猫爪的检查。

（5）举一反三，尤其关注高温设备管线受热膨胀后的应力情况，加大设备检查检测力度，杜绝此类事件再次发生。

五、经验教训

（1）汽轮机猫爪可以保证汽轮机在受热膨胀后几何中心线不发生变化。管道设计布局不合理，管道受热膨胀产生应力过大，可能导致猫爪卡死，影响汽轮机正常运行。

（2）汽轮机在暖机时，应充分考虑管道和汽轮机受热膨胀产生应力问题，严格按照操作规程要求进行暖机，加强检查，避免出现猫爪卡死问题。

（3）汽轮机在初次投用时，应做好汽轮机猫爪冷态和热态膨胀值数据测量工作，为后期猫爪调整和汽轮机正常运行提供数据支持。

案例三十三　柴油加氢精制装置原料泵超负荷跳闸

一、装置（设备）概况

某公司柴油加氢精制装制原料泵组由离心泵、电动机、单向离合器、液力透平、润滑系统、监测控制系统及辅助系统组成（图1-35）。加氢进料泵选用TD450-130×9型双壳体多级筒型离心泵，其外壳为筒式结构，其内壳为径向剖分集装式结构，泵入口及出口均垂直向上，筒体为中心线支撑；泵密封冲洗管路系统方案为PLAN21+PLAN52；多级泵的叶轮与轴的固定采用每个叶轮单独固定（采用卡环固定），以防止叶轮在轴上的轴向窜动；泵组轴承使用强制油润滑系统；轴承形式及测温：径向轴承为四油楔，每个设置插入式测温2支铂热电阻Pt100（1点）；每轴承设温度就地显示（双金属温度计）；推力轴承为米切尔（主、副推力面各设测温双支铂热电阻Pt100，共2支），推力轴承在两个方向具有相同的止推能力。

二、事故事件经过

柴油加氢精制原料泵P101AB在投用前进行水联运负荷试运，外操根据启泵操作规程将原料泵试泵线双阀全部打开，启泵后电动机超负荷自动跳停。

图1-35　柴油加氢精制原料泵现场图

三、原因分析

（一）直接原因

原料泵试运行启泵后，泵超负荷运转，导致电动机超电流联锁停机。

（二）间接原因

原料泵试泵线限流孔板未按照最小流量设计，在水联运试运转过程中，由于水的密度比柴油密度大，导致泵启动后出口流量过大，泵功率过大，电动机超负荷联锁停机。

（三）管理原因

原料泵在水联运试运转过程中，未及时发现泵试泵线孔板设计不合理，泵水联运未考虑所需要的最大功率，未调整试泵线手阀控制流量，导致在原料泵水联运时电动机超负荷停机。

四、整改措施

（1）机泵试运转前要考虑由于密度变化引起的功率变化。

（2）将试泵线手阀关小，合理控制试泵线流量，防止原料泵电动机超电流及试泵线管线振动过大。

五、经验教训

（1）对多级泵的试泵线孔板要进行校核，保证孔板设计合理。

（2）机泵水联运过程中，要充分考虑密度变化带来的功率影响。

（3）机泵在试运行中要逐步缓慢打开出口阀，并观察机泵运行状态，再进一步调整操作。

案例三十四　汽柴油改质装置新氢压缩机振动联锁停机

一、装置（设备）概况

某公司 180×10^4 t/a 汽柴油改质装置设有一台加氢精制反应器和一台加氢改质反应器，装填高活性加氢精制催化剂、加氢改质催化剂及保护剂。反应部分采用炉前混氢流程，分馏部分采用汽提塔和分馏塔方案，有利于保证装置长周期、平稳、安全运行，提高产品质量和收率，降低装置物耗和能耗。

往复式压缩机（1600-K-0101C）型号 4M80-35.4/23-118。压缩机与电动机联轴器连接，压缩机和电动机安装在共用钢底座上，整个机组采用润滑油站供油（图1-36）。

图 1-36　新氢压缩机 K-0101C 设备概貌图

二、事故事件经过

2021年3月16日16时30分,汽柴油改质装置当班内操突然听到副操台报警,紧接着DCS报警,在运新氢压缩机K-0101C联锁停机,随后紧急启动K-0101B,反应系统恢复新氢补入,装置恢复正常。机组拆检发现一副轴瓦磨损、缸套内有三处凹坑点、两支振动探头灵敏度不合格。

三、原因分析

（一）直接原因

K-0101C联锁停机因为机身振动（二取二）达联锁值12mm/s导致机组联锁停机。

（二）间接原因

（1）经过对K-0101C解体检查发现,后二级气缸的缸套内有三处凹坑点,主要因介质中带有硬质颗粒导致损伤,曲轴的定位瓦有两道较深划痕。以上问题导致机组在正常运行过程中,运行状态发生轻微波动,机组振动异常。

（2）在测量现场两个机身振动探头时,发现探头灵敏度明显偏高,实际振动值存在被放大的情况。当机组振动异常时,振动探头测量到振动值被放大,从而导致联锁停机。

（三）管理原因

装置在开工过程中技术人员对气路、油路管线检查不到位,存在杂质,导致机组运行后杂质进入气缸和轴瓦产生划痕。

四、整改措施

（1）对压缩机机身两个振动探头过于灵敏的问题进行处理,更换两个振动探头。
（2）对拆检过程中发现的轴瓦磨损问题进行处理,更换相应轴瓦。
（3）对曲轴箱彻底清理并更换润滑油,避免润滑油中存在杂质导致轴瓦磨损。
（4）加大对该压缩机组的运行监控,时刻关注机身振动的运行趋势,并对异常情况进行及时分析和处理。

五、经验教训

工艺气路、油路清洁度检查验收不认真,未严格按照标准验收,造成杂质损伤设备,后续在管线吹扫中要引起高度重视,在此类工作上需要提高标准、严格把关,排除对设备运行不利的因素,保障设备安全,为长周期运行创造良好的条件。

案例三十五　延迟焦化装置富气压缩机组暖管时无法盘车

一、装置（设备）概况

某公司 120×10⁴t/a 延迟焦化装置主要加工原料为上游 1300×10⁴t/a 常减压装置减压深拔的渣油和催化澄清油的混合料，采用"一炉两塔"焦化流程，经过本装置处理，生产出合格的中间产品。富气进入富压缩机（K-0201）加压后与解吸塔顶气进入压缩富气空冷器（A-0201A/B）及焦化富气后冷器（E-0201A/B）冷却至40℃进入压缩富气分液罐（D-0202）。压缩富气分液罐顶部分离出来的气体进入吸收塔（C-0201）底部，分离出来的凝缩油由解吸塔进料泵（P-0202A/B）加压进入解吸塔（C-0202）顶部。

二、事故事件经过

2017年11月延迟焦化装置装置富气压缩机组 1700-K-0201 在单机试运，在机组暖管后期中压蒸汽速关阀前温度至 280~300℃时，机组无法盘车。

三、原因分析

（一）直接原因

汽轮机出现位移，转子与定子之间间隙出现偏差。

（二）间接原因

经过设计院和制造厂专家现场勘测和分析，原因为汽轮机中压蒸汽管线设计不合理，升温后管线位移量较大，汽轮机出现位移。

图 1-37　富气压缩机组故障处理现场图

（三）管理原因

技术人员对汽轮机热力管线膨胀技术水平掌握不足，未能第一时间及时发现问题。

四、整改措施

（1）设计院对汽轮机入口中压蒸汽管线配管进行重新修改。

（2）对汽轮机现场开盖检查，检查复核装配间隙（图1-37）。采取以上措施后，2018年12月初机组单机试运正常。

五、经验教训

（1）机组试车前，汽轮机进出口中压蒸汽管线，要仔细记录管线由冷态到热态的位移量。冷态时在固定支架和弹簧支吊架上做好标记，暖管、暖机过程，做好记录，出现问题后便于通过数据查找原因。

（2）大型机组试运过程要与设计院及制造厂技术人员保持密切的沟通和联系，共同参与问题分析和处理。

案例三十六 油品新罐区渣油供料泵机封寿命不达标

一、装置（设备）概况

某公司油品新罐区渣油供料泵 P1304~1306 介质为渣油，是渣油加氢装置和催化装置的原料泵，工艺流程为渣油自油品新罐区渣油储罐 G133~136 来，经 P1304~1306 输送至渣油加氢装置和催化装置的原料缓冲罐，介质温度在130℃左右。

渣油供料泵 P1304~1306 为螺杆泵，P1304/1305 型号为 2GaSR156-60W，额定流量 85m³/h，P1306 型号为 2GaSR208-85W，额定流量 250m³/h。

二、事故事件经过

自机泵投用以来，P1304~1306 机封维修频繁，平均使用寿命在 3~4 个月，严重低于一般机封寿命预期。

三、原因分析

（一）直接原因

对故障机封拆解发现，机封失效原因为密封面磨损，原机封密封面为碳化硅+硬质合金，无法满足现有工况的要求。

（二）间接原因

（1）机封冲洗方案为 PLAN11，该方案自泵出口引介质自冲洗，因介质为渣油，冲洗效果不佳，介质在密封面结焦导致机封失效。

（2）机泵厂家推荐的冲洗方案为 PLAN11+PLAN62，实际安装时未预留机封蒸汽冲洗管线，导致渣油在机封端面上容易凝结，加剧机封的损耗。

（三）管理原因

（1）机封选型不合适。设计院提供的参数中，介质温度为160℃，而实际介质温度不超过130℃，导致泵厂在机封选型上出现问题，所用机封不适用现场工况。

(2) 在机泵投用初期现场调试过程中，未发现机封冲洗方式缺少 PLAN62 配置。

四、整改措施

(1) 由机封厂家对机封动环材质重新选型，变为硬质合金+硬质合金，使其适应现有工况。

(2) 现场机泵增加机封蒸汽吹扫线，引低压蒸汽对机封端面进行冲洗。

五、经验教训

(1) 设计时应严格把关，技术人员应严格审核各项参数，避免与实际偏差过大。

(2) 在机泵技术协议签订时应重点关注机封选型、冲洗方式等影响机泵运行寿命要素，避免出现选型不匹配问题。

(3) 设备到货后要严格按照技术协议要求进行现场验收，避免出现技术协议要求与现场到货物资不一致问题。

案例三十七 油品新罐区蜡油供料泵振动超标

一、装置（设备）概况

某公司油品新罐区蜡油供料泵 P1303 作为原料泵为渣油加氢装置、蜡油加氢装置、催化装置付油，工艺流程为油品自油品新罐区重油罐区储罐 G131~136 来，经 P1303 输送至各装置的原料缓冲罐。蜡油供料泵 P1303 为螺杆泵，型号为 2GbSR247-74W，额定流量 250m³/h。

二、事故事件经过

2019 年运行期间，P1303 多次因振动超标导致轴承损坏更换频繁，严重影响机泵平稳运行，造成不必要的维修。

三、原因分析

（一）直接原因

P1303 运行期间振动值超标，长时间运行造成机泵轴承损坏，增加维修成本。

（二）间接原因

P1303 设计介质为渣油和蜡油，介质的黏度跨度较大，在实际使用中，主要作为蜡油泵备用。泵 P1303 为装置供蜡油过程中机泵振动较大，结合厂家提供的参数分析，判定为机泵转子设计与实际介质工况不匹配。查找技术协议，设计给出的 P1303 介质的黏度跨度较大，为 1.3~399mPa·s，而蜡油流动性好，黏度较低，实测不高于 2mPa·s，泵厂依据技术协议按最大黏度设计，导致机泵转子与介质不匹配，机泵振动大。

（三）管理原因

（1）设计院未能明确 P1303 的使用定位，设计初衷是为满足渣油、蜡油均能运行的机泵，忽视了螺杆泵对介质的要求。

（2）机泵厂家在机泵选型时也未能及时将介质黏度跨度较大的问题反馈给设计方，只是单纯按照最大黏度进行选型，设计沟通方面存在问题。

四、整改措施

（1）由泵厂按现有工况及介质物性重新设计转子并进行更换，更换后运行良好。

（2）在选型中要严格按照实际工况选择适宜的设备。

五、经验教训

（1）机泵选型设计时，应充分考虑介质物性对机泵的要求，避免跨物性差异较大的介质使用同一台机泵的情况。

（2）现场出现机泵设计参数与实际不匹配、运行出现早期故障预兆的设备，不应继续使用，要及时进行检查修正，避免问题进一步扩大。

案例三十八　储运部液化气深井筒袋泵频繁故障

一、装置（设备）概况

某公司压力罐区是主要的液态烃储运设施，主要储存饱和液化气、不合格液化气、不合格石脑油、火炬凝液、其他液化气、催化液化气、C_4、丙烯、丙烷、加氢裂化轻石脑油、精制轻石脑油等物料，设置燃料气管网补充液化气设施，同时也担负着液化气、丙烯等产品的出厂。

压力罐区共有 33 台机泵，其中筒袋泵 25 台（图 1-38），卧式悬臂离心泵 7 台，往复式压缩机 1 台。

二、事故事件经过

储运部压力罐区筒袋泵在开工前的单机试运过程中，有 9 台泵在运行过程出现中轴抱死的故障，停机后发现轴已卡死、盘不动车。

图 1-38 液化气深井筒袋泵概貌图

三、原因分析

（一）直接原因

平衡套和平衡鼓间进入杂物，导致间隙变小产生摩擦，热量无法带出，运行过程中机泵平衡鼓和平衡套粘连。

（二）间接原因

机泵单机试车只能采用液化气试车，入口管线及球罐介质中含有焊渣、固体颗粒物等杂质。机泵平衡套和平衡鼓的间隙按照标准下限 0.1mm 设计，不适应开工初期介质较脏情况。

（三）管理原因

（1）球罐及管线气密试验后，对设备管线进行吹扫验收标准低，机泵入口管线及球罐内盲肠死角未彻底吹扫干净，存留有细小焊渣及固体颗粒物。

（2）对机泵详细数据掌握不全面，未能了解到平衡盘、平衡鼓间隙过小的情况，未能有针对性地提出吹扫要求。

（3）对单机试运期间机泵故障的原因分析不全面、不透彻，在未彻底查明原因前继续盲目试车，造成多台机泵连续出现同类问题。

四、整改措施

（1）及时清理机泵入口过滤器及筒体内杂质，清除产生卡涩的物质。

（2）将机泵平衡套和平衡鼓间隙放大至标准的 0.3mm 上限，以减少卡涩的概率。

五、经验教训

（1）新建装置的筒袋泵在试运前，建议采用爆破片方式吹扫泵入口管线，确保管线设备盲肠死角彻底吹扫干净。

（2）在入口管线法兰处临时增加一层比入口过滤器目数高的过滤网，以进一步阻挡细小颗粒物进入泵体。

（3）机泵试运前要与厂家开展充分的交流与沟通，掌握机泵结构及详细参数，以便采取有针对性的措施，避免机泵发生故障。

（4）对开工过程中出现的问题开展彻底的分析，在未确定故障原因的情况下，不得盲目继续开展试运工作。

案例三十九　连续重整装置预加氢循环氢压缩机活塞杆断裂

一、装置（设备）概况

某公司 $60×10^4$ t/a 连续重整装置预加氢循环氢压缩机 K-101A，型号为 2D10-10.3/19.9-28.7-BX，为对称平衡往复式，转速 480r/min，电动机功率 230kW。

二、事故事件经过

该压缩机自投入使用，连续两次发生运行过程中活塞杆突然断裂的恶性事故（图1-39），造成压缩机撞缸引发着火，给公司安全生产带来巨大压力。拆检发现压缩机入口过滤网、气缸盖、气阀等部位有明显结盐，活塞本体有明显水锈迹象（图1-40至图1-42）。

图 1-39　活塞杆断裂

图 1-40　缸盖有大量铵盐结晶

 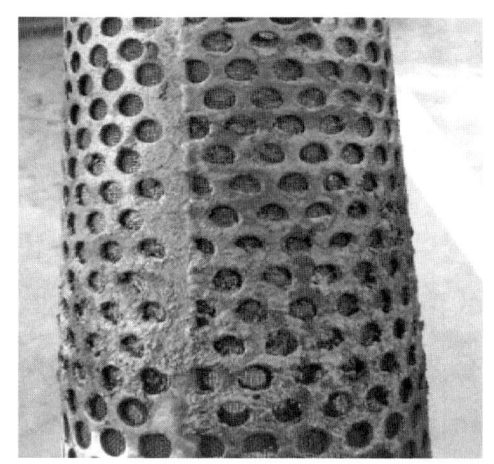

图 1-41 活塞有大量锈迹　　　　　图 1-42 入口滤网有大量铵盐结晶

三、原因分析

（一）直接原因

压缩机活塞杆断裂，造成压缩机振动高联锁停机。

（二）间接原因

压缩机入口分液罐分离效果较差，导致水、铵类等液相介质被氢气带入气缸后产生液击，导致活塞杆断裂后撞击气缸盖，最终缸盖螺栓断裂，氢气泄漏后引发火灾。

（三）管理原因

（1）巡检管理不到位。该压缩机在日常巡检中两侧气缸均有比较明显的液击声音，巡检人员信息反馈不及时，机组管理人员隐患意识不足，未及时采取能避免事故发生的有效措施。

（2）风险辨识不到位。机组管理人员未辨识出压缩机入口分液罐丝网分离器除液能力变差、不能有效过滤水等液相杂物、引发压缩机液击的风险。

（3）状态监测管理不到位。机组状态监测系统显示，缸体、曲轴箱振动超过危险值持续 13min 并报警，期间未采取紧急停机或相关措施。

四、整改措施

（1）提高机组巡检人员业务水平和能力。严格落实机组"五位一体"❶ 管控要求，发现异常情况及时上报并开展原因分析，杜绝隐患发展为事故。

（2）提高机组状态监测和故障诊断能力。及时发现并处置机组异常报警，根据状态监

---

❶ 五位指机、电、仪、操、管。

测图谱开展故障前期诊断,确保故障发生前采取停机等有效管控措施。

(3)提高事故事件原因分析水平。该机组第一次发生液击后,未对工艺流程管线、入口分液罐等进行详细拆检,未及时发现丝网分离器除液能力差的问题,造成事故重复发生。

五、经验教训

炼油化工行业因往复式压缩机带液引发的事故事件较多,包括工艺介质中的液相或润滑油系统中的润滑油等液相介质被工艺气带入压缩机系统。由于液体的相对不可压缩性,造成活塞运动受阻,瞬间产生急剧冲击载荷,对压缩机内构件造成严重损坏,并导致压缩机内危险气体流出,引发着火、爆炸等恶性事故,给企业财产和人身安全带来巨大损失。各企业应严格落实机组"五位一体"管控要求,加强巡检、状态监测、风险辨识、隐患管控能力,切实保证压缩机安全稳定运行。

案例四十　加氢裂化装置循环氢压缩机干气密封泄漏

一、装置(设备)概况

某公司 $200×10^4$ t/a 加氢裂化装置循环氢压缩机由某鼓风机公司制造,驱动机为某公司汽轮机。压缩机型号 BCL405。本次出现故障的干气密封型号为带有中间迷宫的串联式干气密封,密封面槽型为 T 型,密封气介质为循环氢,温度 90~100℃,压力 16MPa。

二、事故事件经过

2021年6月1日、6月4日和6月5日,加氢裂化装置循环氢压缩机驱动端和非驱动端干气密封泄漏量连续三次突然上升并达到联锁值,机组联锁停机。机组拆检后发现干气密封一级密封环失效(图1-43至图1-45),聚结器有水及白色聚合物(图1-46)。

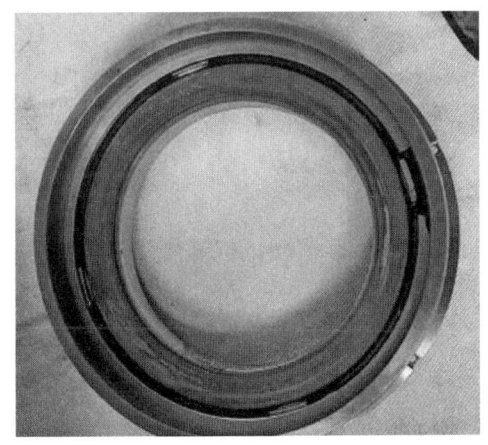

图 1-43　一级密封环

图 1-44　密封面有液相磨损痕迹

图1-45 一级密封排气流道有明显泪痕

图1-46 聚结器上有水及白色聚合物

三、原因分析

(一) 直接原因

干气密封带液导致动静密封环失去动压效应,是引起密封面发生磨损失效的直接原因。

(二) 间接原因

(1) 循环氢压缩机入口分液罐分离能力不足,造成含有大量液体和杂质的循环氢穿透入口分液罐后在压缩机入口管线中沉积,随着循环氢的流通带入下游干气密封系统中,导致密封受到污染。

(2) 该干气密封系统自2020年8月以来泄漏四次,均发生在装置停工后开工期间,说明该套系统应对异常工况的能力不足。

(3) 根据调研得知,T型槽密封对装置异常情况下介质带液时的抗干扰能力不足。

(三) 管理原因

(1) 风险辨识及故障处置不到位。车间管理人员在第一次干气密封泄漏后,未充分辨识出循环氢带液的来源,未对入口分液罐及入口管线进行彻底清理,造成干气密封多次发生泄漏。

(2) 入口分液罐设计选型不到位。设计时未充分考虑装置异常工况下循环氢可能存在的带液及带杂质较多的问题,造成分液罐丝网分离器选用不当,分液能力不足。

(3) 干气密封设计选型不合理。设计时未充分考虑密封槽型抵抗装置波动能力的差异,选用的T型槽密封抗波动能力较差。

四、整改措施

(1) 优化开停工操作,降低装置变工况条件下循环氢系统带液和带杂质的可能性。开车前对循环氢系统进行彻底脱液、置换。

(2) 择机更换干气密封槽型。通过与专家交流,以及调研部分同类装置,为了提高干气密封本身抗异常工况的干扰能力,有陆续将T型槽改为螺旋槽的趋势,利用螺旋槽较好的动压效应来提高气膜刚度,一定程度上可以提高密封抗干扰能力。

(3) 开展入口分液罐气液分离能力调研,选用分离能力较高的气液分离设施,最大限度降低循环氢带液量。

五、经验教训

(1) 深入分析循环氢系统各种组分变化及不同工况带来的负面影响,制定有效的整改措施。

(2) 进一步调研兄弟单位干气密封使用情况,形成一套干气密封设计、选型、安装、使用、应急处置等方面的指导方法。

(3) 保证循环氢压缩机干气密封长周期运行是一项系统性工程,要从原始设计、工艺流程完善、原料质量控制、工艺条件变更、密封选型、操作条件优化、设备日常维护保养、新技术引进等方面统筹管理,需要生产和设备专业紧密配合,根据介质变化、操作条件变化、机组运行状态变化等随时优化调整操作,尤其要找出系统带液和杂质的根本原因并采取有效预防措施,提高对系统中的变化量的敏感性,定期组织开展工艺技术分析,充分辨识工艺调整带来的系统性变化和危害,确保干气密封长周期运行。

第二节　化工装置生产准备和开车阶段典型案例

案例一　乙烯装置裂解气压缩机干气密封失效

一、装置(设备)概况

某公司乙烯装置裂解气压缩机11-C-3001为三缸五段离心式压缩机,型号为DMCL1006+2MCL1006+2MCL808,2021年8月开机运行。压缩机的轴端密封采用串联式带中间迷宫密封的干气密封。

二、事故事件经过

2021年10月4日7时20分,裂解气压缩机高压缸非驱动端干气密封一级泄漏量11FISA-30831A/B/C由16.57Nm³/h、16.32Nm³/h、16.15Nm³/h开始上涨,7时27分三点流量突然增至73.12Nm³/h、74.34Nm³/h、73.55Nm³/h,联锁值为66Nm³/h(3选2),裂解气压缩机联锁停机,停机后启动全厂应急,乙烯装置紧急进入停工检修状态。

10月7日9时0分，高压缸驱动端和非驱动端干气密封完成更换，检修结束验收合格，18时8分裂解气压缩机汽轮机启动，按冷态启机曲线开始暖机，20时30分暖机完成，升至最小控制转速，机组各项参数正常。

三、原因分析

（一）直接原因

压缩机高压缸非驱动端干气密封一级泄漏量11FISA-30831A/B/C达到联锁值66Nm³/h（3选2），触发裂解气压缩机联锁停机。

（二）间接原因

密封腔体与弹簧座外圆设计偏小，间隙约为0.1mm（图1-47）；轴位移发生正常微小变化时，密封腔体产生微小形变，导致弹簧座被挤压，使得推环、静环与轴的垂直度发生变化，静环和动环发生直接接触，造成动环碎裂、静环磨损，泄漏量超标。

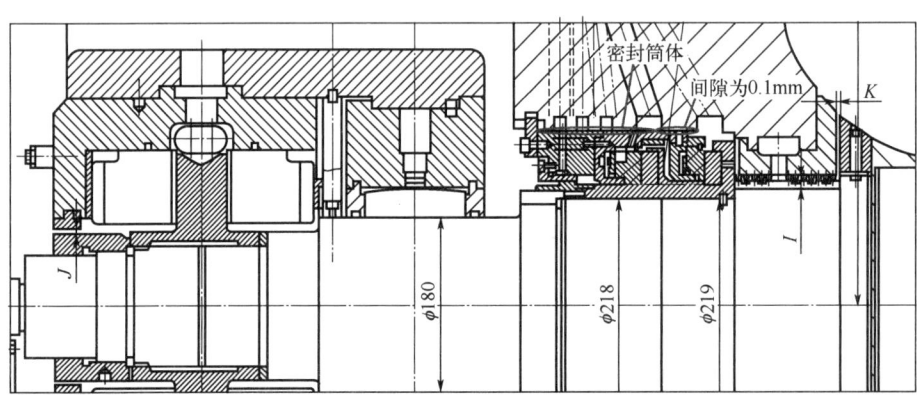

图1-47 干气密封腔体与弹簧座外圆间隙0.1mm示意图

（三）管理原因

（1）事故举一反三措施落实不彻底。项目建设安装过程中，已吸取了某公司乙烯压缩机干气密封泄漏停机的事故教训，将乙烯三机组中低温部位的压缩机干气密封弹簧座与密封腔体的外圆间隙全部返回密封厂家进行调整加大。但是没有举一反三，未对全部24套（含备用，包括裂解气压缩机）干气密封进行外圆尺寸的核实优化。

（2）设计审查不到位。本次停工原因是干气密封弹簧座外圆与筒体之间的设计间隙（0.1mm）偏小。关键机组的设计、制造、安装等环节没有和厂家进行充分交流，没有认真审查厂家的设计资料，尤其是没有发现干气密封弹簧座外圆与筒体间隙，没有考虑设备运行特殊工况。

四、整改措施

（1）丙烯压缩机干气密封尺寸与裂解气压缩机高压缸干气密封完全一致，同时设计压力、温度也基本吻合，经多方论证，在裂解气压缩机高压缸两侧安装丙烯压缩机备用干气密封，备用干气密封外圆与密封腔体的间隙为 0.25mm，运行至今良好。

（2）将损坏的高压缸和其他所有干气密封备件全部返厂，将弹簧座外圆与密封腔体的间隙从 0.1mm 增大至 0.25mm。

五、经验教训

（1）关键机组的设计、制造、安装等环节需充分与厂家开展技术交流，认真审查厂家的设计资料，尤其是历史出过问题的案例。

（2）学习事故事件时需结合装置自身情况举一反三，日常工作中定期与制造厂家保持沟通，交流同类型部件在其他单位使用情况，针对出现的问题及时制定削减措施。

案例二 乙烯装置乙烯气压缩机汽轮机径向轴瓦温度高

一、装置（设备）概况

某公司乙烯气压缩机是乙烯装置三大机组之一，压缩机分为 4 段压缩，驱动设备为高压抽汽冷凝式汽轮机，型号为 ENK50/45/50，汽轮机功率为 11300kW，耗气量 21t/h，转速 7669r/min，进汽压力 3.99MPa，排汽压力 0.018MPa，抽汽压力 0.59MPa。推力轴承为金斯伯雷轴承，安装在汽轮机非驱动端，径向轴承为可倾瓦轴承，在可倾瓦块上有顶轴油孔，防止汽轮机在启动、停机过程中轴颈与轴瓦发生金属接触摩擦。机组设置独立油站，分为润滑油系统和控制油系统，润滑油系统用于机组轴承润滑，控制油系统用于汽轮机转速控制及安保控制，油箱润滑油采用 T46A 级汽轮机油，轴瓦报警值为 105℃，联锁值为 115℃。

二、事故事件经过

2021 年 6 月 23 日 12 时，乙烯裂解气压缩机汽轮机进行单体试车，整个试车严格按汽轮机升速曲线进行，第一暖机实际转速为 1047r/min，第二暖机实际转速为 2095r/min，第三暖机实际转速为 5104r/min。在汽轮机提转过程中，驱动端径向轴瓦块 TI50853 温度快速上升，从 56.16℃ 上升至 102℃，而同一副径向轴瓦瓦块 TI50852 温度上升很慢，从 48.52℃ 上升至 63.69℃。同一副瓦，两个瓦块温度相差很大，而非驱动端两块瓦温度基本一致，轴瓦最高温度为 87.45℃。

因汽轮机驱动端径向瓦温度 TI50853 异常，在汽轮机单试期间尝试提高该轴承的供油压力，通过开大进油管上的减压阀，将轴承前的油压从 0.12MPa 提高到 0.18MPa，但未见到明显效果。

三、原因分析

（一）直接原因

（1）进入轴瓦间隙的润滑油油量不足，导致油膜形成不好，油膜受力不均匀，产生过量的摩擦热；同时，瓦间隙油量不足不能有效地通过润滑油把瓦块产生的热量带走，产生温度聚集，导致轴承温度较高。

（二）间接原因

（1）对五块瓦油楔角进行测量，进油口深度为 0.08~0.17mm，进油楔角为 0.5°~10°，油楔角过小，不利于润滑油带入瓦楔。

（2）对瓦块 1 和瓦块 2 喷油孔进行检查（图 1-48），发现瓦块 2 中间 2 个喷油（B 组）孔径明显小于瓦块 1 喷油（A 组）孔径。

(a) A组喷油孔　　(b) B组喷油孔

图 1-48　瓦块喷油孔图

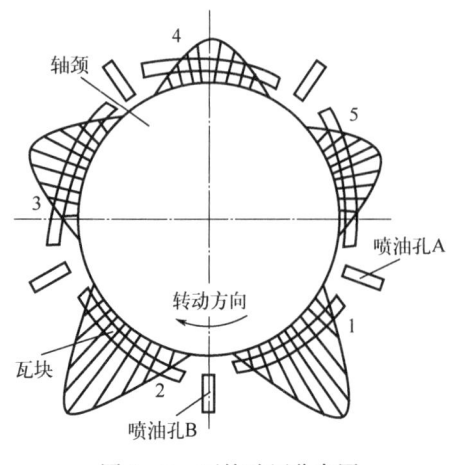

图 1-49　瓦块油压分布图

（3）瓦温异常原因确认。

随着汽轮机转速及负荷增加，五块轴瓦的油膜压力也随之增大，使得轴瓦所承受的载荷增加，其中，1、2 号瓦块受力最大，3、5 号瓦块受力次之，4 号瓦块受力最小（图 1-49）。B 组喷油孔中 2 个喷嘴孔径明显小于 A 组喷油孔中 2 个喷嘴孔径，导致 2 号瓦块的油量远小于 1 号瓦块，产生偏流，瓦块油楔角偏小，造成 2 号瓦块油量进一步减小，油量不足，油膜形成不好，同时瓦块产生热量不能及时带出，最终导致 2 号瓦块温度异常，而 1 号瓦块温度正常，2 号瓦块和 1 号瓦块温度相差较大。

（三）管理原因

（1）设备制造加工质量管控不到位，未严格按照设计图纸要求加工制造瓦块，造成喷油孔 B 偏小。

（2）设备到货后，管理技术人员对机组轴瓦的具体情况检查不够详细，未发现轴瓦喷油孔 B 尺寸偏小。

四、整改措施

（1）增大喷油嘴 B 孔径尺寸，从而增加进油量降低轴瓦温度。参考 A 组喷油嘴孔尺寸，将 B 组喷油嘴孔中两个偏小喷油嘴进行扩孔，将尺寸长 L×宽 W 分别从 1.5mm×2.5mm 扩至 2mm×4mm。经计算，原两个喷油嘴流量为 4.44L/min，扩孔后两个喷油嘴流量为 9.46L/min。B 组喷油孔通过扩孔，增加流量为 5.02L/min。

（2）增大瓦块油楔角，为使进入可倾瓦轴承腔体的润滑油更容易进入瓦块承载面，改善瓦块油楔角偏小，对 2 号瓦块油楔面进行人工刮研。将瓦面进油口深度 δ 刮研至 0.035mm，形成油楔宽度 λ 为 10mm，进油楔角为 2°。

完成汽轮机驱动端径向瓦喷油嘴扩孔及增大瓦面油楔角后，开机试车，汽轮机驱动侧 TI50853 轴瓦温度为 74.8℃，与其他瓦温测点温度基本一致，问题消除。

五、经验教训

（1）设备制造加工阶段应严格按照设计图纸要求加工制造，从设备制造阶段把好质量关。

（2）做好设备出厂到货验收工作，严格把控验收质量。

案例三 乙烯装置丙烯制冷压缩机启机过程中主油泵汽轮机跳车

一、装置（设备）概况

某公司乙烯装置丙烯制冷压缩机主润滑油泵为单螺杆泵，由汽轮机驱动，为丙烯制冷压缩机、乙烯制冷压缩机提供控制油和润滑油。汽轮机由中压蒸汽驱动，型号为 DYRT-Ⅲ。为确保机组在异常情况下的正常供油，油系统设置由电动机驱动的油泵作为辅助油泵；当主油泵异常停机或润滑油压力降低达到设定值时，辅助油泵自启动。

二、事故事件经过

2013 年 9 月 2 日，丙烯制冷压缩机启机过程中主油泵突然跳车，润滑油总管压力开始快速下降，油压由 1.21MPa 降至 0.901MPa 时辅助油泵自启，油压回升至正常。操作人员立即到现场检查确认，发现主油泵汽轮机电磁切断阀处于打开状态，汽轮机蒸汽紧急切断阀处于关闭状态,汽轮机电磁阀未动作,未发现其他异常状况。

三、原因分析

(一) 直接原因

设计上,除紧急切断阀本身的故障外,紧急切断阀的关闭由汽轮机电磁阀关闭动作引发,但现场确认此阀未动作。蒸汽紧急切断阀拉杆突然掉落致使阀门关闭,切断进汽轮机蒸汽使主油泵跳车,造成润滑油压力低,引发辅助油泵自启动联锁。

(二) 间接原因

(1) 主油泵汽轮机紧急切断阀拉杆未完全卡到位,丙烯机组启动瞬间振动影响阀杆动作,导致拉杆脱落,紧急切断阀关闭。

(2) 操作卡执行不到位,没有做到步步确认。

(三) 管理原因

汽轮机启机前未对此操作进行风险提示,启机后未确认关键操作步骤,对蒸汽切断阀拉杆可能发生脱扣的风险识别不到位。

四、整改措施

(1) 主油泵蒸汽暖管、暖机合格后对主油泵和辅助油泵进行切换操作,确认主油泵运行正常,辅助油泵正常备用。

(2) 确认汽轮机紧急切断阀拉杆拉到可靠位置。

五、经验教训

(1) 汽轮机紧急切断阀拉杆有发生脱落的风险,需纳入日常巡检的检查项目,同时悬挂禁止触动警示标识,防止误动作导致油泵停机。

(2) 执行持卡操作时,对操作可能带来的风险进行充分评估,操作卡执行过程中做到步步确认,确保每一步操作执行到位。

案例四 高密度聚乙烯装置夹套水泵运行超额定电流

一、装置(设备)概况

某公司高密度聚乙烯装置夹套水泵为全装置夹套水循环提供动力,共设置三台,位号为 13-P-6103A/B/C,泵形式为 BB2 双吸泵,型号为 ASD600-640,输送介质为脱盐水,温度 30~34℃,额定流量 4750m³/h,扬程 36m,电动机功率 630kW,$NPSH_r$ 必须汽蚀余量 8.7m,$NPSH_a$ 有效汽蚀余量 33m,密封冲洗方案 PLAN11。

二、事故事件经过

2021年7月4日，夹套水泵13-P-6103首次试机时，发现泵出口32in蝶阀开至30%时泵体振动较大，3台电动机电流达到额定电流45.6A，未达到额定工作点。因泵无入口压力表，无出口流量计，无法判断泵实际运行工况，初步怀疑电动机选型偏小或者电气电流检测存在问题。

首次试机后，拆开泵入口过滤器检查，发现堵塞严重，过滤器因入口压差大压瘪。经系统再次置换，夹套水系统内杂质慢慢减少后启动泵13-P-6103A，出口阀开度28%时，电动机负载达到额定电流45.6A。现场多次开停泵性能测试，采取测量流量等手段，设备厂家怀疑水泵叶轮偏大，经确认水泵出厂叶轮设计直径为576mm，现场实测叶轮直径为603mm，叶轮偏大需切割。

经过设计进一步核实，将泵13-P-6103A/B/C的叶轮直径由603mm切割至576mm后回装试机，机泵性能达到设计要求，满足生产工艺需求。

三、原因分析

（一）直接原因

夹套水泵制造厂家设备出厂质量不达标，水泵叶轮制造偏大，水泵实际运行扬程流量曲线与设计要求不符，机泵运行超电流。

（二）间接原因

开工初期，夹套水系统内部杂质较多，频繁堵塞水泵入口过滤器，导致水泵入口有效汽蚀余量不足，水泵额外做功增大，电动机在未达到额定流量的情况下超额定电流。

（三）管理原因

（1）质量验收不到位，项目建设时期水泵出厂性能试验未到厂见证，未做好采购质量管控。
（2）试运行管控不细致，项目建设过程中，夹套水管线吹扫不过关，系统内部杂质较多，频繁堵塞过滤器，影响水泵试运行及故障判断。

四、整改措施

（1）要求厂家根据设计要求，核实叶轮切割尺寸。
（2）机泵试运行过程中，根据实际情况及时清理更换泵入口过滤器。

五、经验教训

（1）做好设备出厂验收见证工作，严格把控设备制造质量。
（2）做好项目建设过程中的管线吹扫工作，严格把控工艺介质吹扫验收质量。

案例五　高密度聚乙烯装置淤浆泵机封泄漏

一、装置（设备）概况

某公司高密度聚乙烯装置淤浆泵 P-1202A 为第二反应器悬浮液外部冷却器循环泵，为卧式离心泵。具体参数：功率 500kW，扬程 85m，额定流量 2100m^3/h，转速 1490r/min，密封冷却方式 PLAN32+PLAN52。

二、事故事件经过

2021 年 7 月 20 日 13 时 30 分，高密度聚乙烯装置按计划进行淤浆泵 P-1202A 的试机，待施工单位测振人员到场后，运行班长按操作指令启动淤浆泵 P-1202A，启动初期机泵运行正常，操作人员因其他工作暂时离开现场。14 时，施工人员发现泵振动剧烈、机封处冒烟，立即停泵 P-1202A。检查发现机封异常发热，机封冲洗管路及白油罐温度过高，泵轴处外漏己烷。

经拆解检查发现，泵叶轮轮毂与机封适配器磨损粘连，无法拆卸；机封轴套密封圈已烧损，介质侧机封粘附较多金属磨粒，且介质侧机封动静环密封面有磨粒磨损痕迹和小凹坑（图 1-50）。

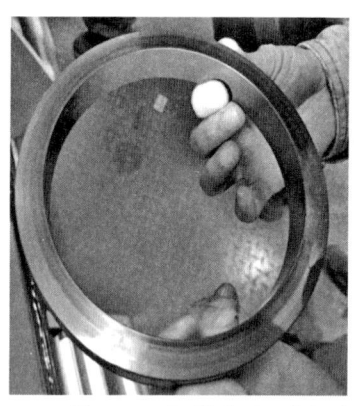
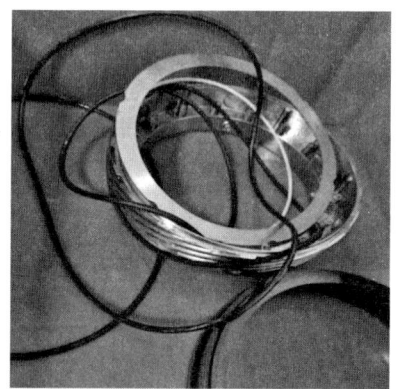

图 1-50　机封动环上磨损痕迹、机封内部有金属磨粒现场图

三、原因分析

（一）直接原因

泵入口流量偏低，严重偏离泵正常运行工况，造成泵剧烈振动，引起叶轮轮毂与机封适配器磨损；同时产生的高温及磨屑造成机械密封 O 形圈及密封面损坏，造成机封泄漏。

（二）间接原因

试车期间，系统中吹扫不干净，存在灰尘、铁锈等杂质，附着在滤网造成泵吸入阻力增加，入口流量下降，造成泵抽空异常振动。

（三）管理原因

（1）试车组织不完善。现场试泵除了操作人员及施工单位测振人员外，没有监理、总包、电仪等专业人员在场，未对泵试车过程可能出现的异常进行充分评估与交底。

（2）试车过程监控处置不到位。机泵开启后，只有施工单位人员在现场，操作人员因其他工作离开现场，未能在泵出现异常后第一时间处理。

四、整改措施

（1）将损坏的泵机封适配器拆除后，叶轮轮毂及机封适配器镶套修复至原尺寸。
（2）机泵试车前，加强对机泵入口过滤器检查确认。
（3）完善试车组织机构，严格按照试车方案要求，要求各专业技术人员到场后，再进行试车工作，机泵运行出现异常时，及时排查原因并处理。

五、经验教训

（1）联动试车前，应检查确认系统吹扫验收合格、机泵入口过滤器干净。
（2）设备试车前应建立完善的试车方案，严格执行。

案例六 高密度聚乙烯装置夹套水泵机封泄漏

一、装置（设备）概况

某公司高密度聚乙烯装置夹套水泵 P-6103B 为离心泵（图 1-51）。具体参数：额定流量 $4515m^3/h$，扬程 36m，功率 630kW，转速 985r/min，机封冲洗方式 PLAN11。

二、事故事件经过

2021 年 8 月 30 日，巡检人员发现夹套水泵 P-6103B 声音异常，机封泄漏严重，立即切换机泵。停机后检查发现泵无法正常盘车、非驱动端油杯无润滑油、轴承箱体有过热痕迹。机泵解体检查发现非驱端轴承烧损、轴断裂。整泵返制造厂维修处理，检查情况为：

（1）泵轴断裂（图 1-52）：断裂位置在叶轮轴孔内部键槽处。
（2）叶轮：轴芯断裂在叶轮内孔，叶轮口环有研磨，叶轮轮毂端面在键槽根部有裂纹。
（3）叶轮键：在靠近驱动端约 30mm 处断裂。

图 1-51　夹套水泵 P-6103B 现场图　　　　图 1-52　轴断裂截面图

（4）双吸口环：口环研磨，间隙超差约 2mm。
（5）两端轴承体部件：轴承隔离器损坏，轴承体内部件需检修。
（6）机械密封：两端密封均损坏。
（7）泵体、泵盖与转子接触部位，相应轴及叶轮螺母部位磨损严重，其附近位置有局部高温的痕迹。

三、原因分析

（一）直接原因

键槽底部存在细小裂纹并扩展，强度低于许用应力时，轴发生断裂。由于断裂部位发生在叶轮轮毂中，故轴还在轮毂作用下没有彻底脱开，设备还继续运行，损坏机泵的零部件，造成机封损坏泄漏。

（二）间接原因

夹套水泵 P-6103B 轴加工过程中存在质量缺陷。

（三）管理原因

设备制造时制造质量管控不到位，机泵轴存在裂纹问题，并在质量验收时未及时发现缺陷。

四、整改措施

泵厂家对泵轴、叶轮、双吸口环、两端轴承体部件、两端机械密封等部件检修更换，设备检修完返回重新安装、试车，运行良好。

五、经验教训

（1）加强设备监造管理，尤其是关键设备应严格按照监造目录相关要求，把控设备制

第一章 动设备

造各环节质量。

（2）管理技术人员组织各专业人员严格把控设备到厂验货质量。

（3）装置开车初期设备，设备某些潜在的制造缺陷容易显现，需要进一步加强设备运行监控，对发现的问题及时分析处理。

案例七　高密度聚乙烯装置尾气压缩机无法盘车

一、装置（设备）概况

某公司高密度聚乙烯装置尾气压缩机 C-3501A/B 为一体化集成式液环压缩机，工作液为脱盐水，采用双端面密封，叶轮偏心旋转，带动工作液形成液环，液环表面形成空间，吸入尾气压缩后排出。具体参数：转速 1450r/min，单台抽气速率 800m^3/h，功率 90kW，密封冲洗方案 PLAN53A。

二、事故事件经过

2021 年 8 月 6 日，操作人员启动前检查尾气压缩机 C-3501A 时，发现设备无法正常盘车，检拆检发现设备叶轮与隔板存在较多杂质，叶轮与隔板间隙变小，并存在接触磨损（图 1-53）。

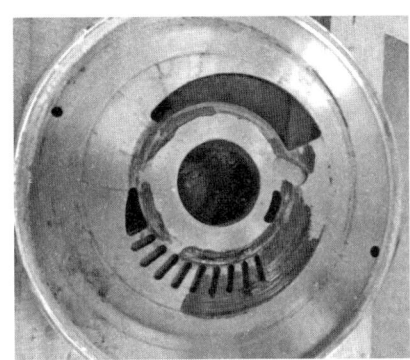 

图 1-53　端面隔板磨损与转子端面磨损图

三、原因分析

（一）直接原因

设备拆检过程中，测量叶轮与隔板间隙两侧总间隙变小，约 0.4mm，使叶轮与隔板发生接触，造成设备无法正常盘车。

（二）间接原因

工作液中存在杂质，开车后转子温升叶轮与隔板磨损间隙变小，系统中有部分细微杂质进入，导致发生接触磨损。

（三）管理原因

（1）试车期间，系统中清理灰尘、铁锈等杂质不彻底，造成工作液中含杂质较多。

（2）未辨识出工作液中杂质对设备运行的影响。

四、整改措施

（1）严格按照设备运行要求，现场将工作液进行置换，保证系统洁净。

（2）清理压缩机内杂质，打磨叶轮与隔板磨损部位，调整叶轮与隔板间隙后，设备盘车正常。

五、经验教训

（1）设备管线内的清洁度直接影响后期设备的安全平稳运行，要进一步加强管道设备内部清洁度、设备容器封人孔前的验收质量，避免因系统中杂质较多造成设备运行故障。

（2）设备试运行前应分析系统中杂质对设备运行的影响，充分辨识风险，制定应对措施。

案例八　高密度聚乙烯装置离心机润滑油流量计低报警

一、装置（设备）概况

某公司高密度聚乙烯装置离心机 S-2101A/B/C 为沉降式离心机。正常生产中，三台离心机同时运行，主要功能是实现反应器 HDPE 粉末与液相己烷的固液分离。沉降式离心机采用逆流式原理运转，悬浮液从转鼓中心进入，沉降后的固体颗粒通过螺旋相对转鼓的差速向着转鼓小直径输送，同时澄清后的液体由转鼓另一端溢出。具体参数：转速 1490r/min，单台抽气速率 800m³/h，功率 400kW，密封冲洗方案为 PLAN53A。

二、事故事件经过

2021 年 8 月，三台运行的离心机润滑油流量计频繁出现低报警。现场检查发现油冷器后油温均为 55℃，较正常的油冷器后油温高 15℃，油温偏离指标。为查明原因，采取检查 S-2101B 离心机油冷器冷却水入口调节阀、清理油冷器等措施，但润滑油温度仍然偏高。怀疑油冷器换热能力不足，导致油温高，造成油黏度下降，影响润滑油浮子流量计的测量，从而出现频繁低报警。经进一步与设计核对，油冷器设计偏小。

三、原因分析

（一）直接原因

离心机 S-2101A/B/C 润滑油温高，油黏度下降，造成润滑油流量计的测量频繁出现低报警。

（二）间接原因

离心机 S-2101A/B/C 油冷器设计时，油冷器换热能力核算错误，设计的油冷器换热面积偏小。

（三）管理原因

管理技术人员在设计审查阶段未对设备的设计参数进行详细核实，未及时发现油冷器在设计上的不足。

四、整改措施

设计院重新核算油冷器参数后，更换三台板式油冷器，现场油温偏高、流量计频繁低报警问题得以解决。

五、经验教训

（1）设计审查阶段，严格核对设备设计参数，了解参数的设计依据，及时沟通解决存在的疑问。

（2）设备运行时做好关键参数监控，出现异常情况时及时分析并处理。

案例九　全密度聚乙烯装置排放气压缩机止推轴承磨损

一、装置（设备）概况

某公司 $40×10^4$ t/a 全密度聚乙烯装置采用气相法聚乙烯技术，排放气压缩机 16-C-5206 为两级四缸往复式压缩机组（图 1-54），型号 4D300B-2G_1，排气量 1602 Nm^3/h，设计入口压力 0.4MPa，出口压力 1.4MPa，额定转速 425r/min，额定功率 1350kW。

二、事故事件经过

2021 年 7 月 24 日，排放气压缩机 16-C-5206 按计划进行氮气试车，但该机组电动机单试时，电动机轴向窜动量有 3~5mm，无法稳定在磁力中心位置，初步分析认为此问题不影响压缩机的运行。压缩机启机运行一段时间后，润滑油过滤器压差缓慢升高至

图 1-54 排放气压缩机概貌图

0.137MPa，机组做停机检查处理。清理润滑油过滤器时，发现滤网上有较多的金属碎屑。为进一步查明金属碎屑来源，对设备进行拆检；打开缸体侧盖检查曲轴瓦、大小头瓦、止推瓦等部件，发现压缩机曲轴止推瓦磨损严重。

三、原因分析

（一）直接原因

排放气压缩机在试运行过程中，压缩机曲轴轴向力偏大，超过止推瓦所承受的力，轴瓦磨损严重，磨损产生的碎屑带入润滑油过滤器中导致压差升高。

（二）间接原因

该机组电动机单试时，电动机轴向窜动量有 3~5mm，无法稳定在磁力中心位置，关闭正压通风后测试电动机窜轴现象消失，且电动机厂家答复电动机窜量不会对压缩机造成影响。电动机与压缩机连接后发现仍然存在 3~5mm 轴向窜量，压缩机试运过程中电动机带动压缩机产生周期循环的推力和拉力，导致止推瓦磨损。

（三）管理原因

（1）风险辨识不足，未辨识出电动机窜量问题影响压缩机安全平稳运行风险。
（2）技术人员专业知识和经验储备不足，缺乏压缩机以及驱动机运行异常问题的分析和判断能力。

四、整改措施

（1）电动机在不投用正压通风的情况下无窜动现象，开机正常后再投正压通风也无窜轴现象。经过研讨暂时要求开机前停用正压通风系统，开机正常后再投用，计划在大检修期间进一步解体检查并处理。

（2）进一步加强设备技术培训，掌握设备四懂三会知识，提升员工对设备异常问题的分析和处理能力。

五、经验教训

机组在电动机或其他辅助系统单试过程中发现的问题，必须全部处理解决完成后，才能进行压缩机试车工作，确保压缩机安全平稳运行。

案例十　全密度聚乙烯装置循环气压缩机振动值高

一、装置（设备）概况

某公司 40×10⁴t/a 全密度聚乙烯装置采用气相法聚乙烯技术，循环气压缩机 15-C-4003 为离心压缩机组（图 1-55），型号 DH9M，排气量 64631Nm³/h，设计入口压力 2.36MPa，出口压力 2.58MPa，额定转速 2972r/min，额定功率 6300kW。

图 1-55　循环气压缩机现场图

二、事故事件经过

根据全密度聚乙烯装置工艺包技术要求，初次开车阶段需要对反应器涂覆二茂铬，以增加反应器内壁光洁度，降低器壁挂料风险。设计上，反应器、循环气压缩机、循环气冷却器构成一个循环回路，反应器涂覆二茂铬期间需要压缩机运行。机组于 2021 年 8 月 5 日 18 时 48 分启机，启机后压缩机各测点振动值趋势平稳。8 月 6 日 14 时 5 分，机组开始升负荷，压缩机振动值出现增长趋势；20 时 40 分，振动值达到报警线（60μm）；至 8 月 7 日 5 时 0 分，振动值高高报联锁停机。压缩机停机做检查处理，拆开联轴器、叶轮时，发现叶轮表面附着不均匀的聚乙烯树脂。

三、原因分析

（一）直接原因

循环气压缩机 15-C-4003 运行期间，压缩机叶轮附着聚乙烯树脂层，随着时间推移，附着层加厚且不均匀，导致叶轮动平衡破坏，振动加剧直至达到联锁值。

（二）间接原因

在反应器涂覆二茂铬过程中，二茂铬加入量过多（加入量按照工艺包技术要求），加之二茂铬氧化不彻底，未反应完的二茂铬进入压缩机，在压缩机内发生反应导致叶轮结有附着物。

（三）管理原因

（1）风险辨识不足，未辨识出反应器涂覆二茂铬会造成压缩机叶轮表面附着聚合物，影响压缩机叶轮动平衡的风险。

（2）工艺包技术方案中对二茂铬的加入量设定不合理，系统中加入量过多。

四、整改措施

由于附着层较硬，不易机械清理，对叶轮采用油浴加热至树脂熔融后进行清理（图1-56），机组检修后压缩机运行振动值为 25μm，设备运行正常。

图 1-56　叶轮清理前后图

五、经验教训

（1）在设计审查阶段对关键参数指标要认真进行审核，避免出现设计不合理问题。

（2）反应器以及循环气系统在涂覆二茂铬时，严格把控二茂铬加入量以及反应情况，防止过量的二茂铬进入压缩机。

（3）机组试车前进行充分的风险辨识，熟知物料的物性，分析物料进入设备后带来的影响因素。

案例十一　全密度聚乙烯装置挤压机组切粒机运行周期短频繁停机

一、装置（设备）概况

某公司 40×10⁴t/a 全密度聚乙烯装置采用气相法聚乙烯技术，挤压机组 15-PU-7000 型号 CIM460，设计负荷 30.3~60.6t/h。切粒机 15-Y-7007 型号 ADC300S（图1-57），采用 28 把切刀，电动机功率 400kW，转速 32~320r/min。

图 1-57　挤压造粒机组切粒机现场图

二、事故事件经过

该机组开车初期运行良好，后期根据生产安排，产品由 7042 转产 8008 后，脱块器块料频繁出现报警、切粒机退刀、切刀磨损、自动磨刀程序无法执行等问题。组织对造粒机更换切刀、复查切刀轴与水室垂直度、水室与模板的平行度、切粒机与电动机的对中情况等检查复核，故障现象仍无法解决。最终与设备制造厂技术人员进行交流沟通明确了调整切刀零位的方法，自动磨刀程序顺利进行，同时设备制造厂在后台远程控制 PLC 调整了刀轴压力曲线，通过调整后机组平稳运行。

三、原因分析

（一）直接原因

（1）试车阶段切粒机刀轴转速与压力曲线不适合 8008 高密度产品，切刀无法顺利进刀产生块料，导致停车。

(2) 更换切刀后未正确设置新切刀零位，自动磨刀程序无法顺利进行。

（二）间接原因

设备厂家调试阶段的刀轴转速与进刀压力的曲线未考虑不同牌号的情况，同时也未提出更换切刀后需要手动调整切刀零位。

（三）管理原因

(1) 生产不同牌号产品时设备性能变化的风险辨识不足，管理技术人员在机组安装调试阶段未考虑到不同牌号所需的刀轴转速与压力曲线不同，更换切刀后需调整零位等情况。

(2) 管理技术人员专业知识和经验储备不足，对进口设备随机资料未全面消化吸收，尤其是相关指标的调整与控制，欠缺机组运行异常的判断和处理能力。

四、整改措施

(1) 对调试期间的切刀转速与进刀压力曲线进行调整。

(2) 完善操作要点，规定间隔 4h 将切刀平衡压力从 0.2MPa 降低到 0.1MPa，运行 5min 后再调回 0.2MPa，每次调整幅度为 0.01MPa。

(3) 更换切刀后，需进行手动调整刀轴位置操作。

五、经验教训

(1) 技术人员需对进口设备随机资料认真研读，全面掌握设备的各项参数。

(2) 设备安装调试阶段，设备制造厂技术人员必须到场进行技术指导。

(3) 机组试车调试阶段，管理技术人员要多思考，将机组后续运行中可能遇到的问题和厂家技术服务人员沟通，提升问题分析和处理能力。

(4) 机组运行中遇到问题，不能盲目处理，要充分分析故障原因，提出切实可行的解决方案后再处理。

案例十二　乙二醇装置尾气压缩机入口压力联锁停机

一、装置（设备）概况

某公司乙二醇装置尾气压缩机 K-301 为三级四缸往复压缩机，水平对称分布，有循环水冷却、气体缓冲、气液分离、润滑等附属设备。其作用为回收乙二醇装置循环气中的乙烯和甲烷，目的是减少尾气排放，降低物耗。

二、事故事件经过

2014年8月1日20时6分，乙二醇装置尾气压缩机K-301入口压力触发压力低报警，20时36分低低联锁触发K301机组停机。

三、原因分析

（一）直接原因

压缩机入口压力低低联锁（0.2MPa）触发K301机组停机。

（二）间接原因

尾气压缩机K-301一级入口锥形过滤器堵塞（图1-58），使得过滤器处的流通量不足，导致压缩机一级入口吸气能力不足，尾气压缩机联锁停机。

（三）管理原因

（1）对压缩机入口压力关注不够，压力降低过程中未提前干预，当入口压力降低时敏感性不高。

（2）压缩机的入口过滤器的清理周期未明确规定。

（3）操作人员缺乏装置异常状态准确判断分析能力，压缩机入口压力出现低报警后，未引起重视并及时进行原因分析。

图1-58 入口过滤网堵塞图

四、整改措施

（1）现场对尾气压缩机K-301置换合格后，对一级入口锥形过滤器进行检查并清洗，过滤器清洗完毕并擦拭管道内壁后，重新启动尾气压缩机K-301。

（2）优化脱碳系统及尾气系统的操作，尽量减小碳酸盐的雾沫夹带，尽可能延长系统过滤器的清理周期。

（3）完善大机组"一机一策"维护策略，将机组定期工作内容、周期进一步明确。

（4）加强"五位一体"大机组特护管理，做好日常机组状态运行特护检查。

五、经验教训

（1）加强操作纪律，对机组关键参数要进行定期扫查，并重点关注DCS画面出现的报警。

（2）机组参数变化时，需提前分析原因，制定相应的措施，以免带来更大的风险。

案例十三　丁辛醇装置压缩机干气密封排放室积液

一、装置（设备）概况

某公司丁辛醇装置压缩机 K1301 是该装置的核心设备，由汽轮机驱动，汽轮机与压缩机是一根通轴连接，额定功率 570kW，额定转速 21049r/min，轴封采用干气密封。

二、事故事件经过

压缩机原始试车期间，发现二级干气密封放空气室有大量积液，已接近干气密封及油封密封环下部，严重影响干气密封。

三、原因分析

（一）直接原因

压缩机干气密封放空管垂直放空，放空口无遮挡，雨季时大量雨水顺着放空管进入干气密封放空气室。

（二）间接原因

设计人员在干气密封放气管设计时，未关注垂直放空管易进水问题，设计存在缺陷。

（三）管理原因

（1）设计审查不到位，技术人员没有认真审查厂家的设计资料，未查出干气密封垂直放空管设计缺陷。

（2）三查四定工作不到位，在三查四定期间，没有及时排查出类似问题，排查不到位。

四、整改措施

将放空管顶端加弯头避免雨水进入，并将干气密封重新修复后投用正常。

五、经验教训

（1）设计审查期间，对每项设计都要进行认真审查，对可能影响设备安全运行的问题要及时反馈。

（2）对类似放空线进行了全面排查，并对安全阀放空线等容易积水的管线增加弯头，避免了雨季放空线积水，影响装置运行安全。

案例十四　丁辛醇装置压缩机单机试车期间轴振动超标

一、装置（设备）概况

某公司丁辛醇装置压缩机 K1301 是该装置的核心设备，由汽轮机驱动，汽轮机与压缩机是一根通轴连接，额定功率 570kW，额定转速 21049r/min，轴封采用干气密封。

二、事故事件经过

辛醇压缩机 K1301 按照试车程序进行了四次超速跳车试验，均因轴承振动超高未能成功，未达到所规定的转速 23500r/min。后续制造厂将超速跳车转速改为 23100r/min。在防喘振阀自动状态下，经过手动调节转速升到最高转速并稳定后顺利完成三次超速跳车试验。

三、原因分析

（一）直接原因

经状态监测分析，由于在接近超速跳车转速时，压缩机产生旋转失速造成振动加剧，振动联锁停机。

（二）间接原因

制造厂设定超速跳车转速时，没有考虑试验台与现场管路条件不一致问题，设置不合理。

（三）管理原因

技术人员对三查四定及设计审查不细致，经验不足。

四、整改措施

经与设计院、制造厂确认后，将压缩机超速跳车转速改为 23100r/min。在防喘振阀自动状态，经过手动调节转速升到最高转速并稳定后顺利完成三次超速跳车试验。

五、经验教训

设计审查期间，对每项设计都要进行认真审查，可能影响操作运行的问题要及时进行讨论确定。

案例十五 丁辛醇装置催化剂循环泵机封泄漏

一、装置（设备）概况

某公司丁辛醇装置催化剂循环泵 P1101A/B 采用的是 BB1 卧式单级泵。自该设备进入现场安装调试以来，机械密封频繁出现泄漏，密封生产厂家多次派遣专业技术人员到现场服务、维修，仍然不能完全解决泄漏问题。该泵的主要性能参数如下：泵型号为 14×16×22D CD 单级双支撑泵，转速 1480r/min，泵入口压力 2.07~2.45MPa（表压），泵出口压力 2.47~2.85MPa（表压），操作温度 31~120℃，密封腔压力 2.42~2.80MPa（表压），密封冲洗方案 PLAN53B，介质为乙醛及催化剂。

二、事故事件经过

丁辛醇开车试运期间，发现催化剂循环泵 P1101A/B 泵前后机封内、外漏，更换新机封后，运行寿命不超过三天，问题未彻底解决。为了解决泄漏问题，与制造厂技术人员共同对泄漏原因进行讨论分析及实验，最终通过几次改进解决了机封泄漏问题。

三、原因分析

（一）直接原因

图纸中密封油循环量估算 11.4L/min，经过现场测量，密封油循环量 4L/min，按照 API 标准一套摩擦副要求密封油最低循环量为 8L/min，所以由于密封液循环冷却不足，机械密封碳环表面产生"泡疤"，导致机封泄漏。

（二）间接原因

（1）制造厂在设计时没有考虑该地区基本无自然风，密封冷却明显不足。

（2）所设计的密封泵效环排量明显不足、密封液循环冲洗点位置不合适等，也导致密封端面冷却不足。

（三）管理原因

（1）设计审查不细致，设计审查阶段，对设备的设计参数未进行深层次的交流与沟通，对设备的设计参数出处不了解，未识别出设计上存在的风险。

（2）三查四定工作不到位，开展三查四定工作期间，相关人员经验不足，未能识别出设计上的不足，未识别出密封冷却系统问题。

四、整改措施

（1）根据分析结果，将催化剂循环泵 P1101A/B 泵前后机封螺旋套重新设计加大密封隔离液循环量,改造后密封液循环量达到 10.6~11.2L/min,符合 API 标准。

(2) 优化密封冷却系统,将自然冷却方式改为水冷,改善密封运行环境。

(3) 通过此事件进行举一反三,对类似介质机泵进行排查,避免可能出现的设计失误。

五、经验教训

(1) 设计审查期间,对每项设计都要进行认真审查,对存在疑问部分要及时进行分析讨论。

(2) 提升技术人员专业技术水平,强化三查四定深度,确保及时发现问题。

案例十六 重整加氢 PX 装置异构化循环氢压缩机叶轮断裂

一、装置(设备)概况

某公司 $65×10^4$t/a 重整加氢 PX 装置异构化循环氢压缩机 160-K-7001 的主要作用是为异构化反应输送所需的含氢气体,携入及带出热量,维持反应温度,抑制催化剂结焦。该机组采用垂直剖分锻钢壳体筒型结构,具有结构紧凑、维护方便的特点,原动机采用背压式汽轮机。

二、事故事件经过

2014 年 2 月 19 日,反应系统投料过程中压缩机驱动端振动持续上升,最高达到 70μm,超过报警值 63.5μm;初步判断认为是机组轴系热对中不良,同轴度超标造成。停工后,对驱动端轴瓦进行检查,发现转子左右存在偏差 0.4mm,轴瓦有轻微磨损,轴瓦间隙达到 0.3mm,因此对驱动端的轴瓦进行了更换,对压缩机对中找正。再次进行氢气负荷开机,在低速暖机时,非驱动端的振动由前期的 13μm 上升到 23μm,但振值比较稳定,暖机结束后进行升速,升速过程中振动上升较快,靠近临界转速时振动高高联锁停机。停机后立即对压缩机解体检查转子,发现第五级叶轮开裂(图 1-59)。

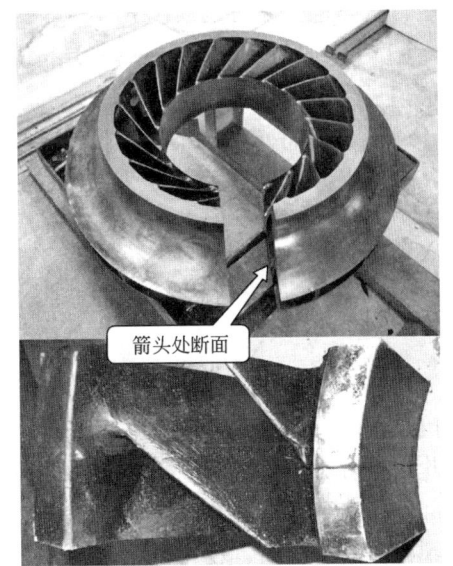

图 1-59 开裂轮盘及叶片图

三、原因分析

(一) 直接原因

(1) 断裂叶轮的根部焊缝打磨整修过度,厚度减薄，有效截面积减小，承力能力减弱，应力集中。

（2）焊缝根部存在冶金缺陷微缩孔和金属瘤，在金属瘤周边发生应力集中。

（3）叶轮由于腐蚀，表面存在腐蚀坑。

（二）间接原因

（1）该叶轮属于三件焊接方式制造，焊缝间距比较小，本身易产生应力集中。

（2）焊接过程较高热输入，造成富铜相等析出，焊接接头处强度和硬度下降。

（3）热处理时焊接残余应力未消除，使该叶轮的韧性变形能力降低，造成叶轮变脆。在压缩机开机时，叶轮承受的应力快速加大，在叶轮内部的残余应力与叶轮表面的载荷共同作用下，导致叶轮产生裂纹。

（4）固溶时间过短，造成热处理过程中晶粒分布不均匀，在叶轮中心比较疏松，易产生塑性变形，边缘致密易产生脆性断裂。

（5）叶轮与轴之间配合的过盈量可能过大。叶轮承受的应力较大，使叶轮轮毂始终处于一种加载状态。

（6）在热处理和高速动平衡以后，随着时间推移，有可能出现延迟裂纹隐藏在叶轮内部，通过表面着色不能发现该裂纹的存在，直接装配出厂。

（三）管理原因

（1）压缩机叶轮制造过程，业主方缺少监管，对制造过程把控不严。

（2）压缩机运转发生异常时，没及时判断出问题所在，导致裂纹扩大。

（3）对机组在线监测数据监控和分析不到位，没能及时发现运行数据异常。

四、整改措施

（1）加强机组状态监测分析，尤其是在启停机阶段要充分利用机组状态监测系统对机组运行状态进行分析判断。

（2）精细化操作，严格控制异构化反应的原料组分，防止发生超负荷运行，避免压缩机应力过大。

（3）做好特殊工况下压缩机的防护工作，异构化装置在正常生产时，运行工况稳定，工作介质组分变化不大，但是在开停工、装置检修、催化剂再生等特殊工况下，腐蚀问题和应力问题的防护，对于叶轮的长周期运转关系密切。

五、经验教训

（1）应加强设备出厂前的监造监督，本次设备在监造管理上存在一定缺失，如叶轮在焊接过程以及在探伤过程中没有进行严格把关，未及时发现打磨过度和冶金缺陷的存在，由此在以后对大型设备进行采购时，必须加强对设备加工过程进行严格的管理，尤其是关键部位在加工、组装及探伤等关键环节必须严格把关，包括转子的高低速动平衡的试验，做到整体环节受控。

（2）应加强设备故障判断的培训工作，在本次压缩机叶轮开裂之前轴心轨迹就有异常，技术人员未能发现异常。因此，在以后的工作中要加强状态监测培训工作，不断积累经验，利用实时在线监测系统及时对机组进行监测诊断。

（3）设备出现异常时，及时与机组厂家进行沟通交流，听取专业性的建议，在设备出现异常时能有针对性地判断。

（4）加强工艺管理，严格按照压缩机日常管理规范进行机体脱液，并且对压缩机内物料进行分析，控制有机氮和Cl^-含量。

案例十七　聚丙烯装置丙烯回收泵不上量

一、装置（设备）概况

某公司聚丙烯装置丙烯回收泵 G-5269/5270 为单级立式高速离心泵，规格型号为 LMV322-30-142S2T，泵转速 14130r/min，联轴器形式为膜片联轴器，机械密封为两级串联式密封，一级密封冲洗介质为丙烯，二级冲洗介质为白油。

二、事故事件经过

开工前，聚丙烯装置在完成丙烯进料泵 G-2012/2013 试车后，独立完成丙烯回收泵 G-5269/5270 的试车。试车时，G-5269/5270 的试车程序与 G-2012/2013 完全一样，却达不到机泵设定的额定压力。聚丙烯 G-2012/2013 为圆柱齿轮二级变速，泵转向与电动机转向一致，但 G-5269/5270 为圆柱齿轮一级变速，泵转向应与电动机转向相反。电动机单机试运时，将电动机的转向错误定为泵体叶轮转向，在试车过程中作业人员对现场机泵设备结构了解未及时发现转向错误，导致试车时机泵不上量，重新调整电动机转向后，试车运转正常。

三、原因分析

（一）直接原因

电动机单机试运时，将电动机的转向定为泵体叶轮转向，电动机接线接错，机泵反转导致机泵不上量。

（二）间接原因

（1）现场电动机与机泵设备转向标识不明。
（2）操作人员对现场机泵设备结构不了解。

（三）管理原因

（1）现设备标识管理不到位。
（2）试车前专业技术人员未进一步核实机泵齿轮箱设计上的差异，未提前进行技术交底告知。

四、整改措施

（1）带齿轮箱的机泵试运时，核实每台电动机的转向及机泵增速轴系，并且转向标注要准确。

（2）试车前要求作业人员对现场转动设备的结构形式必须熟悉掌握。

（3）试车前要求相关专业管理人员作业人必须到现场检查确认具备试车条件后签字后试车。

五、经验教训

（1）加强现场目视化管理，尤其是新建装置，由于员工对装置熟悉程度可能存在不足，存在误操作风险，现场需对关键设备信息、管线信息、操作注意事项等进行明确标识。

（2）设备投前的试运工作要严格按照试运清单进行，设备检修后、投用前都应进行旋向确认，确保与机泵要求旋向一致。

（3）试车前要认真学习设备的结构及原理，清楚试车过程中存在的风险以及应对措施。

案例十八　聚丙烯装置挤压造粒系统挤压机筒体进水

一、装置（设备）概况

某公司聚丙烯装置挤压造粒系统中，脱气仓来的树脂粉料、添加剂母料以及液体添加剂都通过挤压机进料料斗进入双螺杆挤压造粒机。在挤压机筒体中这些物料被混炼、熔融，熔融的聚合物进入熔融泵进一步挤压。挤压机筒体内孔为"∞"字形，共分9段，分别为输送、塑化、混炼剪切、脱气、均化、加压区。熔融态的树脂经过分流阀和筛网，在线熔融指数仪实时检测熔体熔融指数，经过一个多孔模板进入水下造粒机。

二、事件经过

聚丙烯挤压机调试前的解体检查中发现，筒体中有大量的积水。进一步检查发现换网器、开车阀等部分部件有明显的生锈现象（图1-60）。制造厂现场开车工程师要求，部分锈蚀严重的部件必须返厂处理，需一个半月的时间。

第一章　动设备

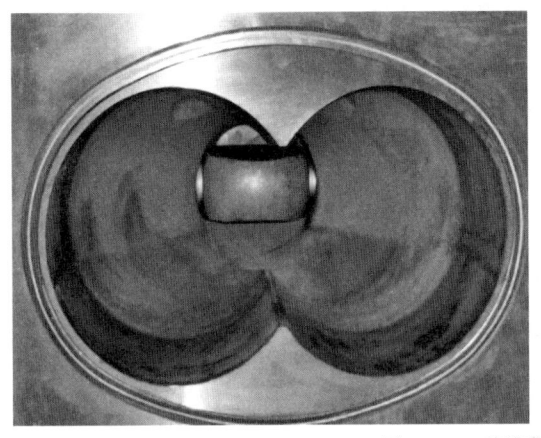 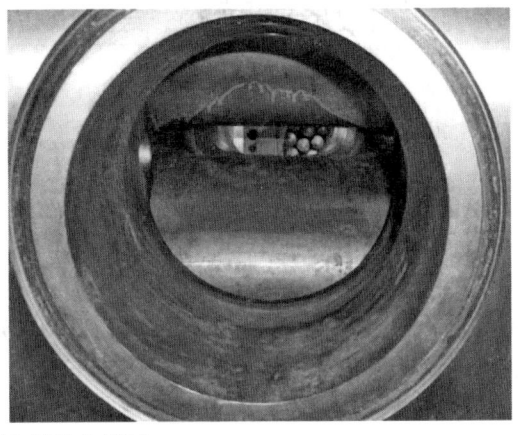

图 1-60　节流阀与筒体生锈图

三、原因分析

（一）直接原因

施工单位没有连接上添加剂计量秤入口处的软连接，同时也未采取防雨措施，雨水天气雨水顺管而下，进入计量秤，往下流入筒体，造成筒体大量积水，换网器、开车阀等部件生锈。

（二）间接原因

施工作业人员未按施工要求对开口部位进行封堵，导致筒体、换网器进水锈蚀。

（三）管理原因

（1）施工单位施工质量监管不到位，现场施工未按要求施工，遗留隐患，最终导致挤压机筒体大量积水，换网器、开车阀等部件生锈。

（2）属地人员对作业施工监控不到位，未及时发现施工过程中存在风险隐患，导致机组关键部件返厂维修。

四、整改措施

严格按照施工现场管理制度进行施工，加强监护人员和施工作业人员培训，对机组整个系统敞口部门进行封堵。

五、经验教训

对管线、软连接、设备机组敞口部位一定要采取防雨措施和封堵，对施工质量要严格监管，避免类似情况发生。

案例十九 聚丙烯装置挤压机筒体二段温度过高

一、装置（设备）概况

某公司聚丙烯装置挤压造粒机型号为 ZSK320，双螺杆同向啮合型挤压机，主要由主电动机、减速箱、筒体、节流阀、开车阀、换网器、齿轮泵、水下切粒机、干燥器、振动筛等部分组成，其作用是将聚丙烯粉料与添加剂均匀混合，加热、熔融、混炼、挤压和切粒，负责将聚丙烯从粉料转化成成品粒料的工艺过程（图 1-61）。

挤压造粒机组流程为同向啮合的双螺杆由主电动机驱动，经过减速箱减速后输出，聚丙烯粉料和添加剂由计量秤计量后加入挤压机料斗中，物料在筒体中经过加热熔化、混炼均化，经模板模孔被挤压出来，由切粒机在切粒水室进行水下切粒，聚合物粒料被切粒水带走，再经过干燥、振动筛分离等过程送入粒料成品料仓。

二、事件经过

在试车初期，曾出现挤压机筒体二段温度过高报警的问题，开车工程师采用从筒体加入冷却水的方法控制筒体二段温度。当负荷提至 18t 以上时，二段筒体温度逐渐下降，达到正常要求，关闭冷却水后一直正常。所以，如果长时间在低负荷下运行挤压机，就会出现二段筒体温度高的问题，开车后应及时提高造粒负荷。

三、原因分析

（一）直接原因

生产负荷过低导致挤压机筒体二段温度过高报警。

（二）间接原因

技术人员对挤压造粒机最低负荷设计要求不清楚，盲目试车。

（三）管理原因

（1）试车方案编制不完善，未将试车阶段对生产负荷要求纳入方案中并在试车时进行管控，导致负荷较低挤压造粒机筒体温度高报。

（2）技术人员对挤压造粒机的相关知识及管控要点掌握不足，未认识到低负荷运行可能产生的影响。

四、整改措施

（1）进一步完善机组操作规程，开机后在规定时间内及时提负荷，确保机组在最低负荷以上运行，加强巡检监盘，密切关注挤压机筒体二段温度。

第一章 动设备

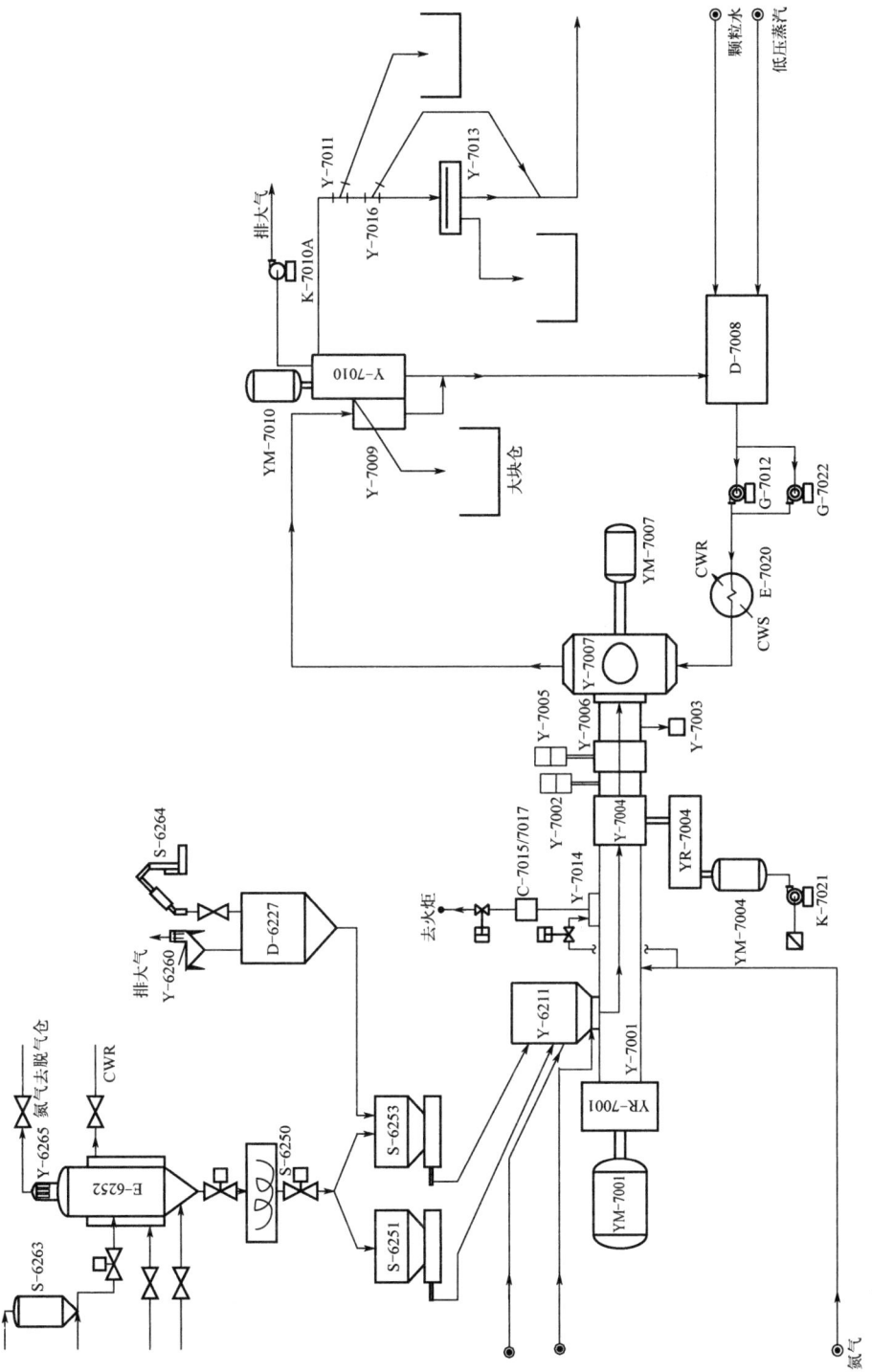

图1-61 聚丙烯挤压造粒流程图

（2）加强培训学习，对挤压机结构、原理、性能、管控要点等进行学习，同时向同类型企业学习了解类似机组日常管理经验和教训，提升机组管理水平。

五、经验教训

（1）设备试车前必须对试车方案进行严格的论证完善，方案中应包括试车管控要点、异常现象及应急处理措施等，确保试车风险可控。

（2）在设备试车过程中要严格按照试车方案进行试车，遇到问题时冷静查找分析原因，不得盲目操作，避免发生次生事故，必要时进行停机检查处理。

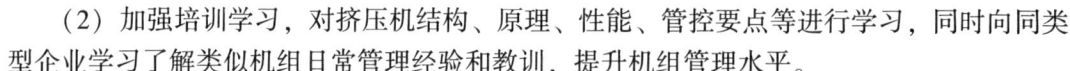

一、装置（设备）概况

某公司聚丙烯装置挤压造粒机为 ZSK320 型双螺杆同向啮合型挤压机，主要由主电动机、减速箱、筒体、节流阀、开车阀、换网器、齿轮泵、水下切粒机、干燥器、振动筛等部分组成，其作用是将聚丙烯粉料与添加剂均匀混合，加热、熔融、混炼、挤压和切粒，负责将聚丙烯从粉料转化成成品粒料的工艺过程。

ZSK320 机型双螺杆同向旋转，通过离合器的离合控制机组的运行，离合器采用摩擦片的摩擦力传递扭矩，离合器组由一个气动离合器和挠性联轴器组成。气动离合器通过压缩仪表风经过齿轮轴和轮毂筒进入气缸内腔，用 O 形圈密封的活塞压向压盘、摩擦盘、内齿片和离合器轮毂，通过螺栓构件和齿环传导的转矩通过摩擦接触传递，任何摩擦材料磨损通过活塞行程的增加自动抵消，仪表风压力大小决定扭矩。挠性联轴器通过正向啮合传递扭矩，抵消装配造成的残留误差。由于离合器是通过摩擦片的摩擦力来传递扭矩，摩擦面不允许接触油脂和润滑油。

二、事件经过

聚丙烯装置挤压机在一次开车失败后发生离合器不脱开的故障，经过详细查阅图纸及原理进行分析，初步判断为离合器内部故障。经过拆检并没有发现其部件损坏，最终确定为离合器对中不好导致离合不顺畅。

通过激光对中仪检验结果如下，处理前，垂直位置为 $A=-0.26$mm、$B=-0$mm，水平位置为 $A=0.05$mm、$B=0$mm，电动机低 0.26mm（图 1-62），需要重新调整对中。

经过重新调整后，垂直位置为 $A=0$mm、$B=0$mm，水平位置为 $A=0$mm、$B=+0.07$mm（图 1-63）。符合要求后投用运行。

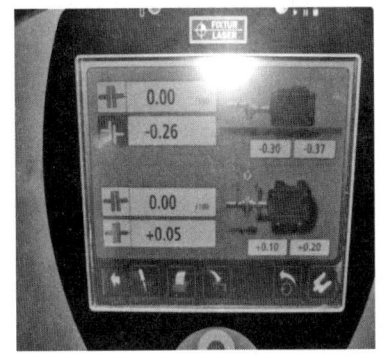

图 1-62 挤压机离合器激光对中数据图（处理前）

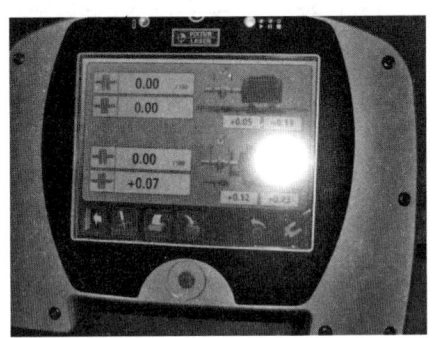

图 1-63 挤压机离合器激光对中数据图（处理后）

三、原因分析

（一）直接原因

离合器对中不好，导致主电动机摩擦离合器无法正常自动脱开。

（二）间接原因

（1）机组在运行过程中可能出现地脚螺栓松动、电动机位移，造成同心度差，导致离合器无法脱开。

（2）机组检修质量不合格，在安装离合器时对中过程标准执行不严格，造成对中数据不符合标准。

（三）管理原因

技术人员对机组检修过程中关键数据未进行核实和确认，未起到监督检查的作用，管理不到位。

四、整改措施

（1）对挤压造粒机电动机地脚螺栓进行检查紧固。

（2）加强机组检修管理，检修必须严格按照检修规程执行，对关键数据要进行步步确认，联合验收并做好记录以便后期查找。

五、经验教训

（1）机组的对中是否良好会直接影响机组的安全平稳运行，安装或者检修中技术人员必须现场见证验收。

（2）装置建设初期就要制定好相关设备管理制度、操作规程及检维修规程并做好宣贯，在设备操作及检修过程中有据可依，确保操作规范、检维修质量受控。

第三节　公用工程装置生产准备和开车阶段典型案例

案例一　循环水排污水装置螺杆泵故障

一、装置（设备）概况

某公司循环水排污水装置设计处理量 150m³/h，处理五个循环水场的排污水，经过物化、生化及双模脱盐处理后，产水作为循环水补充水回用到循环水场。其中高效沉淀池投加 PAM、PAC 药剂吸附水中小颗粒悬浮物形成污泥，外排至新污水处理场，污泥循环泵和污泥外排泵型号均为 EH600-V-W223 型单螺杆泵，电动机功率 2.2kW，设计流量 10m³/h。

二、事故事件经过

2022 年 11 月 15 日，循环水排污水装置首次开工，2 号高效沉淀池投加 PAM、PAC 药剂后，内操发现池底污泥外排泵 P301A3、污泥循环泵 P301B3 出现给定频率 50%，回讯频率仅为 14%；检查发现现场电动机无法带动螺杆泵，停泵盘车及打开出口导淋阀排污后恢复正常。为进一步确定原因，对污泥外排泵 P301B3 进行拆检，螺杆及衬套未见异常，机泵回装加强排泥后螺杆泵运转正常。

三、原因分析

（一）直接原因

该螺杆泵转子和定子衬套为过盈配合，首次投用摩擦力较大导致电动机无法带动。

第一章 动设备

（二）间接原因

为保证产水合格，高效沉淀池加药量处于摸索阶段，导致排泥量较大，加剧了转子与定子的摩擦。

（三）管理原因

技术人员未识别到螺杆泵新投用的特殊情况，未对该泵加强巡检、提前采取措施。

四、整改措施

（1）高效沉淀池加强排泥频率，防止外排污泥过于黏稠。
（2）对该泵加强巡检，发现电动机带不动时及时停泵盘车并开出口导淋排污，运行一段时间过盈量变小即可避免出现此情况。

五、经验教训

（1）对首次投用设备应加强监控，发现问题及时处理，避免影响装置正常运行。
（2）提高设备出现问题应急处理能力，设备出现问题后的原因排查及处理。

案例二 二联合循环水装置汽轮机振动大

一、装置（设备）概况

某公司循环水场总规模51100t/h，设置第一循环水场（轻质油循环水系统）、第二循环水场（重质油循环水系统）。第一循环水场设计供水能力22500t/h，第二循环水场设计供水能力27000t/h。第二循环水场设置六台循环水泵，其中五台为电动机驱动，一台为汽轮机驱动，汽轮机为背压式。

二、事故事件经过

首次对汽轮机进行单机试运，在3000r/min以下暖机时汽轮机振动值为23μm左右，10min后继续升速到4000r/min附近，此时振动值上升到48μm，最大时达到53μm。为保证汽轮机安全，缓慢开大入口管线放空阀对汽轮机降速；再次对汽轮机升速达到4200r/min时振动值达到52μm，为保证设备安全，停止继续升速。停机后对设备进口、出口管线进行无应力复查，再次对汽轮机进行单机试运，试运情况与第一次相似，随后返厂在试验平台进行单机试车，试车结果与现场相似，最终对汽轮机进行彻底检查，重新核实各装配间隙。拆检发现汽轮机调速器侧轴承油封间隙不均匀，即轴与油封左侧间隙为0.06mm，轴与油封右侧间隙为0.12mm。根据设计值，轴与油封间隙应在0.1~0.12mm范围内。技术人员对油封间隙调整，轴与油封左侧间隙为0.1mm，轴与油封右侧间隙为0.12mm。同时清理汽封槽内杂物，确保汽封不受外力影响。

三、原因分析

（一）直接原因

转子动平衡和转子与油封碰磨，引起汽轮机振动随转速的上升而增大。

（二）间接原因

（1）汽轮机在单机试运前，转子的动平衡就存在缺陷，可能是汽轮机在运输过程中发生颠簸，导致转子产生碰撞，从而改变设备的动平衡。

（2）转子与油封间隙不合格，导致单机试车过程中产生碰磨。

（三）管理原因

（1）设备安装质量把关不严，汽轮机油封间隙不合格，导致机泵运行中转子与油封发生碰磨振动值升高。

（2）技术人员技能水平不足，在汽轮机试车过程中未能及时发现故障原因，多次试车并返厂后才找到问题根本原因。

四、整改措施

（1）重新调整汽轮机油封间隙到设计值。

（2）对转子进行动平衡实验，去除不平衡量。

（3）进一步加强设备基础知识和状态监测知识学习。

五、经验教训

（1）设备到厂后的验收不仅要做好现场外观检查，还应检查设备随机资料中产品合格证、实验记录等是否齐全。

（2）设备试车过程中，导致振动的原因可以是单一因素，也可以是多个单一因素的叠加。逐一排查汽轮机振动的原因，发现运转中有异常现象，及时采取适当措施，防止破坏性事故发生。

（3）加强设备基础知识和状态监测知识学习，提升技术人员分析问题解决问题能力。

案例三　公用工程部二联合装置循环水泵叶轮穿孔

一、装置（设备）概况

某公司公用工程部二联合循环水单元，负责为全厂生产装置和辅助生产装置提供所需的冷却用水，装置总规模51100t/h。根据分区供水的原则，设置成三个循环水场，分别是第一循环水场（轻质油循环水系统）、第二循环水场（重质油循环水系统）、第三循环水场（空分空压循环水系统）。

循环水 4820-P-0001C 泵型号为 900S-55TJ，扬程 55m，排出压力 0.55MPa，额定流量 7540m³/h，转速 750r/min，密封形式为机械密封。

二、事故事件经过

2022 年 3 月 20 日 10 时 20 分，巡检发现循环水 4820-P-0001C 泵非驱动端振动值达到 5.1mm/s，振动达到 D 区，随后立即停运该循环水泵，确保机泵安全。拆解机泵发现，叶轮汽蚀穿孔严重，更换叶轮后，此泵于 4 月 3 日 18 时 5 分试运合格。

三、原因分析

（一）直接原因

机泵在运行过程中容易产生汽蚀，叶轮在长期汽蚀工况下使叶片汽蚀穿孔。

（二）间接原因

由于在设计时装置汽蚀余量与泵必须汽蚀余量相差较小，造成机泵易产生汽蚀。

（三）管理原因

（1）在装置设计阶段，本项目设计审查把关不严，未能及时发现问题，导致穿孔问题出现。

（2）管理技术人员未能及时采取措施解决泵汽蚀问题。

四、整改措施

（1）对叶轮重新进行设计改造，通过升级叶轮材质、选用新型高效叶轮形式等措施降低泵必须汽蚀余量，从而解决现场机泵汽蚀问题。

（2）加强机泵"两治理一监控"[1] 工作，以便及时发现机泵运行异常情况，并制定针对性解决措施。

五、经验教训

（1）在装置设计阶段，要认真做好设计审查工作，对可能影响装置安全平稳运行的问题及时向设计院进行反馈。

（2）机泵"两治理一监控工作"为动设备管理的基础工作，该项工作开展的质量直接影响现场机泵安全平稳运行，针对本次暴露出的问题应继续完善管理工作的不足，提升机泵管理水平。

---

[1] "两治理一监控"：治理偏离设计工况的机泵、治理振动超标的机泵、严密监控运行异常的机泵。

(3) 加强技术人员专业知识学习，提高故障预判及处理能力。

案例四 空分装置含盐污水提升泵自吸能力不足

一、装置（设备）概况

某公司第三循环水场主要为空分空压装置提供循环冷却水，设计能力为1600t/h。装置边界处供水压力为0.35~0.45MPa，回水压力0.20~0.3MPa；供水温度15~28℃，回水温度不大于38℃。

为保证水质，循环水场设有旁流过滤器，旁流过滤器水量为设计能力的5%，并设预防用水设备结垢、腐蚀的加药设施和废水排放设施。含盐污水提升泵为旁流过滤器配套设备，设计流量20m³/h，设计压力0.5MPa，吸入高度4.5m，电动机功率7.5kW，转速2913r/min。

二、事故事件经过

2015年9月，空分装置单机试车阶段，发现含盐污水提升泵灌泵启动后长时间不上量，自吸能力不足，导致机泵无法正常使用。检查设备本体未发现异常状况，后与设备说明书比对，发现泵吸入口管径安装尺寸为DN100mm，制造厂提供数据表显示泵吸入管径为DN80mm。

三、原因分析

（一）直接原因

吸入管路现场安装尺寸与机泵配管要求不一致，设备说明书要求泵吸入口管路为DN80mm，实际安装尺寸为DN100mm。

（二）间接原因

在设备返资❶过程中设计人员未严格按照设备制造厂提供的数据表进行核实设计，本台机泵入口管径直接影响机泵自吸能力，泵厂家按照入口管线DN80mm选型，设计院未详细核实尺寸，将泵入口管径放大到DN100mm，造成泵自吸能力不足，不能满足现场生产要求。

（三）管理原因

(1) 设备的返资协调不到位，造成设计时没有按照泵选型配备合适入口管线。
(2) 对现场设备资料审查不仔细，设备设施信息掌握不全面，没有及时发现配套管路

---

❶ 返资指设备厂家将设备资料返给设计院的过程。

口径偏差问题。

（3）现场施工安装质量把关不严，盲目认为新建装置设计施工均符合规范、设备配套管路均符合设备要求，未再次核查相关图纸资料。

四、整改措施

重新与厂家、设计院对接，要求设计院重新修改设计，按照厂家提供数据资料调整泵吸入管路口径，将 DN100mm 管径修改为 DN80mm，再次检查吸入高度、机泵安装记录，安装调试合格后，重新单机试车。2015 年 9 月 7 日，第二次单机试车合格，机泵运行状态良好。

五、经验教训

设计阶段在与设计院对接前，应做好相关工艺设备资料技术储备。设备安装施工阶段，要严格执行制造厂要求，更改设备运行条件时需与设备制造厂确认，讨论设备选型是否满足生产运行工况，是否存在安全隐患或发生故障的可能；如存在不能满足生产运行条件的情况，如何调整安装方式或设备安装形式，将设备问题及隐患及时消除。对不符合机泵运行条件的配套管路附件，及时反馈设计院对接，重新选型配套设施，及时解决问题，保证现场设备的安全稳定运行。

案例五　热电联合车间燃料油泵内部件磨损

一、装置（设备）概况

某公司热电联合车间油泵房共有八台燃料油泵，其中 2#燃料油泵型号为 100Y67×5，额定流量 60m³/h，扬程 320m，转速 2950r/min，介质为催化油浆，实际运行流量小于 20m³/h。

二、事故事件经过

2017 年 5 月 25 日，检修人员在紧固热电联合车间燃料油泵房 2#燃料油泵的防尘盘时，发现轴向驱动端窜动 10mm。为查明原因，于 5 月 26 日打开平衡室检查，发现平衡盘、平衡座磨损严重；泵全部解体后，发现首级叶轮、次级叶轮磨损严重，叶轮口环磨损严重，首级壳体口环、次级壳体口环磨损严重，吸入段及中段也有相应的磨损。

三、原因分析

（一）直接原因

2#燃料油泵运行过程中，转子窜量过大造成机泵部件接触磨损。

（二）间接原因

介质黏度较大，平衡盘间隙较小，介质中含杂质较多，造成机泵平衡盘与平衡座间隙较小，不能有效平衡轴向力，导致机泵轴向窜量过大，运行中接触磨损。

（三）管理原因

（1）动设备机泵"两治理一监控"工作不到位，该泵额定流量 $60m^3/h$，实际运行流量小于 $20m^3/h$，未辨识出机泵长时间小流量运行的风险，未按照管理要求及时进行流量偏离治理。

（2）生产运行中，专业技术人员未识别到介质黏度大会影响平衡盘的间隙，导致机泵轴向力不能有效平衡的风险。

（3）运行期间检查维护不到位，检修人员在紧固泵的防尘盘时才发现问题。

四、整改措施

（1）将该泵更换为与工艺流量相匹配 $15m^3/h$ 的小泵，试泵后运行情况良好。

（2）控制介质黏度指数，防止黏度过高、机泵偏工况运行。

（3）现场运行的机泵，尽可能在设计的最优运行曲线内运行，偏工况运行时要及时采取相应措施，暂时无法调整的需加强设备特护。

（4）加强运行设备的管理，可通过每日巡检检查等手段了解设备运行情况，尽可能提前发现问题，减少故障。

五、经验教训

在实际生产中，由于装置加工负荷或工艺路线调整，容易出现设备设计参数与实际运行工况不符问题，属地单位应认真进行原因分析及风险评估，对短时间内偏离且风险受控部分要加强监控，对长周期偏离或可能影响装置安全运行问题要及时分析解决，确保装置长周期安全运行。

案例六　自备电站汽轮机气缸漏汽、高低调门反复波动

一、装置（设备）概况

某公司自备电站 2#汽轮机组额定容量为 50MW，最大容量为 60MW。机组共有 5 段抽汽，其中 1、2 段为调整抽汽，其余的为非调整抽汽。机组的主要任务是向炼油、化工提供电负荷及 4.3MPa、1.5MPa 及 0.7MPa 的蒸汽。1#机组型号为 CC50-8.83/4.3/1.5；3#、4#机组型号为 CC50-8.83/4.3/0.7。机组形式为高压、单轴、单缸、单排汽、双抽汽、冲动式、凝汽式汽轮机，汽轮机转子和发电机转子用刚性联轴器连接，从机头往发电机方向看为顺时针方向旋转。

二、事故事件经过

2014年11月25日，运行人员监盘发现2#汽轮机1#、3#、4#高调门和低调门反复波动，立即采取应急措施，2#汽轮机一抽、二抽蒸汽抽汽全部退出，带26MW负荷运行。经现场检查发现，2#汽轮机1#、3#、4#高调门和低调门反馈LVDT传感器（检查两只均坏）故障，且在安装反馈LVDT处存在蒸汽泄漏。

三、原因分析

（一）直接原因

2#汽轮机1#、3#、4#高调门和低调门反馈LVDT传感器（检查两只均坏）故障，使调门出现反复波动，造成2#汽轮机一抽、二抽蒸汽抽汽退出，带26MW负荷运行。

（二）间接原因

（1）气缸漏汽量较大，高温使低1#、3#、4#高调门和低调门LVDT传感器故障（图1-64），最终造成控制失灵，高调门和低调门反复波动。

（2）现场巡检不到位，未能巡检发现泄漏的高温蒸汽对LVDT传感器的影响。

图1-64 LVDT传感器故障现场图

四、整改措施

（1）更换新的高调门和低调门反馈LVDT传感器，因气缸漏气问题暂无法处理，需在LVDT传感器附近增加工业风管冷却管线，设备运行期间对反馈LVDT传感器起到冷却降温作用，防止高温损坏LVDT传感器。

（2）修订完善机组特护方案，将该处检查作为机组特护重点检查内容，定期检查。

(3) 针对此次发生的事件，对其他机组安全隐患问题进行排查，存在问题的及时处理解决。

五、经验教训

（1）调门反馈 LVDT 传感器为电子元器件，对高温比较敏感，属于易损坏的仪表，日常设备运行中要做好防护措施。

（2）本次事件充分暴露出大机组特护不到位，未能及时发现蒸汽泄漏，影响探头调节最终导致机组运行不平稳。日常生产中要做好大机组特护管理工作，将大机组特护工作落到实处，充分发挥"机、电、仪、管、操"人员作用，各司其职做好机组关键参数监控，及时发现问题。

案例七　公用工程部一联合空分装置膨胀机振动异常

一、装置（设备）概况

某公司公用工程部一联合空分装置分为Ⅰ套和Ⅱ套空分单元，每个单元设计产出氮气 6000Nm³/h。两个单元独立运行，互为备用，各有进口膨胀机和国产膨胀机 1 台。

进口膨胀机 4410-K-0002A-Ⅰ型号为 TC120132-A，气体进口温度-134.65℃，气体出口温度-185.65℃，气体进口压力 0.79MPa，气体出口压力 0.126MPa。

二、事故事件经过

进口膨胀机 4410-K-0002A-Ⅰ自 2019 年 10 月出现振动缓慢上升后又回落的现象，最高时升至 22.43μm（25μm 报警，27μm 联锁停车）之后回落至 14.6μm。2021 年 1 月Ⅰ套空分停止运行，该设备亦停止运行。2022 年 4 月 21 日对该设备进行解体检查，4 月 27 日检查完毕，2022 年 5 月 6 试运行，振动为 0.73μm，恢复到开车初期水平。

三、原因分析

（一）直接原因

增压端叶轮沿圆周有不均匀分布的污垢（图 1-65），导致旋转部件不平衡。

（二）间接原因

分析认为油封设计不合理，导致油雾在增压端叶轮中聚集，介质中的灰尘粘连在叶轮上，引起叶轮不平衡，造成振动缓慢升高。

（三）管理原因

未考虑到叶轮积灰后不平衡引起的振动，前期分析问题不准确，导致问题处理不及时。

第一章 动设备

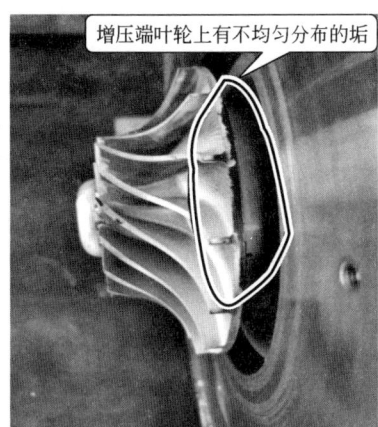

图 1-65 检修前叶轮积垢图

四、整改措施

（1）对膨胀机进行解体并清洗叶轮（图 1-66），动平衡实验合格后回装。

图 1-66 检修后叶轮清洗图

（2）对油封重新进行设计改造，控制油封与轴间隙，降低油雾与灰尘粘结造成转子动不平衡。

五、经验教训

（1）加强管理人员专业技术水平培训，提升分析问题与解决问题能力。
（2）针对现场出现的设备故障要认真进行原因分析，坚持问题原因必须分析透彻、整改措施必须落地落实。

案例八 公用工程部二联合装置 DCI 污泥排放泵故障

一、装置（设备）概况

某公司公用工程部二联合装置污水处理系统设计处理量为 1000m³/h，采用"罐中罐+DCI 隔油池+中和池+均质池+混凝絮凝池+气浮池+A/O 生化池+二沉池+高密度沉淀池+后混凝池+V 型滤池"的工艺技术路线，DCI 污泥排放泵 5010-P-0301B 其型号为 BN 15-6LT，扬程 60m，排出压力 0.33MPa，额定流量 10m³/h，转速 254r/min，密封形式为机械密封，机械密封规格型号为 BN15-6LT。

二、事故事件经过

2021 年 12 月 10 日，班组巡检发现 DCI 污泥排放泵 5010-P-0301B 振动异常且不上量，经现场分析认为泵腔体可能存在异物堵塞问题，经过排查发现泵腔内被异物堵塞，定子、转子磨损严重。更换转子定子后设备运行正常。

三、原因分析

（一）直接原因

泵腔内异物造成机泵运行卡涩，定子、转子磨损，机泵不上量。

（二）间接原因

介质中有异物通过油泥管道进入泵腔，导致机泵运行卡涩。

（三）管理原因

介质中异物对定子、转子的损伤掌握不清楚，未能有效治理。

四、整改措施

（1）更换机泵定子、转子。
（2）加强机泵巡检，对机泵温度、振动、密封系统、压力、液位、异常声响等异常情况及时发现、及时处理。

五、经验教训

污水处理装置水质复杂，有时会有大颗粒异物，异物会随着管路进入泵腔内，对螺杆泵定子、转子造成很大的损伤，针对此类机泵必须重视：（1）机泵巡检，对机泵温度、振动、密封系统、压力、液位、异常声响等的异常情况及时发现、及时处理；（2）定期对出入口管路的弯头、单向阀处进行检查清理；(3) 具备条件时对水池进行清理。

案例九　余热回收站高压锅给水泵转子抱死

一、装置（设备）概况

某公司余热回收装置由热媒水系统和锅炉给水系统组成。其中热媒水部分规模为 110MW，锅炉给水部分规模为 2×900t/h。

余热回收站补充水为来自除盐水站除盐水和来自 POX 装置锅炉补充水。热媒水系统通过循环介质，回收延迟焦化、催化汽油加氢、石油焦制氢等装置的低温热，供蜡油加氢、芳香烃联合、轻烃回收、油品储运、厂前区制冷站等装置和单元使用。锅炉给水系统对锅炉补充水进行除氧后供炼油化工部分装置用高、中、低压锅炉给水。

二、事故事件经过

2022 年 11 月 24 日 17 时，给水装置安排班组启动余热回收站高压锅给水泵 P0009B，17 时 30 分班组反馈高压锅给水泵 P0009B 无法启动，立即联系维保单位保运人员盘车，发现盘不动车。调阅运行历史曲线，发现该泵于 11 月 18 日 11 时 6 分停运。停运前该泵运行中出现系统流量大幅波动，联锁启动备用的高压锅给水泵 P0006B，随后高压锅给水泵 P0009B 驱动端和非驱动端轴承振动报警，班组将该泵停运。

三、原因分析

（一）直接原因

P-0009B 转子和定子抱死，装置在停机后未进行处理，本次开车前未进行检查确认，不能正常启动。

（二）间接原因

(1) 11 月 18 日因高压锅炉给水管网的压力从 8.5MPa 突然降低至 6.8MPa，在运高压锅炉给水泵 P-0009B 的流量从 53t/h 大幅升高至 252t/h，远超过额定流量值 82.5t/h，超流量运行约 3min，导致发生汽化，泵体内各处发热，同时机泵轴向力平衡瞬间破坏，泵转子轴向窜动，平衡鼓和平衡套、叶轮和级间的口环因受热膨胀产生摩擦，停泵后转子和定子抱死。

(2) P-0009B 在停泵前驱动端和非驱动端均出现轴承振动报警，班组操作人员未及时发现。

（三）管理原因

(1) 机泵"两治理一监控"管理不到位，机泵在出现振动报警后，未能发现并及时分析处理。

(2) 机泵运行管控不到位，运行异常时未能及时分析原因并评估对设备产生影响，导致机泵超正常设计流量三倍运行后转子和定子抱死，未能及时发现。

四、整改措施

(1) 高压锅炉给水管网的各使用装置平稳用水，避免管网压力大幅波动。
(2) 余热回收装置内操多关注泵出口流量变化趋势，发现异常立即与外操联系，及时检查设备状况。
(3) 加强机泵"两治理一监控"管理，做好机泵状态监测机报警管理工作。
(4) 提升技术人员专业水平，出现异常情况时要认真进行原因分析和风险评估。

五、经验教训

(1) 加强员工操作监盘能力，严密监控管网压力、流量、轴承振动、温度等指标，若出现异常及时分析处理。
(2) 加强操作人员培训，开、停、切换操作严格按照操作卡执行。
(3) 强化设备基础管理，做好机泵状态监测机报警管理工作。

第四节　生产准备和开车阶段总结与提升

一、生产准备和开车阶段好的经验和做法

（一）生产准备阶段

(1) 按照项目部人员组成，建立油运、试车协调组。项目部设备主管领导作为协调组总负责人，下设以装置设备主任为主体的油运、试车小组。小组人员由总承包单位技术人员、装置机电仪技术人员组成，必要时厂家人员应在场参与指导试车工作。动设备油运工作在安装完成具备条件后应尽早安排，按照相关要求必须达到油运合格指标。所有机泵第一次试车时小组人员需到位检查确认，在各专业人员检查确认后方可下达试车指令。

(2) 试车前，对动设备入口管线过滤器、管道清洁度进行检查，关键设备、关键部位使用机械清洗、仪表风吹扫、打靶等多种方式保证管道清洁度。在水联运期间增加机泵入口过滤器的目数，防止锈渣、杂物等进入泵腔，造成机泵损坏。加强管道安装过程清洁度的检查或水联运水冲洗，确保投用管道内部无杂质。

(3) 水运、柴油静置期间，对塔底及侧线重点机泵过滤器进行清理，避免杂质堵塞，防止异物进入设备腔体、机封等部位，损坏设备本体或机封。注意：诸如轻烃介质类机泵水运时，一定要考虑到介质密度差别，防止机泵过载损坏设备。

（4）对所有工艺流程上的机泵出入口法兰进行无应力检查，逐台检查确认机泵出入口管线配管应力，对机泵出入口法兰、阀门采用定力矩紧固。试车前断开所有与动设备本体相连管线第一道法兰，进行法兰张口、垂直度的检查，配管时在联轴器靠背轮上架水平、垂直、轴向三块表，校核管口力矩和管道应力数据。

（5）转动设备在制定备件储备定额时要科学严谨，结合随机配件数量及额外易损配件需求制定相应安全库存数量，其中部分故障率相对较高机泵在制定备件储备定额时要重点考虑。

（6）装置外排污水泵的选型不宜选择潜污泵，故障率高且维修不便；可选带气液混输罐的自吸泵，吸程高，结构简单，故障率低且维修方便。

（7）基础灌浆要把控质量，内部必须填充严实。大型往复压缩机电动机需在电动机单试找正后灌浆。

（8）液化气泵的脱液，灌泵过程中排火炬线要排放充分，防止机泵运行抽空。机泵试车前一定要确保灌泵，尤其是入口管线低于泵台位置的，要确保无空气存储。

（9）机泵驱动电动机单试调相确认和机泵转向一致、机泵找正确认完毕、联轴器及护罩安装就位，方可试车。

（10）机泵在安装过程中，严格把关验收，试运过程中任何测点振动要达到A类标准；在管线应力、法兰偏口、机泵对中、支撑等方面逐项验收。

（11）所有常温机泵工艺蒸汽吹扫阶段不能直接经过机泵密封，防止高温对常规机封造成损伤。

（12）机械密封试运前要关注定位块的取消及轴套固定螺钉的紧固确认。

（13）机组安装对中后，应对压缩机约束端支腿垫板和支座进行固定，宜采用钻孔、铰孔及配置推销或焊接的方式；机泵找正顶丝应处于自由状态。

（14）丙烷制冷橇块间管道按要求进行水压试验，施工期间应提醒施工单位该系统不得进水，管道试压期间各法兰按照要求加装盲板，试压结束排水阶段应有专人检查，试压水不得进入制冷橇块内。

（15）机组从油运开始，由于油站已经装满润滑油，机组内的施工和用火风险开始升级，并且需要明确油运过程中业主和施工单位双方的管控责任，油运过程中24h不能离人，明确机组油运合格的指标并需要双方确认，防止油运过程中出现跑油、冒油、润滑油着火等恶性事故。

（16）建议机组增加氮气专用线，便于试机和检修使用。

（17）造粒机在试车阶段停车相对频繁，可设立两个种子床料仓，为造粒停车处理赢得较宽裕的时间。

（18）由于螺旋推料器壳体轴向尺寸较长且器壁较薄，出入口应设计软连接，避免管口应力造成壳体变形，产生转子刮壁现象。

（19）一次试车失败的机组，必须经过充分的技术分析、原因排查，并经机动设备组组长同意后方可再次启机，防止设备损坏。遵守故障原因不清楚不开机原则。

（二）开车阶段

（1）操作人员应提前介入熟悉现场流程，对各种管线、阀门逐一摸排，做好标识，减少开工期间误操作风险。

（2）由于进口机封造价高、加工周期长，不便于现场更换使用，应提升机封国产化比例。

（3）开工期间易发生由于操作变动忽略介质变化的情况，要加强对介质变化的监控，防止因介质变化引起的故障。

（4）高温机泵可以增加蒸汽保护环，在机封泄漏的情况下可以起到隔离作用。

（5）导热油系统的膨胀罐必须设计氮封，防止导热油通过放空管线与空气接触吸湿，造成周期性的汽蚀。

（6）离心式压缩机主密封气线除雾器和过滤器应按时脱液，机组在冷态时盘车时间不能过长，防止干气密封动静环干磨。

（7）凝汽式汽轮机，受中压蒸汽及低压蒸汽的影响，机组真空度（带停机联锁）可能会迅速升高达到联锁条件，因此当出现蒸汽波动时，应提前采取措施进行必要的调整，避免不必要的停机。

（8）大型关键机组蓄能器一定要提前检查确认皮囊冲压状态良好、具备参与联锁测试条件。油压联锁测试不能用压力开关及变送器模拟量虚拟测试，一定要通过实际油压启停切换来确认备用泵是否能够及时启动并满足油压要求。机组油站润滑油泵联锁延时设置必须经过多次现场试验后，确定联锁延时时间。

（9）对主风机组电动机进行低速盘车，测量电动机各相接线的感应电流的方式，验证转向的一致性。

（10）热油运期间升温初始，各塔底泵每20min切换一次并对过滤器拆检清理，待杂质量很少后，延长拆检时间30min至1h，只要机泵流量、电流有波动，立即切泵拆检过滤器清理并及时备用。

（11）屏蔽泵初次或检修后投用，入口过滤网目数应由大到小逐渐降低过滤精度，运行过程中尽量减少切换频次。

（12）机组油站主油泵、辅助油泵在设计时应考虑每台泵增加返油箱副线，主、辅油泵的切换务必利用返油箱线进行，严禁硬启动。当蒸汽驱动的主油泵在蒸汽压力下降的过程中导致控制油压力下降时，不可人为手动启动辅助油泵（控制油压低油压自启动满足机组运行）。

（13）机泵要在工艺介质具备启动条件后再启动，开工试运行过程中所有的主备泵都要切换试运行，确保机泵均在完好运行或备用状态。

（14）机泵群建议增设除盐水站，避免循环水质影响；机组油站主油泵（小汽轮机）考虑轴承箱结垢，建议引用除盐水进行冷却。

（15）关键机泵出入口控制阀门应提前熟知操作规程要求，核实准确阀门有无限位设置，防止新装置开工阶段，限位缺失或操作不当损坏关键阀门，导致开工延后。

（16）重载扭矩启动类设备，应提前核实启动载荷能够满足启动要求，防止投料后配套电动机匹配偏小，导致设备无法启动。

（17）由于制冷系统的特殊性，一旦明水被带入系统内，设备运行期间将无法排出，水分将会在低温部位结冰，严重时将冻堵仪表引压管路造成机组停机。建议制冷系统在开机前进行氮气吹扫，合格后在气温15℃以上进行抽负压实验，在抽负压过程中注意真空泵油质带水，反复抽负压、充氮气置换，最终系统负压不再变化、真空泵油不再含水，证明系统已经清洁、干燥。否则，一旦系统进水，设备运行周期内水将无法从系统内被脱除。

（18）酸洗和油运要定期升降温，并且用铜锤敲击焊口和弯头。

（19）连续重整装置注剂橇块，开工前期系统进行过水运、吹扫及气密试验，保证开工注剂设备稳定可靠。特别是重整注硫、注氯系统必须精准标定，否则无法保证装置安全运行。因注硫、注氯问题引发的生产故障屡见不鲜，特别要注意注硫、注氯系统一旦进水，注剂前必须使用氮气吹扫干净，否则注剂系统管道或仪表在水环境下严重腐蚀，导致设备损坏。

（20）汽轮机所用蒸汽需要进行逐段缓慢引汽至汽轮机前，引汽全过程要确保无水击情况发生，蒸汽管道滑动支架要提前做好标记，在蒸汽引入过程中关注管道热力形变情况。

二、生产准备和开车阶段的不足

（一）生产准备阶段

（1）在项目建设前期由于界面交接不清楚，未根据设备最大检修高度设计吊装高度，造成后期现场检修困难。机泵安装未考虑操作和检修方便问题，如电动机被管道和横梁阻隔，而且没有吊点，造成设备无法检修，防爆等接线盒被管道阻拦无法打开。

（2）机泵类设备到货较早，到货存放过程中管理不严格，没有进行润滑、盘车管理，因此长期放置而导致机械密封泄漏、配件锈蚀和轴弯曲。

（3）操作人员长期在外培训，装置调试时，操作人员才回本单位参与调试和开车，参与工程建设（设备安装）时间少，对各类动设备内部结构不熟悉，无法有效了解设备运行原理；开工准备期间，员工的精力主要在流程检查与学习，很少参与设备安装及调试，错过了设备结构原理的最佳学习阶段，进而导致在实际生产中无法有效判断设备故障。

（4）设备隐蔽检查不到位，施工期施工单位在管道内部遗留了施工垃圾，从反应器抽出口部位检查时，未能发现此情况，造成泵入口过滤器频繁堵塞，影响开工进度。

（5）设备调校存在漏洞，在处理泵入口过滤器的过程中，由于气动执行机构没有设置限位，导致机泵的出口切断闸阀关闭过度，阀杆变形，泵无法正常使用。

（6）厂家发货设备和订货技术条件存在偏差，不能完全满足工艺包设计能力要求，在设备验货时，未按照订货技术条件进行验收，致使动设备试车时才发现与实际需求不符。

（7）在中交之后，机泵的完好性管理存在不足。出现过附属设施损坏问题，如密封辅助系统管路受力变形、二次密封压力表损坏、机泵对轮护罩损坏、出入口阀门手轮或备帽丢失等。由于此阶段施工人员庞杂，涉及土建、安装、配管、电仪敷设电缆，交叉多，易造成相互损坏设备设施。

（8）机组润滑油系统均设置有"润滑油压力低启动备用润滑油泵"联锁。该联锁的取压点设计，只是图纸中显示在润滑油供油主管线上，没有特别标记具体位置，导致现场施工随意性很大。

（9）在机泵单机试车过程中，发现泵入口管道应力大造成泵振动超标，主要是前期对于机泵及附属管线的无应力配管管控不严格；在联动试车过程中，由于使用水作为介质，部分轻烃类介质泵不满足试运条件，无法在试运行期间检验设备性能；装置建设期间管道及设备的洁净度检查不够仔细，导致试车时过滤器清理次数频繁，机泵机械密封频繁损坏，应加强管线吹扫质量的管控。

（10）压缩机的油运工作准备不够充分，润滑油加热温度不够导致机组油运效果不理想、油运时间相对较长，影响整体油运进度。

（11）受装置稳压氮气引入装置时间晚影响，机组油系统运行时间短，部分压力表手阀、仪表接头、供油法兰、汽轮机电刷、速关阀丝堵等润滑油渗漏点未能及时发现，导致机组存在漏油问题，在线无法处理，机组运行管理标准低。

（12）罐区机泵的入口线由于采用低管架的方式进行敷设，因此在罐区水联运过程中由于机泵入口灌泵难度大，造成机泵启动较为困难。

（13）因设计漏项或设计错误，机泵机械密封油罐没有设计放空线；干气密封出口没有设计单向阀；排凝只设计密排线，没有设计明排线；入口吹扫线预留接口设置在入口阀前；放空线只设计单阀，无法实现对机泵的隔离；出入口管段没有任何支撑和吊挂，出入口法兰处于受力状态。

（14）由于在试运过程中，用水作为常顶压缩机试运介质代替了正常的常顶油气组分，未发现常顶压缩机液位计存在测量误差。

（15）由于设计考虑不足，主风机及备用主风机未设计平衡管导致机组在试车过程中轴流风机轴位移逐渐升高，并且出现了报警，轴流机前瓦径向瓦温逐渐升高，最高达到92℃。后期经过增加平衡管得以彻底解决。

（16）汽轮机单试转速升速过程中，由于轴瓦间隙较小，导致润滑油冷却不充分，轴瓦瓦温较高，最高达到90.42℃。

（二）开车阶段

（1）机泵接线后没有单机试运确认转向，开工过程中发现机泵不上量，拆检没有发现问题，直至开工阶段才发现机泵转向不对。

（2）部分常温介质机泵，密封设计为常温，高温蒸汽吹扫导致密封损坏，投料时才发现密封泄漏，被迫退守。

（3）备用设备完好性检查不到位，未按要求对机泵密封及密封辅助系统、盘车情况进行检查，导致备用机泵需要运行时不能满足生产运行要求。

（4）密封不耐反压设计，工艺处置过程中泄压先后顺序错误，导致酸性介质反窜进入密封隔离液系统，炭化结焦密封损坏泄漏。

（5）高压机泵的运行电流未引入DCS，无法及时了解机泵运行电流是否超标；DCS部分机泵远传参数未校准，液位计电流高低报警值设置不合理。

（6）橇装设计考虑不足，未按照标准配置，仅按照工艺流程设置机泵，无安全阀及返回线等布置，造成操作不便。

（7）内操调节阀开度调节幅度过大，在新氢机停机过程中造成返回线开度过大，安全阀起跳。进料流量输入错误，恢复时开度过大，造成进料大幅波动。

（8）大型压缩机开车过程中未严格按照开车方案要求执行，指令发布混乱，各专业协调不畅；人员操作、指挥经验不足，容易误操作造成波动或事故。

(9) 开工阶段常减压装置高温重油泵使用减三蜡油作为密封冲洗介质,开工初期无蜡油,使用柴油代替,但对于柴油引入封油罐后脱水不到位,导致封油注入后引起机泵抽空。

(10) 异构化装置在开工期间,由于地下污油罐至火炬放空管线阀门关闭,在排污时,地下污油经压缩机中间连接体排污管线倒窜入压缩机润滑油箱。

(11) 机组开机后发现汽轮机转子接地电刷出现严重漏油问题,机组运行后电刷无法拆卸处理,只能通过制作金属压板、防爆胶泥、密封胶等临时措施进行封堵。该部位虽然已经有效封堵,但还存在再次渗漏风险。汽轮机高温端漏油问题需要在日常检查中认真对待,泄漏不能及时发现将会产生严重后果。

(12) 关键机组投用后,润滑油系统尤其是汽轮机油动机调节油漏点较多,其中部分漏点属于渗漏,主要原因是单机试运、联动试车较短,未能及时发现。

(13) 丙烷制冷系统吹扫后部分管路存水,管道内有大量杂质和锈蚀物,发现不及时将会导致丙烷制冷剂、润滑油污染,油分离器滤芯、润滑油滤芯、压缩机入口滤芯过早失效。国内同类装置因丙烷制冷系统进水,螺杆机内部锈蚀机组被迫解体检修,造成巨大经济损失,检修现场装配精度不够,对压缩机整装性能造成一定影响。

(14) 丙烯系统大量采用碳钢设备和管线,吹扫后放置时间长又没有进行氮气保压,锈蚀造成堵塞过滤器,压缩机在开工阶段出现出口压力高,制冷温度高。

(15) 主密封调节阀 PID 控制参数设置不合理,循环氢压缩机开机过程中主密封调节阀阀位波动较大,导致主密封流量波动大,主密封气流量低于设定值增压泵自启。

三、生产准备和开车阶段管控要点

(一) 生产准备阶段

(1) 建立开工团队组织机构,明确机构中每个人员所负责的工作范围,按照相关规定完成 3D 模型审查、三查四定、中间交接、PSSR 检查和开工条件确认等工作;坚持统一领导,分工负责。

(2) 根据项目规模和任务进度安排,可分阶段、分专项多次实施启动前安全检查。

(3) 提前介入参与设备技术谈判、机泵出厂试验、开箱验收、安装调试、现场三查四定、单机试车、水试车等相关工作并全过程跟踪。做到"对照图纸查现场",与施工单位和设计一起查现场,发现问题即查即改。

(4) 单机试车小组应将工艺、设备、仪表、电气、施工单位、设备制造商、机电仪检修单位全部纳入,实现"七位一体",试车时各专业须共同到场,对试车过程、结果分专业进行确认,做好记录并跟踪处理。维保单位机电仪技术专家应提前介入,在项目安装、调试、试车质量方面要起到保障作用。

(5) 提前编制操作规程,重视对操作员工的设备结构、工作原理、操作及运行维护培训,岗位操作人员边学习边操作。做好试车方案、设备操作卡培训。转动设备试车方案由属地部门编制报设备处组织专家组进行论证修订,再与施工单位逐一对接后交由施工方报审,总包、监理、PMT 部(项目管理团队)审批后按方案进行试车工作。

(6) 发布标准试车方案模板,试车方案中重点明确试车责任人、需具备的公用工程条件、工艺条件、设备启机条件、控制和联锁逻辑、试车监控指标、参数偏离的处理方式。（试车方案）机泵、机组试车前组织施工单位、总包单位、监理单位、厂内各专业联合检查确认，签署"泵设备单机试车条件确认表""机组试运前系统确认检查记录"。

（7）加强对属地及维保技术人员进行设备原理、流程操作等专业培训；在同类型企业学习操作与控制、设备性能、开停产和事故处理等实际操作知识，专业技术人员以及骨干力量人员对于转动设备有发现问题、解决问题的能力。

（8）PID审查过程中，除重点对工艺流程审查，应该加强对设备与工艺管道的界面、放空排凝等辅助系统设计质量管控，以及设计图纸审查。

（9）设备采购的技术要求内容应严谨细致；关键设备的采购对技术协议内容应重点把关，技术协议中应针对设备典型故障提出相应的解决措施。

（10）编制开工备件计划，做好转动设备易损件、事故件等备件储备工作。

（11）机组单机试车前完成操作人员的理论和现场知识培训，进行桌面推演，提高操作人员技能水平。单机试车前完成培训教材、同类装置事故案例及处理方法汇编。

（12）参照设备随机资料，依据公司设备润滑管理规定编制转动设备润滑"五定表"，按"五定表"加注相应的润滑油；润滑油箱在加油前必须打开清理检查，确认油箱内清洁度情况；机泵试运前应对机泵轴承箱开盖检查。

（13）大机组润滑油管线安装完成后需要对管线全部拆卸，进行酸洗处理，酸洗完毕封装运回现场回装，确保管道清洁度高标准。

（14）大机组开车前要确保油运合格，润滑油透平泵、辅油泵单试合格，油管路上的旁通阀、排放阀均关闭，安全阀投用，油箱加热器具备使用条件，机组安全联锁仪表投用。大机组开工过程中要对机组振动、位移、瓦温等参数检查，对各密封部位泄漏检查。干气密封提前调试完毕，按操作规程步骤投运。

（15）汽轮机蒸汽管线在投用前，需制定打靶方案，并进行管道吹扫、打靶工作，打靶方案中要明确组织机构、责任分工、蒸汽打靶步骤、检验标准等事项，要确保安全性、实效性。

（16）确认开工前所有涉及违背原设计而进行工艺、设备变更的，要确认相关变更手续已经按要求完成。

（17）针对其他公司同类装置开工事故教训制定相对应改进措施以及应急预案。

（二）开车阶段

（1）根据项目规模和任务进度安排，可分阶段、分专项多次实施启动前安全检查，高质量完成大机组联锁逻辑的联调工作。

（2）在投料试车期间，实行包保❶负责制。重视技术准备，以文案编制为核心，各专业在打压、吹扫、机组试运、气密、水联运、油运、投料开车等不同阶段，坚持持卡操作。

（3）动设备专业应重视定力矩紧固工作，特别是针对高温机组缸盖、中分面、高温机泵大盖螺栓、泵底放空法兰等部位。例如靠近泵体的法兰由于空间限制，紧固力矩不足，

---

❶ 包指分包、包干；保指确保落实、保证措施。

受热后可能高温介质发生泄漏,造成着火爆炸等事故。高温已采用法兰式放空阀的需重点紧固、检查。

(4) 机泵应在工艺介质具备条件后启动,开工试运行过程中所有主备泵都要切换试运行,确保所有的机泵均在完好运行或备用状态。

(5) 划定试车区域,无关人员不得入内;应设置盲板,使试车系统与其他系统隔离,试车过程中应指定专人进行测试,认真做好试车记录。

(6) 单机试车必须包括保护性联锁和报警等自控装置。开工期间检查确认机组仪表联锁、安全监测仪表、安全监控可视系统是否正常,并组织各专业联校确认。

(7) 开工期间检查确认机组仪表联锁、安全监测仪表、安全监控可视系统是否正常,并组织各专业联校确认。

(8) 机组防冻凝管理,关注现场表盘(蒸汽引线),冬季停用蒸汽类的现场表。

(9) 落实承包商管理,加强维保人员现场设备实操培训,保证现场维护作业能够满足安全要求。维护过程中属地应有监护在场,从根本杜绝误操作引发设备故障或事故事件。

(10) 对开工过程中出现的设备问题开展专业分析,在未确定故障原因前,不得盲目继续开展试运工作。设备启运阶段应密切关注设备运行状态,严格落实动设备特护工作。

(11) 大机组作为各装置核心设备,应从专业设计、设备选型、现场施工安装调试、三查四定及试运等方面进行全面管控,针对大机组特护要求、编制完善大机组"一机一策"内容,并认真有效落实。

(12) 大机组在试运过程中,应仔细调校各控制阀的控制参数,根据控制阀的流量特性曲线来调节 PID 值,保证阀门的调节特性满足实际工艺生产需求。

(13) 做好现场标识目视化工作,对关键易误操作阀门进行铅封并挂牌警示,防止误操作。

(14) 新设备应用过程中,由于设备厂商供货质量、现场指导技术人员水平不一,设备标准不统一,技术协议内容漏洞等原因,易导致较多的现场问题,影响设备运行,甚至不能按期投用。针对一些可预见的困难,工艺、设备、仪表、电气等专业技术人员必须提前进行交流,保证发现问题及时解决。

第二章 静设备

第一节 炼油装置生产准备和开车阶段典型案例

案例一 常减压装置小接管安装质量不合格

一、装置（设备）概况

某公司常减压蒸馏装置加工规模为 $1300 \times 10^4 t/a$，装置主要产品有石脑油、航煤加氢原料、直馏柴油、轻蜡油、重蜡油、常压渣油、减压渣油等，主要由换热网络、原油电脱盐、初馏部分、常压蒸馏部分、减压蒸馏部分、辅助部分、公用工程部分组成。

二、事故事件经过

常减压蒸馏装置安装的小接管多数未设计支管台结构。现场检查发现多处小接管存在焊接质量缺陷，未达到标准要求的单面焊、双面成型全焊透要求。通过内窥镜及断开法兰等方式，对装置小接管进行了全面排查，将有问题的小接管全部进行了整改。不合格小接管如图2-1所示。

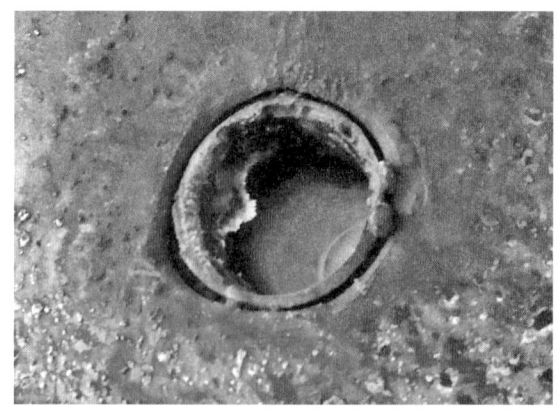

图 2-1 不合格小接管现场图

三、原因分析

（一）直接原因

（1）小接管未设计支管台结构。

（2）小接管安装质量不合格。

（二）间接原因

施工过程管理不到位，施工人员未按单面焊、双面成型全焊透要求进行施工。

（三）管理原因

施工管理不严，质量意识淡薄，未充分认识到小接管施工质量问题可能带来的安全风险。

四、整改措施

对现场所有物料管道上的小接管进行逐个检查，对存在问题的小接管进行整改。

五、经验教训

小接管泄漏问题是制约装置长周期安全运行的关键，在设计阶段应尽量减少小接管的设置，如设置尽量采用支管台结构。在安装阶段，应加强小接管焊接质量管控，确保焊接质量合格。

案例二　常减压装置脱后原油与常三线换热器泄漏

一、装置（设备）概况

某公司常减压蒸馏装置加工规模为 $1300×10^4$ t/a，装置主要产品有石脑油、航煤加氢原料、直馏柴油、轻蜡油、重蜡油、常压渣油、减压渣油等，主要由换热网络、原油电脱盐、初馏部分、常压蒸馏部分、减压蒸馏部分、辅助部分、公用工程部分组成。

二、事故事件经过

2017年5月15日，装置开始柴油循环，5月17日在升压过程中，当压力升至1.558MPa时突然下降，后经排查发现换热器 E-0116 泄漏，其他换热器检查无漏点，随即将此换热器切除，吹扫置换检修。

5月19日拆除管箱、外头盖、小浮头，安装试压工装，在上水过程中发现管束存在内漏，堵管后继续升压，泄漏换热管数量继续增多。由于换热管泄漏数量大，无法继续使用，后重新采购新管束回装。同时，排查发现脱后原油与减渣换热器 E-0117 管束也有轻微腐蚀。E-0116 腐蚀穿孔位置如图 2-2 所示，腐蚀孔局部如图 2-3 所示。

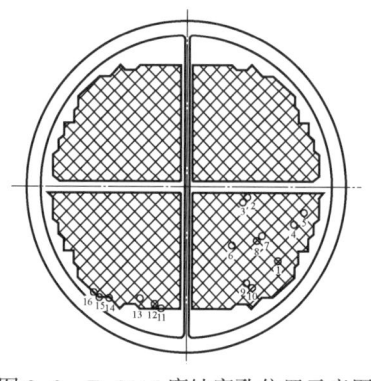

图 2-2　E-0116 腐蚀穿孔位置示意图

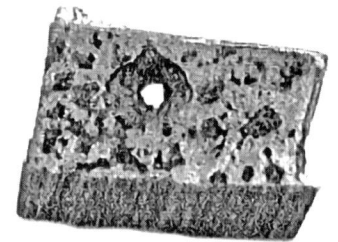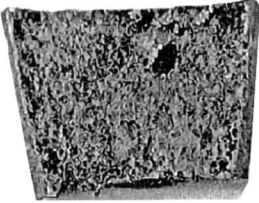

图 2-3　腐蚀孔局部外貌图

三、原因分析

（一）直接原因

脱后原油与常三线换热器 E-0116 管束腐蚀穿孔。

（二）间接原因

（1）换热器水压试验后，排除不干净，下半部分有一定的积液、水珠或液膜，造成上下两部分的表面湿润有差异，进而影响空气中氧气的溶解度和腐蚀介质的溶解度差异，造成电化学腐蚀，逐步形成腐蚀孔或腐蚀坑。

（2）从积液化验分析结果来看，Cl^- 含量 155.8mg/L，SO_4^{2-} 含量 382mg/L，Fe^{3+} 含量 1.18mg/L，NO_3^- 含量 34.7mg/L。由于换热器试压结束后存在局部残液，残液随着温度、时间变化逐渐浓缩，在 NO_3^-、SO_4^{2-} 等腐蚀性离子存在条件下，形成酸性腐蚀环境，导致换热管从内到外逐渐被腐蚀，直至穿孔泄漏。

（三）管理原因

换热器水压试验后保护措施不到位，导致设备腐蚀泄漏。

四、整改措施

E-0116 更换新管束，同时对 E-0117 腐蚀较为严重的几根换热管进行了封堵。

五、经验教训

换热设备在制造厂水压试验完毕后，管程、壳程应吹扫干净。现场安装完毕水压试验后，也要对设备内部及管道吹扫干净，保持干燥环境，避免设备、管道发生腐蚀。

案例三　常减压装置常压炉烟道挡板联锁打开滞后

一、装置（设备）概况

某公司常减压蒸馏装置加工规模为 $1300×10^4$ t/a，装置主要产品有石脑油、航煤加氢原料、直馏柴油、轻蜡油、重蜡油、常压渣油、减压渣油等，主要由换热网络、原油电脱盐、初馏部分、常压蒸馏部分、减压蒸馏部分、辅助部分、公用工程部分组成。

二、事故事件经过

2017 年 7 月 7 日，常压炉引风机由于风机电子元器件发热导致停机，触发常压炉联锁打开水平烟道挡板和炉底快开风门。但在此过程中，联锁打开水平烟道挡板时，超时 300ms，致使联锁切断常压炉主燃料气，加热炉主火嘴熄灭。

开工前常温下，经过多次验证，水平烟道挡板打开时间不超过 13s，但在实际运行期间联锁发生时，水平烟道挡板打开时间超过了 15s。

问题发生后，仪表维修人员对执行机构进行了改进，增大了供风能力，并通过设计核算，将鼓引风机故障联锁水平烟道挡板回讯时间调整为 25s，常温测试，在这个时间内都能打开。

水平烟道挡板如图 2-4 所示。

图 2-4　常压炉水平烟道挡板现场图

三、原因分析

（一）直接原因

常压炉水平烟道挡板卡涩，运转不灵活。

（二）间接原因

常压炉烟道挡板执行机构采用无轴承转动模式，长期暴露在高温、露天环境下导致锈蚀，运行不灵活。

（三）管理原因

在初始设计及技术协议谈判时未识别出常压炉水平烟道挡板采用无轴转动结构，可能导致联锁发生时出现卡涩、动作滞后的问题。

四、整改措施

（1）经设计核算后，将鼓引风机故障联锁水平烟道挡板回讯时间调整为25s，能够满足故障状态下联锁打开水平烟道挡板要求。

（2）2020年装置大修期间，进一步将水平烟道挡板叶片原滑动轴套更换为滚动轴承，确保转动部件灵活好用。

五、经验教训

虽然开工前已对加热炉水平烟道挡板联锁多次调试未发现异常，但是投用后由于温度、环境变化导致了此问题的发生。为了彻底解决存在的隐患，经调研发现大部分加热炉烟道挡板采用轴承转动结构，轴承箱定期加脂保养，可以避免转动轴的锈蚀、卡涩等隐患，能够保证烟道挡板灵活可靠，尤其是能够保证在加热炉联锁时加热炉的安全运行，避免因水平烟道挡板卡涩或动作不到位造成的加热炉正压甚至闪爆情况。

案例四 常减压装置引原油期间原油进装置闸阀无法打开

一、装置（设备）概况

某公司常减压蒸馏装置加工规模为$1300×10^4$t/a，装置主要产品有石脑油、航煤加氢原料、直馏柴油、轻蜡油、重蜡油、常压渣油、减压渣油等，主要由换热网络、原油电脱盐、初馏部分、常压蒸馏部分、减压蒸馏部分、辅助部分、公用工程部分组成。

二、事故事件经过

图2-5 原油进装置第二道闸阀

8月2日10时，常减压装置引原油第二次开工，16时40分常压炉点火升温。8月4日15时30分，循环升温后开始引原油时，发现原油进装置第二道闸阀无法打开，如图2-5所示。

三、原因分析

（一）直接原因

原油进装置第二道闸阀内部压力高，导致阀门两侧压差大，开启困难。

（二）间接原因

原油进装置第二道闸阀为双闸板闸阀，首次进原油完成开工备料后，该阀门处于关闭状态。正式开工时，装置循环升温，常压炉出口升温到300℃开始引原油，在升温过程中热量随介质和金属管道传到该阀处，导致阀门双闸板间密封腔体内原油受热，部分轻组分汽化，密封腔内压力升高，阀门无法开启。

（三）管理原因

装置开工过程中部分阀门处于关闭状态，当温度升高后内部压力升高导致阀门无法打开，管理人员对此问题认识不足。

四、整改措施

将原油进装置第二道闸阀阀体底部泄压阀打开，通过泄压后阀门正常开启。

五、经验教训

装置开工过程中，由于热胀冷缩导致一些高温部位阀门关闭后无法正常开启，在开工升温过程中要考虑提前对关闭阀门进行开关检查，防止阀门无法正常开启。

案例五　催化裂化装置卸剂线阀门内漏

一、装置（设备）概况

某公司重油催化裂化装置设计规模 330×10^4 t/a，包括反应再生单元、分馏单元、油浆过滤单元、吸收稳定单元、机组单元、热工单元和烟气脱硫单元。烟气脱硫单元作为催化裂化装置的配套装置，设计规模 47×10^4 Nm³/h，包括烟气洗涤、废液预处理、臭氧发生器。

二、事故事件经过

8月11日9时，催化装置开始联动试车，8月12日10时30分，发现大型卸剂线温度上升到52℃，大型卸剂线（东侧）第二道阀（图2-6）出现内漏。阀门耐磨衬里磨损情况如图2-7所示。

三、原因分析

（一）直接原因

装催化剂过程中，阀门受到催化剂冲刷磨损导致内漏。

图 2-6 催化大型卸剂线（东侧）二道阀

图 2-7 耐磨衬里磨损现场图

（二）间接原因

该阀门为耐磨衬里闸阀，首次收平衡剂备料后，该阀门处于关闭状态，正式开工时装置升温阶段发现该阀门出现内漏。装置开工过程中收平衡剂速度过快，第二道阀门处于较小开度，催化剂对阀门密封面及阀板衬里磨损较大，密封性能遭到破坏。

（三）管理原因

管理技术人员对此问题认识不足，未对收剂速度和阀门开度做严格要求。

四、整改措施

关闭大型卸剂线第一道阀门，更换第二道阀，拆除下来的第二道阀门进行维修备用。

五、经验教训

装置开工过程由于收剂速度较快，二道阀门处于较小开度，造成阀门密封面衬里磨损严重。

工艺人员在开工收剂过程中应同步考虑阀板磨损问题，适当调整阀门开度，同时用阻尼风控制收剂速度，也可用收平衡剂根部阀控制，确保大型卸剂线第二道阀密封完整性。

案例六　重油催化装置再生斜管振动大

一、装置（设备）概况

某公司 200×10^4 t/a 重油催化装置再生器 R-102 再生斜管于 2020 年 10 月随装置开工投用，规格为 DN1300mm。介质为催化剂及烟气，操作温度 749℃，操作压力 0.45MPa，材质 Q245。

二、事故事件经过

2020 年 10 月 17 日，重油催化装置开工过程中，再生斜管一直存在振动，最初振幅不明显，在再生斜管与提升管结合处的自由端可以观察到振动现象。后来斜管振动加剧，振幅在 18mm 左右，从声音上判断，振动是管内催化剂流化异常、催化剂脉冲式冲击转弯处产生的。斜管振动对装置的长周期运行和安全生产构成巨大威胁。

影响再生斜管振动的因素较多，问题也错综复杂。为查出再生斜管振动原因，装置多次组织有关单位从装置的操作条件、原料性质、催化剂和设备结构等方面进行研究和分析，最终认为造成再生斜管振动的主要因素有再生斜管结构设计不合理、导气管没有起到完全导气的作用、斜管松动气注入方式不当等。

三、原因分析

（一）直接原因

再生斜管内部催化剂脱气不畅，催化剂经第一阶段斜坡加速后，在该区域形成类似液帘的密实表面，立管及下斜管脱气产生的小气泡难以突破，只能集聚为较大气泡，大气泡聚集上升时突破的方位是随机的，气泡突破后原位置会形成短暂真空，催化剂填补空缺，冲击造成振动。

（二）间接原因

再生斜管松动点设置较少，松动点间距较大，补充流化介质流量小于气体被压缩流量，达不到松动的目的。

注入松动气属于"管内射流圆射流"，在松动气体射流动量较小时，即可促使主流体发生弯曲（改向）；当射流动量较大时，射流流体穿过主体流与对侧管壁撞击，流向大大改变，在注入点后形成气垫层，可使主流体流动受阻，严重时可产生"虚拟架桥"，造成流化中断。对于现有松动点，松动气射流的作用大小与松动风量、注入角度以及主体流即循环催化剂的流速有关。

（三）管理原因

新设备设计审核过程中，未充分考虑到松动风及导气性给斜管带来的影响，斜管设计审查把控不严格，正常工况下运行状态差。

四、整改措施

(1) 降低松动介质的流量，减少 1 处采样点的使用，效果明显。
(2) 利用大检修对再生斜管上半部分进行更换，增加弯头处的松动点，对下料口进行扩孔，由原来的 ϕ1300mm 扩径为 ϕ1600mm，改善催化剂的下料环境。
(3) 脱气线顶部至再生器部位加长，脱气线顶上部侧面增加开孔，脱气线下部侧面增加2处斜45°短管，改善导气性。

改造前后示意图如图2-8所示。

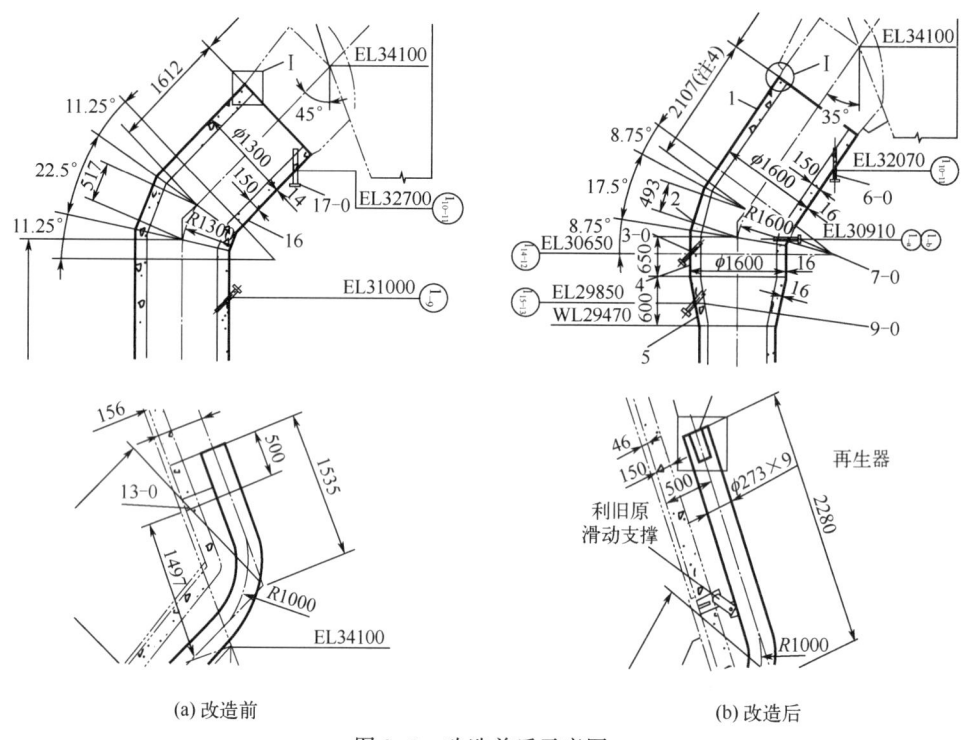

(a) 改造前　　　　　　　　　　　　(b) 改造后

图 2-8　改造前后示意图

五、经验教训

催化裂化装置斜管振动大问题对装置长周期运行和安全生产构成严重威胁，建设单位应总结经验教训，加强对设计的审核，设计单位在设计时应充分研究，从设计结构上、松动风设置上将数据核算清楚，避免装置建成后形成安全隐患。

案例七　催化裂化装置气压机级间冷却器内漏

一、装置（设备）概况

某公司 $200×10^4$ t/a 催化裂化装置气压机级间冷却器 E-320 于 2020 年 10 月随新建装置开工投用，规格型号为 BEU1600-1.6-1154-6/25-4I，随压机组一同供货。管程介质为循环水，操作温度 40℃，操作压力 0.5MPa，材质 S321；壳程介质为富气，操作温度 60℃，操作压力 1.0MPa，材质 Q345R。

二、事故事件经过

2020年12月8日，循环水场发现循环水化验指标异常，各装置排查水冷器泄漏情况。

2021年1月3日，排查发现催化裂化装置气压机级间冷却器E-320管程循环水回水出现浑浊现象，并伴有少量富气味道，初步怀疑冷却器内漏。

2021年1月6日，在管程循环水回水线顶部带压接管增加放空，排放出壳程介质富气，确认气压机级间冷却器E-320内漏。

2022年6月窗口检修期间，对该换热器进行了检修，拆检发现1根换热管发生断裂。

三、原因分析

（一）直接原因

（1）从现场取回一段断裂管束，查看管束外壁情况，清除管束外壁上的沉积物，截取小试样，超声清洗干净，利用显微镜进行观察，分析管束各部位宏观形态和特点，宏观外貌如图2-9所示。

图2-9 管束断口外貌图

管束横向断口的微观形态显示如图2-10所示，虽然断口大部分区域都是撞击研磨痕迹，但是未被破坏的局部区域显示出疲劳辉纹特征，表明管束横向断口属于疲劳断裂性质。

管束纵向断口的微观形态显示如图2-11所示，断口大部分区域都能观察到疲劳辉纹特征，表明管束纵向断口也属于疲劳断裂性质。管束断口的外壁一侧氧化比内壁一侧严重，由此判断，

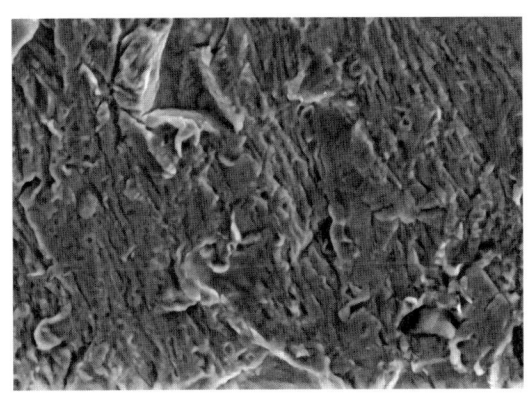

图2-10 管束横向断口微观形态（500倍）

疲劳裂纹萌生于外壁，向内壁一侧扩展。

从断口的微观形态判断，该换热管断裂的直接原因为疲劳断裂。

（2）选取管束试样制备成金相试样，利用金相显微镜分析，如图2-12所示，发现管束金相组织粗大，具有一定脆性，是产生疲劳裂纹的次要原因。

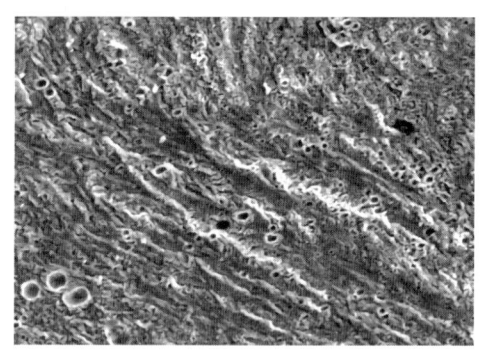 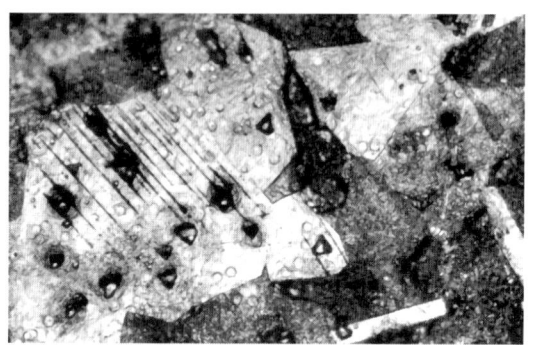

图2-11 管束纵向断口微观形态（500倍）　　图2-12 金相组织微观形态

（二）间接原因

该换热管可能存在安装不到位的情况，换热管和折流板间距过大，在壳程气流波动环境中造成该换热管震颤，不停地撞击折流板产生磨损，继而发生疲劳断裂。

（三）管理原因

新设备设计审核过程中，未考虑到换热器管程气相介质振动对管束带来的影响；换热器制造质量把控不严格，复杂工况下力学稳定性较差。

四、整改措施

（1）装置处于运行过程中，为避免泄漏扩大，采用带压接管在E-320循环水给水管线上增加管道泵，提高循环水给水压力大于富气压力0.05MPa，降低压缩富气窜入循环水回水富气量，同时调整中间液位控制阀开度，保证液位平稳，降低换热器内漏对生产带来的影响。管道泵流程如图2-13所示。

（2）窗口检修期间对换热器进行检修，试压合格后回装投用。

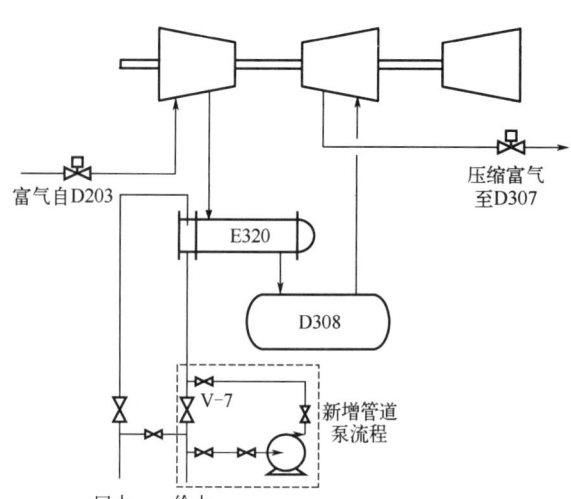

图2-13 管道泵流程示意图

五、经验教训

强化换热器管束的制造质量管控和到货验收工作，在设备制造及到货验收环节检查管束是否存在换热管和折流板间距过大的情况,是否存在换热管固定不牢、易发生晃动和振动的情况,尤其是使用于流体波动较大环境中的换热器,避免振动磨损导致换热管疲劳断裂。

案例八 催化裂化装置汽包定排阀、连排阀、放空阀内漏

一、装置(设备)概况

某公司 $220×10^4$ t/a 重油催化裂化装置位于新厂区催化裂化联合装置内,包括反应再生、分馏、吸收稳定、主风机及烟气能量回收机组、气压机组、余热锅炉及烟气脱硫脱硝等部分,设计加工原料为渣油加氢装置的加氢重油、加氢裂化装置的加氢尾油和渣油加氢柴油。

二、事故事件经过

2018年9月16日,重油催化裂化装置开车后外取热器 2 台汽包定排阀、2 台连排阀、2 台放空阀频繁出现内漏情况,其中放空阀多次下线进行维修,但维修效果不佳,投用后仍然内漏。

三、原因分析

(一)直接原因

催化裂化装置汽包定排阀、连排阀、放空阀门密封不严是造成内漏的直接原因。

(二)间接原因

催化裂化装置原设计的定排阀和连排阀采用的是普通闸阀,未采用锅炉专用排污阀,阀板前后压差较大,手阀前的压力为 4.3MPa,手阀后的压力为 0.4MPa。放空阀结构形式为平行双闸板阀门,阀门工况前后压差大,阀前操作压力 4.22MPa,阀后压力 0MPa。

由于阀门前后存在较大压差,锅炉水汽化后形成气液两相流,蒸汽和液体的混合物高流速冲刷阀门,导致阀门阀板的磨损,最终造成阀门内漏。

(三)管理原因

(1)催化裂化装置汽包定排阀、连排阀、放空阀选型不当,无法适应高压差的工况。
(2)对汽包定排阀、连排阀、放空阀结构理解不深入,未识别出泄漏风险。

四、整改措施

(1)将汽包定排阀和连排阀更换为锅炉专用排污阀,解决高压差导致阀板磨损内漏的情况。
(2)对 2 台放空阀进行重新选型。

五、经验教训

设备选型时应充分考虑设备的使用工况,选型不当,容易导致设备发生损坏。

案例九　连续重整芳香烃联合装置重整进料换热器泄漏

一、装置(设备)概况

某公司 $240×10^4$ t/a 连续重整装置板式进料换热器 E-0203 是连续重整装置的关键设备。在连续重整装置建设期间,为提高国产大型装备设计制造水平,按国家相关部门要求,板式进料换热器 E-0203 采用国内某公司制造的大型板壳式换热器,这是该设备在大型连续重整装置上的首次工业应用。

二、事故事件经过

2018 年 6 月,发现重整进料换热器 E-0203 存在内漏现象,2018 年 9 月、2019 年 7 月重整装置两次停工处理,但未能彻底修复。经过两次检修后,E-0203 的 310 根板管中已封堵 78 根,堵管率 25%。由于重整进料换热器内漏问题,重整装置被迫低负荷运行。

三、原因分析

(一)直接原因
设计结构不合理,热端板束的热应力无法得到充分释放,导致板片撕裂,发生泄漏。

(二)间接原因
重整板式进料换热器为首次国产大型板式换热器的工业应用,缺少可借鉴的经验。

(三)管理原因
在首台套国产化设备应用中,对相关技术研究不透彻。

四、整改措施

2019 年 10 月 28 日至 11 月 7 日,组织将原板式换热器更换为缠绕管换热器(图 2-14),设备投用后运行正常。

五、经验教训

在新建装置中,涉及关键首台套国产化设备应用过程,应进行充分论证,研究并制定

图 2-14　重整进料换热器更换现场图

可靠的技术方案，确保设备安全平稳运行。

案例十　重整联合装置再生烟气脱氯罐底部卸料管线泄漏

一、装置（设备）概况

某公司重整联合装置重整单元采用 UOP 连续重整工艺，催化剂再生单元采用 UOP 第三代 CycleMaxTM 催化剂连续再生专利技术，再生烟气脱氯方案采用固体脱氯技术代替 UOP 催化剂 ChlorsorbTM 氯吸收技术。自再生器顶部来再生烟气经再生烟气脱氯罐 D-0310A/B 脱氯后，经放空气冷却器 E-0304 及氯吸附段旁路排放至鼓风机出口进入圆筒炉辐射室燃烧，以满足再生烟气排放标准。

再生烟气脱氯罐 D-0310A/B（图 2-15）设备型号为 ϕ2800mm×19613.5mm×14/18mm，工作压力 0.27MPa，介质为放空气，介质中的 H_2O 和 HCl 含量分别为 10.84%（体积分数）和 0.2194%（体积分数）。

二、事故事件经过

2023 年 2 月 15 日，脱氯罐 D-0310A 切出准备换剂前工作，需要连续使用蒸汽进行吹扫。吹扫过程中现场检查时发现卸料口管线发生泄漏（图 2-16），随即组织对相关管线进行了测厚，除泄漏处管线测厚有减薄情况外，其余管线未发现异常减薄点。

图 2-15　重整再生烟气脱氯罐

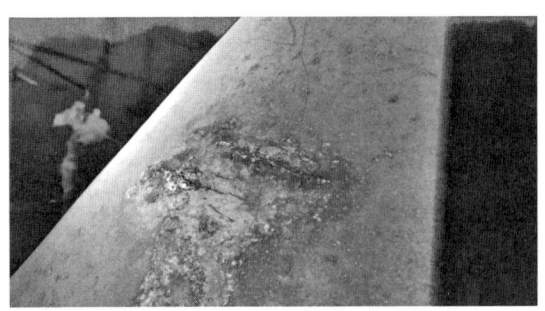

图 2-16 脱氯罐底部卸料管泄漏部位

三、原因分析

（一）直接原因

卸料口管线局部 HCl+H$_2$O 腐蚀，长期运行导致管线出现泄漏。

（二）间接原因

由于烟气介质中含有大量的氯，卸料口管线处于盲端，温度较低，局部形成高浓度 HCl+H$_2$O 腐蚀环境。

（三）管理原因

没有充分认识到盲端积液对管线腐蚀的影响，日常运行期间未采取有针对性的管控措施。

四、整改措施

（1）对泄漏管线进行整体更换。
（2）对该管线进行定期测厚，日常加强该部位的检查。

五、经验教训

（1）装置停工备用时，严格按要求进行吹扫、氮气置换。加强管线保温管理，防止介质中水汽凝结成液体形成氯化物腐蚀环境。
（2）加强对易积液部位的排凝和定期测厚检查。

案例十一　连续重整装置再生黑烧线氯腐蚀泄漏

一、装置（设备）概况

某公司 120×10^{4}t/a 连续重整装置催化剂再生部分采用美国 UOP 公司 CyclemaxⅢ工艺技术，并采用 Chlorsorb 工艺技术回收再生放空气体中的氯，同时设置氯吸附罐将脱氯后放空气送入四合一炉膛，确保再生放空气达标排放。

UOP CyclemaxⅢ超低压工艺，催化剂可实现连续在线烧焦再生，催化剂在烧焦过程中会有部分氯随再生烟气损失，需要对再生后的催化剂注氯以补充再生过程中损失的氯，确保连续重整催化剂保持正常的金属功能和酸性功能。催化剂再生过程中损失的氯伴随再生烟气对再生系统及下游设备特别是不锈钢设备造成严重腐蚀，可能导致设备泄漏，影响装置长周期运行。

二、事故事件经过

2020年10月24日，重整进料开车正常，11月14日，再生系统循环正常，转为白烧运行，停黑烧空气，首日注氯量为2.2kg/h，第二日降至1.3kg/h。

11月17日，岗位人员巡检反再平台顶部时，发现黑烧线至烧焦区入口弯头处局部有烟气泄漏，再生系统紧急停车，检查发现弯头及直管段腐蚀减薄明显（图2-17），随后更换发生腐蚀的弯头及直管段。

 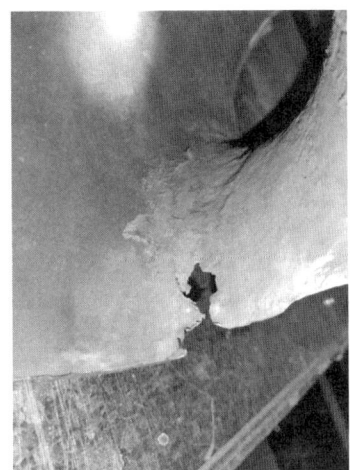

图2-17 黑烧线弯头及相邻直管腐蚀减薄

三、原因分析

（一）直接原因

正常生产过程中，再生放空气中含有约2000~2500mg/L的氯以及10%的水，遇到局部冷点易形成露点氯腐蚀环境，发生泄漏部位位于黑烧线与再生烟气管道低温交界区弯头处，烟气管道露点腐蚀风险高，工艺设计要求烟气管道伴热温度不得低于138℃，由于黑烧线正常生产时该区域无介质流动，管道内部温度低于88℃，形成露点腐蚀环境，管道运行1个月即发生泄漏。

（二）间接原因

黑烧线空气管道至再生烟气管道设计材质为316H，无伴热、保温设计要求，高温烟气在空气管道冷热交界区形成典型的低温氯腐蚀环境，不锈钢管道快速发生腐蚀开裂，属于配管专业设计漏项。

（三）管理原因

（1）催化剂再生系统典型的烟气露点腐蚀机理在行业内非常清晰明确，工艺 PID 流程图中注明黑烧线必须保温，伴热温度为 138℃，但配管施工图中黑烧线无保温、伴热，造成配管施工阶段伴热保温缺失。

（2）管理人员在三查四定阶段未发现烟气与空气管道界面处无保温伴热问题，技术资料审查不严、不细，对烟气系统腐蚀问题不够重视。

四、整改措施

（1）更换黑烧线发生减薄泄漏的弯头、直管段，黑烧线自调节阀 FV3034 至烟气管道部分增加蒸汽伴热、保温，确保该管段温度在 138℃ 以上，避免形成露点腐蚀环境。

（2）由于调节阀 FV3034 至烟气管道部分介质不流动，依然存在低温腐蚀风险，在黑烧线空气调节阀后引入再生专用氮气至黑烧空气线，临时向黑烧线内通入少量氮气，清除烟气，降低腐蚀风险。

（3）委托设计方对黑烧线增设保护氮气流程，当催化剂系统白烧期间通过保护氮气流程注入保护氮气，有效降低烟气在低温、死区聚集风险，彻底解决黑烧线易腐蚀问题。

五、经验教训

（1）重整装置的腐蚀问题非常突出，一旦形成腐蚀环境，在很短时间内就会对设备、管线造成破坏性损伤，需要装置管理人员认真分析、排查、总结腐蚀风险，根据连续重整装置操作规程要求进行有效防护。

（2）装置建设期应对照设计图纸对反再系统所有管道伴热系统进行排查确认，防止施工伴热有遗漏、伴热效果不佳、管道设备外壁保温材料缺失等，出现局部冷点，形成露点腐蚀环境造成设备损坏。

（3）同类装置此部位即使有保温伴热也容易出现氯腐蚀，建议增设氮气吹扫保护，降低腐蚀风险，同时对催化剂再生系统烟气管道、催化剂管道、再生器本体伴热系统彻底排查，对于漏热、保温缺失、盲端易凝液部位及时发现整改，避免形成腐蚀环境损伤设备。

案例十二　连续重整装置中压蒸汽减温减压器故障

一、装置（设备）概况

某公司 120×10⁴t/a 连续重整装置 M-401 为中压蒸汽减温减压器，为抽提蒸馏塔 C-401、溶剂回收塔 C-402、溶剂再生罐 D-404、重整油分离塔 C-204、乙烯汽油分离塔 C-206 提供热源。M-401 是否稳定运行直接影响芳香烃抽提及乙烯汽油塔系统，温度、压力波动会造成溶剂老化变质,产品质量不合格,甚至对蒸汽加热设备造成严重损伤,对装置长周期平稳运行至关重要。

二、事故事件经过

2020年10月,装置开车过程中M-401温度、压力频繁波动,调节阀卡涩,2.0MPa蒸汽减温参数偏离设计。停M-401检查,发现减温器除氧水喷嘴被木屑、颗粒物堵塞(图2-18),造成减温水无法正常注入,温度大幅波动,开工期间减温器喷嘴出现两次堵塞,对抽提系统开工造成极大影响。

图2-18 减温器喷嘴被杂质堵塞

三、原因分析

(一)直接原因

(1)由于M-401主蒸汽管道位于中压蒸汽分水器D-905与中压汽轮机主管道中间,汽轮机主蒸汽管道打靶吹扫时,M-401主蒸汽管道不具备吹扫条件,装置开工前引入中压蒸汽对该管道进行短时间吹扫,管道内大量铁屑、焊渣未彻底吹扫干净,造成减压器调节阀堵塞、卡涩、损伤,导致M-401压力波动。

(2)开工前除氧水管线经过氮气吹扫、除氧水冲洗,但管道清洁度不达标,管道内存积的木屑、颗粒物在6.0MPa高压除氧水冲击下堵塞在减温器喷嘴处,除氧水无法正常注入,造成减温器温度过高。

(二)间接原因

(1)装置建设工期紧张,汽轮机中压蒸汽主管道打靶吹扫与其他中压蒸汽管道吹扫未同步进行,造成蒸汽管道吹扫不彻底。

(2)除氧水至减温器管道未设置过滤器,未充分考虑管道携带杂质堵塞喷嘴的问题,设计审查漏项。

(三)管理原因

(1)装置内中压蒸汽管道打靶吹扫统筹不合理,仅对汽轮机中压蒸汽管道进行彻底打靶吹扫，其他中压蒸汽管道未彻底打靶吹扫，对管道清洁度不够重视，造成减压调节阀损伤。

（2）减温水管道在系统初次投用前未设置临时过滤措施，对减温器内部结构、喷嘴尺寸等详细参数不清楚，未识别出减温水管道清洁度对减温器可能产生的影响，最终造成系统波动，对精密设备设施管理存在盲区。

四、整改措施

（1）中压蒸汽入 M-401 管道部分进行蒸汽吹扫，下游管道在各用汽控制阀前放空吹扫，确保管道内无杂物。
（2）减温水管道大量高压水冲洗，清除管道内杂质。
（3）修复减温减压器压力控制阀、减温水喷嘴，并在除氧水管道增加临时过滤器。

五、经验教训

（1）减温器除氧水进入喷嘴前应设置精密过滤器，防止除氧水管道内携带杂质造成生产波动甚至装置局部停工的被动局面。
（2）装置建设期间蒸汽系统管道应彻底打靶吹扫，涉及精密设备设施系统的管道在吹扫合格后，应使用内窥镜或管道局部断开等方式进行验证。

案例十三　加氢裂化装置原料油反冲洗过滤器频繁反冲洗

一、装置（设备）概况

某公司 $290×10^4$ t/a 蜡油加氢裂化装置以 1# 和 2# 常减压装置的减压蜡油和催化柴油为原料，生产重石脑油、航煤和柴油，副产轻石脑油、干气、低分气、汽提塔顶液和少量未转化油。原料油自动反冲洗过滤器共 4 组，采用筒形多层金属丝网结构，过滤精度为 25μm。

二、事故事件经过

加氢裂化装置原料油反冲洗过滤器在柴油催化剂润湿、长循环时均运转正常，3 月 1 日开始引入罐区冷蜡油以及 3 月 2 日平稳操作时，都出现反冲洗过滤器压差高、频繁反冲洗、反冲洗效果差、无法达到过滤效果的情况。

3 月 1 日，装置按照硫化方案以 65t/h 的速度引入冷蜡油，4h 提量至 260t/h，在初期由于冷蜡油温度偏低、黏度大、管线杂质多，在低流量下出现过滤器压差持续高、反冲洗效果差的现象。

3 月 1 日下午，清理 B 滤筒，并持续反冲洗 A、C、D 滤筒后，再次投用过滤器。在提高冷蜡油进装置流量后，3 月 2 日再次出现压差高、反冲洗效果差现象。

3月2日，引入2#常减压热蜡油、维持冷蜡油管线活线流量后，过滤器频繁反冲洗情况有所好转。

原料油自动反冲洗过滤器滤芯如图2-19所示。

三、原因分析

（一）直接原因

（1）冷蜡油设计压力1.1MPa、温度120℃，实际操作过程中温度为93℃左右，压力在0.9~1.5MPa波动。由于冷蜡油温度较低、黏度大，导致过滤器堵塞压差升高。

（2）罐区至装置管线机械杂质多，且界区管线为下引出，加氢裂化装置引冷蜡油时，大量杂质被带进过滤器。由于压差较高，部分杂质堵塞严重，无法被反冲洗掉，只能通过拆出滤筒使用高压水枪冲洗的方式进行清理。

图2-19 原料油自动反冲洗过滤器滤芯

（二）间接原因

（1）原料油过滤器伴热前期一直不通，3月1—2日由疏水器厂家现场更换阀门的阀杆阀芯后伴热才通畅，在引冷蜡油时过滤器无蒸汽伴热，罐体热量散失多，加剧了蜡油温度低、黏度大的影响。

（2）罐区至装置管线吹扫不干净，导致管线内杂质较多。

（三）管理原因

（1）伴热措施未严格落实，设备投用前检查不到位。
（2）管线内部清理不彻底，管线施工、吹扫环节监管不严。

四、整改措施

（1）拆检原料油反冲洗过滤器，使用高压水冲洗滤芯。
（2）界区3路蜡油进料1#热蜡、2#热蜡、罐区冷蜡线增加篮式过滤器，过滤较大杂质达到保护反冲洗过滤器、进料泵的目的。
（3）完善管道及过滤器本体的伴热保温，尽量减少介质温度的散失。
（4）原料油反冲洗过滤器进出口管线增加甩头，防止以后过滤器出现严重问题时无法在线新增过滤器。

五、经验教训

（1）重油管线及设备保温伴热必须完好，避免影响介质黏度，进而影响设备运行。
（2）管线初次投用时要确保吹扫质量，去除管线内部的锈渣等杂质。

案例十四　加氢裂化装置螺纹锁紧环换热器泄漏

一、装置（设备）概况

某公司 290×10^4 t/a 加氢裂化装置反应产物/热原料油换热器 E-104 共计 4 台，为高—高压螺纹锁紧环换热器，E-104A/B、E-104C/D 两两重叠安装，型号为 DIU1400-19.20/18.05-454-4.2/19-2。

二、事故事件经过

2020 年 2 月 5 日，加氢裂化装置停工退守，系统保持氢气 3.0MPa。2 月 17 日巡检时发现反应产物与热原料油换热器 E-104A 泄漏，用四合一报警仪对 E-104A 的泄漏检查口进行检测，可燃气报警满量程。使用力矩扳手对螺纹锁紧环螺栓进行紧固处理，泄漏情况没有改观，随后对 E-104A 进行了拆检。

三、原因分析

（一）直接原因

经对换热器拆检发现，E-104A 锁紧环由外向内的第三扣外螺纹有一处约 290mm 损伤，内螺纹外向内的第三扣、第四扣内螺纹有约 260mm 损伤，锁紧环内圈压环高出锁紧环基准面约 0.3mm。

对密封盘进行检查发现，密封盘内部压环处形变量不同，一侧变形量较大，一侧变形量较小，在变形较大一侧密封盘 ϕ1159mm 处有 250mm 长的贯穿裂纹（图 2-20）。

密封盘开裂是造成换热器泄漏的直接原因。

图 2-20　E-104A 密封盘裂纹现场图

（二）间接原因

螺纹锁紧环的内圈压紧螺栓出厂前是不上紧的，其作用是防止设备运行过程中出现轻微泄漏时，通过二次上紧内圈压紧螺栓来达到防止内部管束泄漏的目的。

根据 E-104A 拆出的密封盘变形不均匀情况，分析可能内圈螺栓已上紧，且上紧不均匀导致密封盘局部变形。设备在长期高温高压作用下，密封盘发生膨胀变形，对密封盘造成剪切开裂作用，产生局部应力，最终造成密封盘变形区域开裂。

（三）管理原因

设备制造过程监管不到位。

四、整改措施

（1）对换热器进行现场维修，更换密封盘。
（2）对同位号设备进行拆检，未发现异常。

五、经验教训

（1）设备制造厂在制造过程中严控质量关，严格按设备安装要求操作，关键设备做好监造工作。
（2）换热器各泄漏检查孔做好日常检查工作，尤其是在装置开停工或出现波动后应进行检查。

案例十五　加氢裂化装置反应器底部出口法兰泄漏

一、装置（设备）概况

某公司加氢裂化装置反应器为单台设置，采用锻焊结构形式，内径 ϕ4800mm，法兰采用整体式法兰，反应器筒体和本体法兰采用 2 1/4Cr-Mo-1/4V 锻件，内侧 6.5mm 堆焊层，设计压力 18.3MPa，设计温度 454℃，设计寿命 30 年。泄漏法兰位于反应器出口，RJ 法兰，材质为 A182Gr.F347，压力等级为 CL2500，螺栓螺母材质为 A453Gr660/A453Gr660，密封垫片为八角垫，材质为 316。

二、事故事件经过

2010 年 10 月 29 日，装置因联锁停炉，在恢复加热炉的过程中，反应器的入口温度降低约 70℃，反应器的出口温度降低约 60℃，温度的骤然降低导致反应器出口 8 字盲板高压法兰以及反应产物及原料换热器 E-103A 管程出口两对法兰泄漏。

三、原因分析

（一）直接原因

加热炉联锁后温度波动大，导致法兰螺栓预紧力变小，发生泄漏。

（二）间接原因

泄漏的法兰螺栓螺母为高强不锈钢材质（A453Gr660/A453Gr660），在高温情况下，不锈钢螺栓长度较铬钼钢随温度变化较大，介质温度波动大时，螺栓因温变滞后，导致预紧力不足。

（三）管理原因

(1) 操作不当导致加热炉联锁。
(2) 对该材质螺栓性质不了解，未能及时识别出风险。

四、整改措施

(1) 泄漏的法兰更换螺栓和垫片，将螺栓螺母材质更换为铬钼钢 25Cr2MoVA/35CrMoA，增强其抗温变能力，并对相似位置进行力矩核对。
(2) 加强工艺管理，注意平稳操作，避免温度大幅度波动。

五、经验教训

(1) 加强人员培训，提高应急处置能力。在工艺处置过程中要兼顾设备保护，识别可能对设备造成的潜在影响和风险。
(2) 装置建设阶段，高温高压部位要对设备材质等参数进行认真核对分析，评估其运行风险，做好装置的设计审查和评估工作。

案例十六　加氢裂化装置高压换热器管程主密封垫片泄漏

一、装置（设备）概况

某公司加氢裂化装置 E-103A/B/C 为反应产物与热原料油换热器（图2-21），设计压力 17.55MPa，设计温度 454℃，主体材质 12Cr2Mo1+堆焊 E309L+E347，形式为高压螺纹锁紧环换热器。

E-105A/B 为反应产物与冷原料油换热器，设计压力 17.3MPa，设计温度 420℃，主体材质 12Cr2Mo1+堆焊 E309L+E347，形式为高压螺纹锁紧环换热器。

二、事故事件经过

装置开工后 E-103A/B、E-105A 管箱检漏孔处有轻微泄漏，观察口有轻微冒烟。

图 2-21 换热器现场图

三、原因分析

（一）直接原因

主密封垫片压紧力不足，密封不严，导致主密封垫片有轻微渗漏。

（二）间接原因

设计上主密封垫片为金属外环缠绕垫，金属外环缠绕垫密封压比高，需要较高的预紧力。装置开工后，垫片内侧压力升高，内压向外抵消部分预紧力；同时锁紧环外圈紧固螺栓施加的力矩部分用于克服摩擦力。以上两个因素导致作用在垫片上的预紧力不足，出现渗漏。

（三）管理原因

对垫片的选型未能有效评估和比较，垫片选型不当。

四、整改措施

将金属外环缠绕垫片更换为高强波齿垫片，投用后未发现泄漏。

五、经验教训

高压螺纹锁紧环换热器等关键设备应重点关注密封件的设计选型，加强和同类装置的比较，学习和吸取各单位的经验教训。

案例十七　柴油加氢装置硫化过程中高压空冷器泄漏

一、装置（设备）概况

某公司柴油加氢装置设计加工能力为 $220 \times 10^4 t/a$，装置由反应、分馏以及公用工程三部分组成。装置主要加工原料为直馏柴油、FCC 柴油、渣油加氢柴油。脱硫化氢汽提塔顶空冷器设备型号为 GP9×2-6-126-2.5S-23.4/DR-Ⅱ。

二、事故事件经过

2018 年 9 月 24 日，柴油加氢装置催化剂 230℃恒温硫化期间，发现高压空冷器 EA-101 管束与管板焊接位置泄漏（图 2-22、图 2-23），装置被迫停工。随后组织设计院、制造厂、专业腐蚀研究机构对泄漏原因进行分析，由制造厂经过 3 个月重新制造，再次安装后重新开工硫化成功。

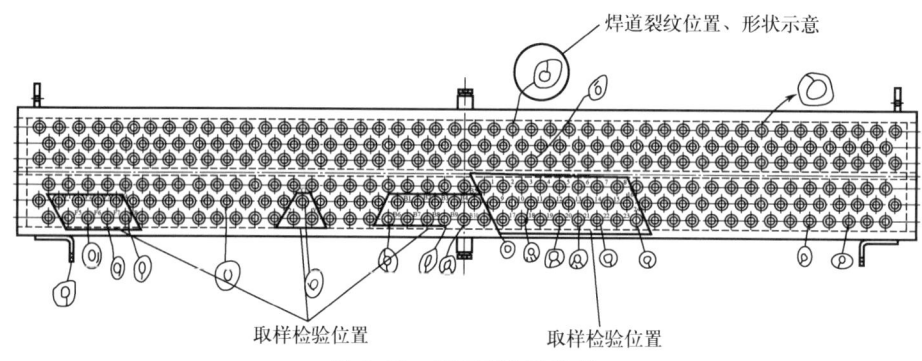

图 2-22　泄漏部位示意图

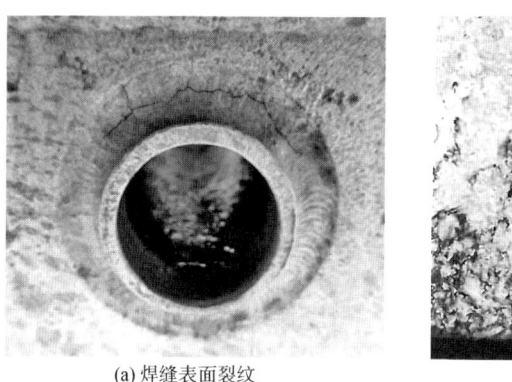

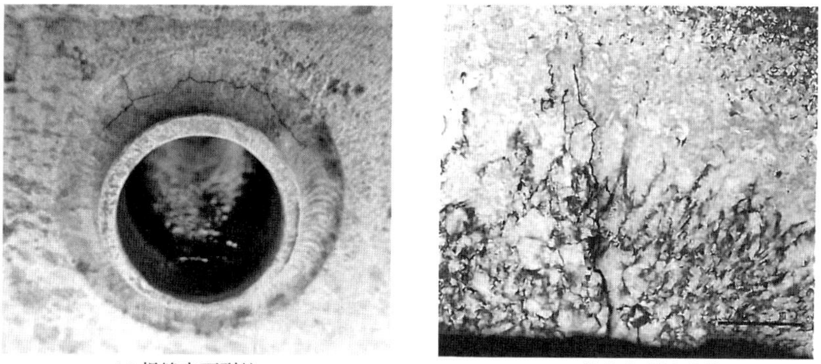

(a) 焊缝表面裂纹　　　　　(b) 50倍放大裂纹形貌

图 2-23　焊缝表面裂纹及放大观察的裂纹

三、原因分析

（一）直接原因

管板与管束焊接部位开裂导致泄漏。

（二）间接原因

（1）经检查分析，在焊缝和管板热影响区出现马氏体组织，说明焊接过程管控不到位，焊接冷却速度控制不当，导致出现不良组织，进而造成硫化氢应力腐蚀开裂。

(2) 焊后热处理不到位，未达到改善组织的效果，焊接残余应力和组织应力均较大。

（三）管理原因

设备制造过程中，设备监造人员对关键质量控制点未监管到位。

四、整改措施

设备制造厂重新修订设备制造技术方案，对焊前预热和焊后热处理工艺进行了改进，具体如下。

（一）焊接接头形式

焊接接头形式均改为倒角外伸，有利于接头强度的提升和使用寿命的提高。

（二）增加焊前预热、焊后缓冷

焊前预热能去除待焊区域的水气和湿气，避免造成焊接气孔，还能降低焊缝的冷却速度，防止接头生成淬硬组织。焊后缓冷能降低焊缝的冷却速度，防止接头生成淬硬组织，且有利于扩散氢的逸出。

（三）热处理工艺要求

经过多次试验，在焊后热处理过程中，降温到400℃后的降温速度对焊缝硬度影响较大。新工艺改变了此段温度控制时间，提高了降温速度，经多次试验确保满足硬度要求。

（四）热处理操作改进

加热带由长带改为短带，加热丝材料进行升级，从而提高加热带单位面积的功率；加热带进行刚性固定，确保使用时能够紧贴待处理管板接头，减少热量散失；热电偶由插入式改为焊接式，能更准确地反映管头焊缝的温度，确保温度的正确性；改进包棉工装和保温方式，防止热量过多散失。

（五）增加产品试板

在空冷制造过程中增加产品试板，要求产品试板随管箱一起预热、焊接、后热且热处理，对试件进行了硬度检测，硬度检测结果满足要求。

五、经验教训

(1) 尽管设计采用管箱材料 Q345R（R-HIC）、管束材料 20 钢，具有较好的可焊性和良好的抗裂纹性能，但由于管束与管板焊缝在焊接后不具备检测条件，如果缺乏成熟的制造经验和质量控制手段，可能会存在局部焊缝硬度过高、残余应力较大的问题。因此，要从制造环节加强管理和监督，确保热处理后焊缝硬度满足设计文件要求。

(2) 在装置硫化期间，面临高浓度 H_2S 环境，极容易造成应力腐蚀开裂，要严格按照执行硫化过程要求操作。在生产过程中，也要尽量将 H_2S 浓度控制在较低水平，保证设备长周期运行。

案例十八　延迟焦化装置高温旋塞阀开工升温期间无法打开

一、装置（设备）概况

某公司 $120×10^4$ t/a 延迟焦化装置，主要加工原料以上游 $1300×10^4$ t/a 常减压装置减压深拔的渣油和催化澄清油的混合料为原料，采用"一炉两塔"焦化流程。装置由焦化部分、吸收稳定部分和双脱部分组成，其中焦化部分主要包括原料换热、反应、分馏及产品换热、放空冷却及冷切焦水处理单元；吸收稳定部分主要包括富气压缩、干气液化气分离及焦化汽油稳定单元；双脱部分包括干气液化气脱硫、液化气脱硫醇单元。

二、事故事件经过

延迟焦化装置转油线和油气线上配置有较多的高温特阀，2018 年装置开工升温期间，焦炭塔 B 塔第二道 DN600mm 油气旋塞阀出现阀芯抱死故障，无法动作。装置内一共有 8 台同类阀门。阀门拆检后如图 2-24 所示。

图 2-24　阀门拆检现场图

三、原因分析

（一）直接原因

阀芯、阀体升温时膨胀不均匀，导致阀芯抱死。

（二）间接原因

高温阀门保温有缺陷，没有进行阀门整体的保温保护。

（三）管理原因

对高温阀门的设备管理存在缺陷，没有考虑温度变化对阀门操作的影响，没有制定针对性的预防措施。

四、整改措施

对阀门部件进行检查，对磨损和磕碰部位进行修复。

五、经验教训

（1）开工前要做好高温阀门的保温。
（2）装置热油运和投料试车升温期间，对高温球阀和旋塞阀定期进行开关检查，保证阀门各部件升温均匀，运转灵活。

案例十九　硫磺回收装置制硫炉及转化器衬里出现裂纹

一、装置（设备）概况

某公司 25×10^4 t/a 硫磺回收装置分为三个系列，公称规模分别为 10×10^4 t/a 硫磺、10×10^4 t/a 硫磺和 5×10^4 t/a 硫磺。制硫单元采用工艺路线成熟的高温热反应和两级催化反应的 Claus 硫回收工艺，酸性气浓度较高，采用部分燃烧法，此法是将全部原料气引入制硫燃烧炉，在炉中按制硫所需的氧量严格控制配风比，使 H_2S 燃烧后生成 SO_2 的量满足 H_2S/SO_2 接近于 2∶1，H_2S 与 SO_2 在炉内发生高温反应生成气态硫磺，未完全反应的 H_2S 和 SO_2 再经过转化器，在催化剂的作用下，进一步完成制硫过程。

二、事故事件经过

硫磺回收制硫炉及转化器按升温曲线完成烘炉后，经检查发现衬里存在以下问题：

（1）制硫炉炉体侧面两处人孔砖开裂；炉内环向砖出现裂缝，宽约2cm；炉内多处全周环向及径向长裂缝，裂缝宽1cm，深度可看到里面一层的砖体；废热锅炉迎火面陶瓷保护套管有19根存在纵向和轴向开裂情况。

（2）尾气炉杜克燃烧器火检仪的观察孔部分被遮挡；锥段外圆衬里椭圆度检查偏差较大；二级风进口处衬里砖有裂缝。

（3）转化器衬里出现不同长度的细小裂纹，裂纹最宽处为2.5mm，最长约1.2m；装剂口及卸剂口内侧衬里敲击空响。

三、原因分析

（一）直接原因

衬里施工质量差，在烘炉热胀和停炉降温冷缩过程造成衬里损坏。

（二）间接原因

衬里施工人员技术能力水平参差不齐，未有效保证施工质量。

（三）管理原因

建设单位对衬里施工关键质量控制节点管控不到位。

四、整改措施

对衬里重新修复后投用正常，主要维修项目为更换破裂的陶瓷保护套管，衬里裂缝过大的地方采用耐火胶泥混合陶纤封堵和修复。

五、经验教训

硫磺装置制硫炉及转化器衬里质量直接影响装置的平稳运行，项目建设过程中应加强对衬里施工的过程管控，对关键质量控制节点制定严格的验收标准和流程。

案例二十　硫磺回收装置制硫余热锅炉管板泄漏

一、装置（设备）概况

某公司硫磺回收装置制硫余热锅炉E-101、E-201用于回收制硫炉余热并产汽，同时对高温烟气进行冷却。工作压力4.3MPa，工作温度256℃；管程介质为硫化氢、二氧化硫、水等，壳程介质为除氧水、蒸汽。该设备迎火面设计为挠性管板结构，材质为Q345R，直径ϕ3050mm，厚度30mm，管束规格ϕ45mm×5mm，材质20G。迎火面安装有耐火重质浇注料、管口安装瓷保护套管，工作温度1250℃。

二、事故事件经过

E-101、E-201 失效现象及故障形式一致，以 E-101 的失效情况为例，事故事件经过如下。

2020 年 3 月 5 日制硫余热锅炉 E-101 发生泄漏。打开人孔检查发现，入口管板可见明显泄漏痕迹，四周衬里有脱落，衬里脱落处部分管口出现开裂。衬里拆除后累计发现开裂管口 23 处，表现为沿管口径向呈放射状的贯穿裂纹，衬里未脱落部位管板也发生了开裂（图 2-25）。此外，衬里拆除过程中，未见管板与衬里之间陶纤纸的痕迹，管板表面保温钉基本全部腐蚀。

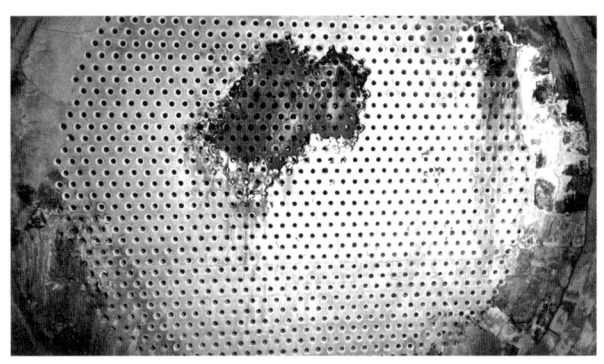

图 2-25　失效管板形貌

三、原因分析

（一）直接原因

对脱落部位管板做金相分析，分析结果为管板显微组织没有明显劣化，管板的宏观断口和微观断口均发现疲劳特征。结合实际工况，余热锅炉泄漏原因为管板热疲劳开裂。管板热疲劳开裂可能是由于衬里开裂，管板受热不均造成的。

（二）间接原因

（1）衬里的三氧化二铝含量偏低，施工质量差。
（2）管板和衬里间缺少陶纤纸，衬里与管板直接接触，管板变形直接作用在浇注料上，增加衬里开裂风险。

（三）管理原因

衬里采购质量把关不严，施工过程管控不到位。

四、整改措施

更换失效的余热锅炉，按照设计要求安装陶纤纸，加强衬里施工质量管控。

五、经验教训

（1）在选材和施工上，重点关注浇注料三氧化二铝含量、施工和烘干过程以及陶纤纸的安装，以降低开裂敏感程度。

（2）操作时需要避免频繁、过大的温度波动。

案例二十一　硫磺回收装置硫磺解析塔顶后冷器泄漏

一、装置（设备）概况

某公司硫磺回收装置 Cansolv 脱硫单元采用康索夫有机胺吸收解吸法脱硫工艺，来自预洗涤单元冷却的烟气分别进入各自的 SO_2 吸收塔，通过吸收剂的吸收，净化后的烟气中 SO_2 含量<100mg/m³，达到排放要求，排放烟囱。三系列吸收塔产生的富吸收剂共用一台解吸塔，解析塔采用常规的热再生工艺，解析塔顶得到的 SO_2 气体，经塔顶空冷器，再到塔顶后冷器 E-133，返回制硫燃烧炉回收，塔底的贫吸收剂送至吸收塔循环使用。

二、事故事件经过

2018 年 11 月，尾气处理单元贫吸收剂储罐液位开始持续上涨，经排查，解析塔顶后冷器 E-133 循环水侧有 SO_2 介质排出，判断 E-133 发生内漏，立即停止再生。将换热器进行拆解，打开壳程封头，发现管束小浮头下部有 7 根螺柱已腐蚀断裂，螺母散落，确定泄漏的部位为小浮头法兰。

三、原因分析

（一）直接原因

经核查图纸，小浮头法兰螺母及螺柱均应采用 S30408 材质，现场核实，螺柱材质与设计不符。

（二）间接原因

换热器未严格按照设计图纸制造，螺栓材质使用错误。

（三）管理原因

建设单位未对设备进行监造，未能在前期发现螺栓材质用错问题。

四、整改措施

（1）按照图纸要求将螺栓全部更换为 S30408 材质，设备回装试压合格。

(2) 排查其他设备，发现溶剂再生塔顶后冷器 E-602 及 E-702 同样存在浮头螺栓材质不符合设计情况，同步处理完成，消除隐患。

五、经验教训

装置建设时注意核实设备选用材质是否与设计相符，尤其内构件等部位应重点检查。

案例二十二 硫磺回收装置碱液线焊道泄漏

一、装置（设备）概况

某公司 $25×10^4$ t/a 硫磺联合硫磺回收装置以酸性水汽提装置和溶剂再生装置所产的酸性气为原料，回收酸性气中的含硫物质，生产出合格的工业硫磺，烟气经预洗涤及 Cansolv 单元处理后最终达到国家环保要求排放。本装置使用碱液对硫磺尾气处理单元的稀酸及废水进行中和，确保废气、废水达标排放。

二、事故事件经过

硫磺回收装置碱液线设计运行介质为 20%碱液，管线材质为 20#碳钢，该管线运行过程中频繁出现焊道泄漏情况。

三、原因分析

（一）直接原因

碱液线在较高的碱液浓度和温度下，在焊道应力集中部位发生应力腐蚀开裂（碱脆）。

（二）间接原因

（1）管线设计运行介质为 20%浓度碱液，由于本装置用碱液为外购，实际碱液浓度为 30%~40%，超过设计浓度。

（2）碱液管线配套安装有热媒水伴热，温度约 90℃，伴热线与主管线安装距离过近，未有效分离，主管线局部温度高，造成碱液线焊道处于碱脆敏感区，运行中发生泄漏。

（三）管理原因

管理人员未及时辨识出碱脆的风险。

四、整改措施

（1）对泄漏焊道采取补焊措施，并对焊道进行热处理。

(2) 在主管线焊道和伴热线之间设置隔离，使管线焊道处温度远离碱脆敏感区。
(3) 适当控制碱液浓度。

五、经验教训

碱液线的安装应严格按照设计要求，控制好施工质量，重点关注伴热温度对焊道的影响，主管线与伴热线安装距离应合理，如有必要设置隔离措施，防止局部温度过高。按照设计要求，采购合适浓度的碱液。

案例二十三　硫磺回收装置文丘里塔内衬层焊道腐蚀泄漏

一、装置（设备）概况

某公司硫磺回收装置尾气处理单元采用文丘里冷却组合塔对尾气焚烧单元的高温烟气进行冷却、洗涤。该设备采用Q345R+S31254（10mm+3mm）材质的复合板，覆层使用的S31254不锈钢是一种超级奥氏体不锈钢，其组织为纯奥氏体，具有良好的耐腐蚀性能。该设备工作介质为稀硫酸、SO_2、SO_3等，工作压力0.01~0.016MPa，入塔烟气温度300℃，经冷却洗涤后的烟气温度38℃。

二、事故事件经过

2019年5月9日，3#硫磺回收装置文丘里冷却组合塔C-321首次出现泄漏，泄漏位置为文丘里段弯头焊道。停工检修过程中C-321共补焊处置约70余处。

2019年8月9日，1#硫磺回收装置文丘里冷却组合塔C-121文丘里段末端焊道发生泄漏，经检查发现，文丘里塔筒体角焊缝腐蚀穿孔泄漏。C-121共进行两次专项检修，共补焊处理约120余处。

2019年11月7日，1#硫磺回收装置文丘里冷却组合塔C-121入口法兰泄漏，后经拆检确认为入口喷淋器损坏，导致酸液流向改变冲刷入口管线，介质自法兰处泄漏。现场采取处置措施为喷淋器重新制作，更换冲刷减薄的入口弯头及法兰。

2#硫磺回收文丘里塔C-221结合3#硫磺回收装置和1#硫磺回收装置文丘里冷却组合塔泄漏情况，进行预防性检修，共补焊约40余处。

三、原因分析

（一）直接原因

（1）制造过程焊接质量控制不到位，造成不锈钢内衬层焊道出现深度敏化现象，进而耐腐蚀性下降，焊道出现腐蚀穿孔。

（2）现场塔器组对过程中，局部铁离子污染也是降低不锈钢内衬层焊道耐腐蚀性能的重要原因。

（3）1#文丘里塔 C-121 入口喷淋器脱落是由于角焊缝焊接质量不合格造成。

（二）间接原因

三台文丘里塔均出现焊接质量问题，设备制造与现场施工质量管理不到位。

（三）管理原因

建设单位未对设备制造和现场施工进行有效监督。

四、整改措施

（1）对泄漏部位补焊处理，在停工检修期间全面检查设备内部焊道，对存在缺陷的部位及时进行修复。

（2）日常加强检查与测厚排查工作。

五、经验教训

S31245 材质在硫磺回收装置应用较少，需重点关注复合板材质的焊接质量。

案例二十四　硫磺回收装置蒸汽过热器膨胀节露点腐蚀

一、装置（设备）概况

某公司硫磺回收装置蒸汽过热器 E-107/E-207/E-307 用于回收尾炉烟气余热。该设备烟气侧入口温度 640℃，出口温度 440℃，工作压力 0.008MPa，操作介质为 SO_2、SO_3、氨、水等。过热器后部设有单波纹管膨胀节，并与尾气废热锅炉连接，用于补偿设备热应变，膨胀节外径 ϕ3582mm（3#ϕ3182mm），设计壁厚 6mm，材质 S32168（图 2-26）。过热器与膨胀节由厂家整体供货，膨胀节与尾气废热锅炉为现场组对。

二、事故事件经过

2019 年 5 月，3#硫磺蒸汽过热器 E-307 膨胀节首次发生泄漏，泄漏点均位于膨胀节波峰过渡部位，共两处，现场贴板修复。

2020 年 10 月，3#硫磺蒸汽过热器 E-307 再次发生泄漏，漏点有两处，一处位于原贴板焊道部位，另一处为新增漏点，本次同样采取贴板修复处理。

2021 年 2 月，E-107 膨胀节保温层缝隙有盐类物质渗出，拆除保温后确认该膨胀节发生泄漏。

膨胀节泄漏情况如图 2-27 所示。

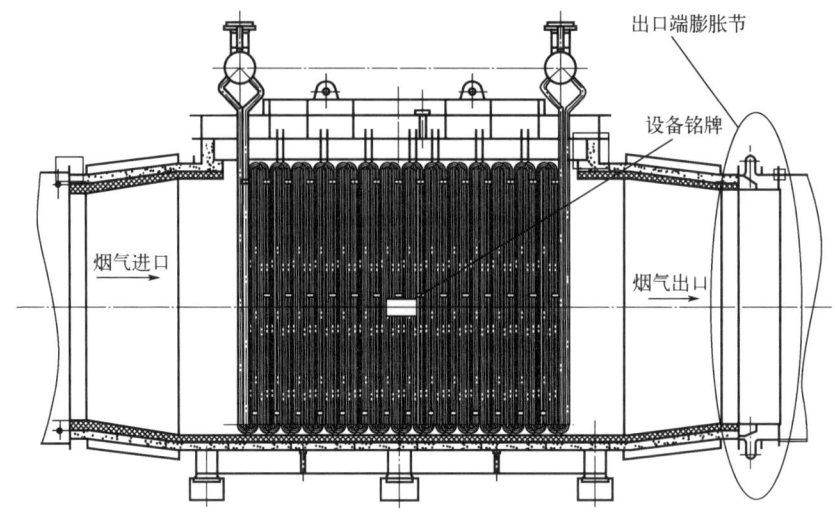

图 2-26 膨胀节示意图

图 2-27 膨胀节泄漏现场图

三、原因分析

（一）直接原因

由于尾气炉烟气中含有大量的水汽、SO_2 和少量的 SO_3，在低温情况下发生露点腐蚀，首先在波膨胀节峰处发生腐蚀泄漏。通过调研其他单位，很少出现膨胀节泄漏的情况。分析原因有两点：一是与膨胀节的结构有关，本装置膨胀节有内衬筒，会阻挡烟气热量向表面传递，导致表面温度偏低；二是本装置的尾气炉焚烧的是制硫尾气，设计硫含量为 0.8%，水含量 28.6%，远高于其他单位，更易发生露点腐蚀。

（二）间接原因

（1）膨胀节设计结构不合理，易形成露点腐蚀环境。
（2）运行工况偏离设计指标。

（三）管理原因

防腐蚀管理经验不足，未辨识出该部位存在露点腐蚀的隐患。

四、整改措施

（1）膨胀节波纹管材质升级至 Incoloy825，提高对露点腐蚀的耐受能力。

（2）重新核算波纹管结构尺寸，确保热辐射能够将该结构部位温度提升到露点温度以上，消除形成露点腐蚀的不利因素。

（3）原膨胀节未设计保温，现场测量外壁温度约 80℃，为提高其内部温度，在膨胀节部位增设保温。

五、经验教训

硫磺回收装置需关注露点腐蚀问题，对于易发生露点腐蚀部位，必要时增设保温，提高运行温度，并考虑材质升级措施。

案例二十五　硫磺回收装置尾气炉开工升温初期点火多次失败

一、装置（设备）概况

某公司 $26×10^4$ t/a 硫磺回收装置尾气焚烧炉火嘴及点火系统为国外某公司生产，瓦斯在进入点火枪前经过一个自力式减压阀进行减压后再进入点火枪。

二、事故事件经过

2014 年 8 月，$26×10^4$ t/a 硫磺尾气炉开工前进行烘炉，在点火升温过程中，多次出现点火失败问题，无法点着燃烧器火嘴。经检查确认 SIS 联锁逻辑无问题、瓦斯组分无问题、电气反馈信号无问题、切断阀开关无问题，最后判定为点火枪的瓦斯进料量可能不足。通过拔出点火枪进行试验，发现点火枪打火后瓦斯量基本为零，于是逐一排查点火瓦斯流程，最终确定为自力式减压阀压力调节设置不当，导致瓦斯流通量过低，点火失败。

三、原因分析

（一）直接原因

自力式减压阀瓦斯通过量小，无法在点火嘴处被点燃。

（二）间接原因

瓦斯自力式减压阀压力调节不当，导致瓦斯流通量过低。

（三）管理原因

三查四定不严，经验不足，在联锁调试和点火枪试验时没有发现瓦斯流量小的问题。

四、整改措施

调节自力式减压阀，增大瓦斯流量后重新点火正常。

五、经验教训

新装置投用前做好装置联锁调试和点火枪试验工作，及时发现问题并解决。

案例二十六　新建硫磺回收装置地基沉降问题

一、装置（设备）概况

某公司硫磺回收联合装置位于蜡油加氢裂化装置西侧，火车装运站东侧。南侧为延迟焦化装置，北侧为污水处理场及事故水池，联合装置位于厂区边缘且紧靠铁路装运站，方便硫磺产品外运。装置占地 221m×260m＝57460m²。硫磺回收联合装置公称规模为酸性水 300t/h，分为两个系列，单系列处理规模酸性水 150t/h。酸性水汽提Ⅰ处理非加氢型混合酸性水，酸性水汽提Ⅱ处理加氢型混合酸性水。富胺液 1500t/h，分为三个系列，单系列处理规模富胺液 500t/h。胺液再生Ⅰ处理非加氢型混合富胺液，胺液再生Ⅱ和Ⅲ处理加氢型混合富胺液。硫磺回收 30×10^4 t/a，其中硫磺回收Ⅰ、硫磺回收Ⅱ规模均为 12×10^4 t/a；硫磺回收Ⅲ、硫磺回收Ⅳ规模均为 6×10^4 t/a，两者互为备用。

二、事故事件经过

从 2014 年土建施工开始起，一年两次对装置建构筑物进行沉降观测，分雨季前、雨季后两次。该装置 2016 年上半年陆续发现各装置出现不同程度的沉降，沉降量在 50～258mm 之间。最大沉降区域位于管桥 1U-25 轴独立基础位置，沉降量为 258mm，且处于不断发展之中。为便于说明，以 6#构筑物（以下简称构 6）为例（图 2-28）。

该构筑物为 3×4 跨、4 层钢结构（重约 500t），每层均安装有设备（约 600t），总重约 1160t。南北、东西每跨间距均为 6m，构筑物总高度 29m。上部钢构件间采用焊接连接，钢柱与基础顶面间采用地脚螺栓连接。

构 6 基础累积沉降最大超过 200mm，结构倾斜约 5‰～6‰，方向北略偏西，北边沉降较大，西边次之（图 2-29）。H 型钢柱在 4 层扭转角度达 3°～4°，结构不满足规范要求。

第二章 静设备

图 2-28 构 6 现场图

由于该构架的各种设备设施已经安装到位,而整个构件又出现如此大的倾斜,部分构件在正常生产状态下应力比超 1.0,影响正常生产,需要对该构架进行纠偏加固。由于其本身既有倾斜又有扭转,变形引起部分构件应力比较大,且纠偏过程中结构上的各种设备设施及管线不能拆除,经过综合论证,决定进行原位顶升纠偏加固处理。

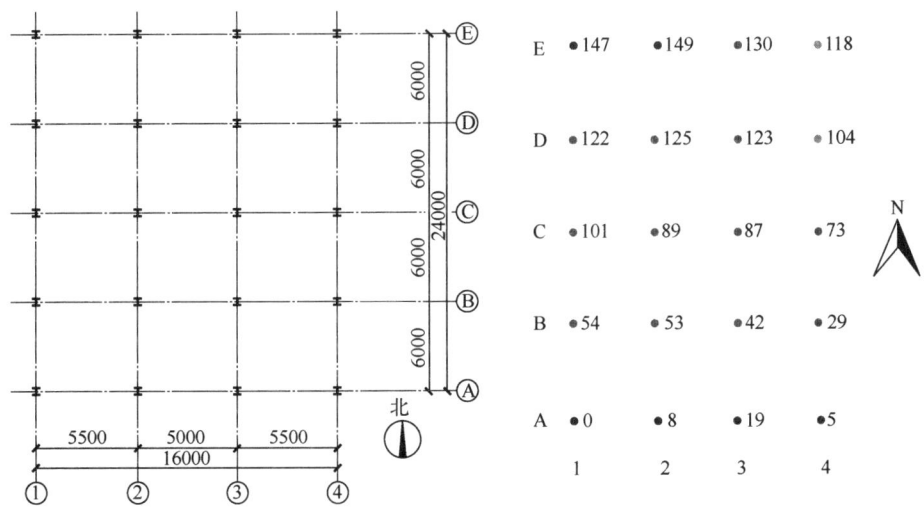

图 2-29 构 6 基础相对沉降图

三、原因分析

(一)直接原因

填土地基含水量增加,是发生较大沉降及不均匀沉降现象的直接原因。2014 年开始,该地区降雨量较过去 50 年明显增加。场区的初勘、详细勘察、场平土方工程、强夯处理

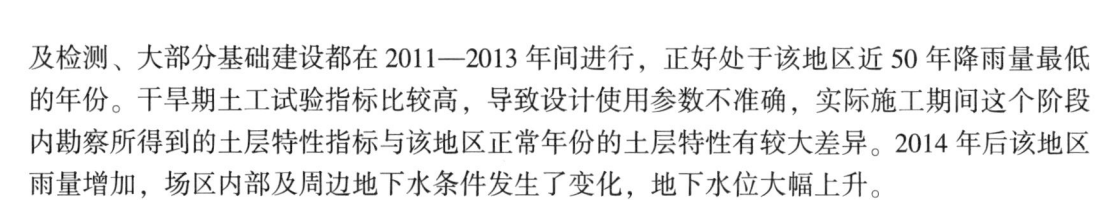

及检测、大部分基础建设都在2011—2013年间进行，正好处于该地区近50年降雨量最低的年份。干旱期土工试验指标比较高，导致设计使用参数不准确，实际施工期间这个阶段内勘察所得到的土层特性指标与该地区正常年份的土层特性有较大差异。2014年后该地区雨量增加，场区内部及周边地下水条件发生了变化，地下水位大幅上升。

（二）间接原因

（1）填土中遇水软化的黏性土是产生不均匀沉降的主要原因之一。填土层主要由夯实红黏土构成，局部红黏土具有弱膨胀性，分布不均匀。土体具有干强度高、干后易收缩、结构不稳定、手捏易分散的特性。强夯后裂隙分布较多，浸水后强度急剧降低，具有明显的湿化软化特性。

（2）填土厚度较大且不均是造成不均匀沉降的原因之一。

（3）原状土层中不均匀分布的软弱土层在填土、构筑物荷载下也能发生沉降及不均匀沉降现象。

（三）管理原因

管理人员对于地基沉降专业知识掌握不够深入。

四、整改措施

首先，为全面分析基础产生较大沉降和差异沉降的原因，立项组织实施某公司1300×10^4t/a炼油项目地基基础沉降变形咨询项目，对所采取的沉降处理措施及有效性进行全面评估及建议；对地下溶洞的状况及所采取的措施进行全面评估并提出建议；对加固处理后（含未加固区域）将来是否会继续产生沉降进行全面评价；提出对全厂正常生产后可能出现沉降问题需要采取的应急措施；提出防止后续再次出现类似沉降问题的预防措施；场区周围道路、高地的水对场区地基的影响（场区地下水位变化对建构筑物的影响）；根据可能出现的沉降，对沉降观测点的设置提出建议。项目保证在投产运行前排除基础不均匀沉降的安全隐患，以及投产后不因基础不均匀沉降影响安全运行。

其次，委托国内某建筑设计研究单位出具加固方案。2016年8月邀请国内、省内相关专家及相关单位技术员负责人召开地基加固方案论证会，确定采用高压旋喷桩及锚杆静压桩两种方式对地基进行加固。此次地基加固前后共进行了两次，分别为2016年8月9日—2016年12月20日和2017年4月12日—2017年6月30日，对硫磺联合装置除构9（硫磺单元胺液再生）外所有的框架和设备基础都进行了加固，共完成旋喷桩2575根，锚固桩527根，对28台塔器容器，71台转动设备，12处钢结构平台，4处管廊下的所有支柱进行了加固和纠偏工作，其中由于构6倾斜严重，委托研究院经过核算后进行整体钢结构的纠偏，纠偏过程中没有发生任何安全质量问题，纠偏后整个框架满足了施工规范的要求，达到了预期。

最后，委托某公司对构6采用同步顶升纠偏与监测加固方案。使构6倾斜纠至1‰以内，大部分柱子的轴力下降，各柱子基础差异沉降由0.3‰~9.0‰下降至0.4‰~3.6‰，柱子应力比（正常操作工况）由0.65~1.28下降至0.43~0.89，满足结构使用的要求。顶升现场施工如图2-30所示，应力监测分析现场图如图2-31所示。

图 2-30 PLC 同步自动顶升

图 2-31 应力监测实时采集

五、经验教训

（1）对于大面积回填场地，地基承载力受外部环境因素影响较大，尤其雨季降水影响，在施工期间应给予重视。

（2）施工过程中在场区排水系统尚未形成以前，应仔细评估回填后场地的长期承载能力。

（3）尽量选择受水环境影响相对较小的透水填料作为场区的主要填筑材料。

（4）对处于超厚并采用强夯回填场地区域的构筑物，基础形式的选择应仔细评估，尽量避免直接采用天然地基作为基础持力层，可选择地基处理或桩基础形式，确保后期构筑物的变形稳定。

案例二十七 溶剂再生及酸性水汽提装置空冷器管线焊道泄漏

一、装置（设备）概况

某公司硫磺回收联合装置 900t/h 溶剂再生装置包括 2 套 300t/h 加氢型溶剂再生和 1 套 300t/h 非加氢型溶剂再生三个系列。酸性水汽提装置包括 1 套 140t/h 加氢型酸性水汽提和 1 套 40t/h 非加氢型酸性水汽提两个系列。溶剂再生和酸性水汽提装置空冷器共计 22 台，其中 18 台用于溶剂再生塔塔顶酸性气冷却，4 台用于酸性水汽提塔塔顶酸性气冷却。

二、事故事件经过

图 2-32 泄漏部位形貌

1#/2#溶剂再生装置为加氢型溶剂再生装置，塔顶空冷器 EA-601A~F 和 EA-701A~F 入口温度 112℃，出口温度 55℃，工作压力 0.092MPa，介质为硫化氢（95.47%）、水（4.4%）和烃类（0.13%）。溶剂再生装置于 2019 年 4 月 13 日投用，运行至 6 月 30 日空冷器共发生 5 台次泄漏，泄漏部位均为空冷器出口接管及放空接管焊道（图 2-32）。1#酸性水汽提装置为加氢型酸性水汽提装置，于 2019 年 4 月 22 日投用，工艺环境与溶剂再生塔顶空冷类似，运行至 6 月 30 日空冷器共发生 2 台次泄漏。泄漏初期为焊道砂眼，后期发展为贯穿性裂纹。

三、原因分析

（一）直接原因

空冷管箱材质为 07Cr2AlMoRE（HS），厚度为 30mm；接管材质为 09Cr2AlMoRE，厚度为 15mm，焊缝使用的焊材为 GER-357。经检测，泄漏处焊道硬度远高于 200HB 以上，与空冷器随机资料中给出的硬度不符。以上空冷器均使用在涉硫化氢环境，在高浓度湿硫化氢环境下焊道部位发生硫化物应力腐蚀开裂造成泄漏。

（二）间接原因

设备制造质量缺陷，热处理不合格。

（三）管理原因

建设单位未对该设备进行监造，关键质量节点把控不严。

四、整改措施

空冷器厂家对全部 22 台空冷无条件更换，空冷器更换后运行情况良好，泄漏问题得以解决。

五、经验教训

（1）硫磺回收装置应关注湿硫化氢环境下的应力腐蚀风险，设备出厂热处理过程必须真实可靠。

（2）验收时对到货设备焊道硬度进行抽检，确保硬度指标合格。

案例二十八　酸性水汽提装置汽提塔顶空冷器出口管线泄漏

一、装置（设备）概况

某公司酸性水汽提装置为加氢型，采用单塔全抽出工艺，运行期间塔顶酸性气空冷器出口管线多次发生腐蚀泄漏。出口管线设计材质为 20#（GB9948，ANTI-H$_2$S），工作温度 90℃，工作压力 0.15MPa，管内介质为 H_2O（30%）、H_2S（30%）、NH_3（30%）和 CO_2（10%）。

二、事故事件经过

2020 年 3 月 6 日，酸性水汽提装置 EA-401A 出口管线首次发生泄漏（图 2-33），原因分析为硫氢化铵存在下的酸性水冲刷腐蚀，并造成大面积减薄，随后对 EA-401A/B 出口管线进行更换，本次维修未对材质进行升级。对本装置其他部位存在腐蚀隐患的管线及设备进行排查，未发现腐蚀隐患。

2021 年 5 月 20 日，该空冷器出口管线再次发生泄漏，腐蚀形态及机理与之前相同，

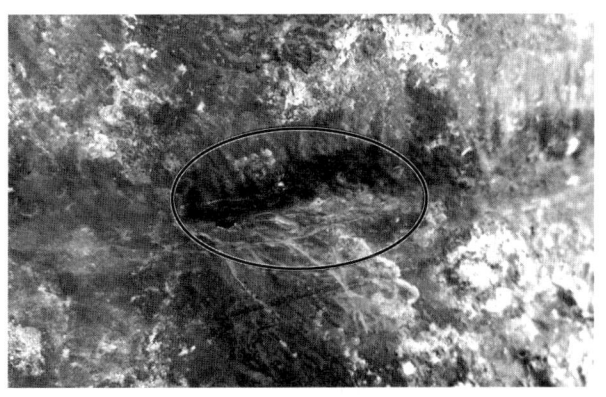

图 2-33　漏点部位外貌

本次维修将 EA-401A/B 出口管线材质升级为 316L，同时增加管线壁厚。

三、原因分析

（一）直接原因

从测厚情况及漏点位置来看，减薄区域分布及减薄程度有一定差异，漏点位置都位于焊道处，减薄部位呈区域性特征，结合装置运行工况，判断泄漏直接原因为硫氢化铵冲刷腐蚀导致。

（二）间接原因

(1) 汽提塔顶冷凝冷却系统含有大量的 H_2S、NH_3、H_2O，在经过空冷冷却后，温度由 116℃ 降低到 88℃，大部分水冷凝成液相，H_2S 和 NH_3 溶于水后形成碱式酸性水腐蚀（硫氢化铵腐蚀）环境。

(2) 根据装置运行参数进行计算，空冷出口气相流速为 3m/s，硫氢化铵浓度为 10.27%，腐蚀速率较高。经测厚管道减薄量为 3mm，管道投用 5 个月 20 天，减薄速率约 6mm/a。

(3) 管道腐蚀初期以碱式酸性水冲刷腐蚀为主，腐蚀产物为 FeS。减薄泄漏的管道内侧减薄程度比外侧减薄程度更大，说明存在局部流态的变化，存在偏流或湍流度的升高，在局部出现腐蚀加剧的情况。由于焊道内表面不平，在焊道处的冲刷腐蚀尤其剧烈，导致穿孔泄漏。腐蚀产物增多后出现固体沉积物，并且在系统中不断循环，随着腐蚀进程的进行，固相腐蚀产物浓度升高，进一步加剧了对管道的冲刷腐蚀。

（三）管理原因

对装置腐蚀机理认识不深刻，未辨识出该部位存在冲刷腐蚀泄漏的风险。

四、整改措施

升级出口管线材质为 316L，同时增加管线壁厚，运行中未再发生泄漏。

五、经验教训

酸性水汽提装置需重点关注硫氢化铵冲刷腐蚀问题，尤其是装置材质等级较低的部位，需加强工艺防腐及监测检测措施。

案例二十九　溶剂再生装置再生塔顶后冷器壳体腐蚀减薄

一、装置（设备）概况

某公司溶剂再生装置再生塔顶后冷器 E-602 为浮头式换热器，用于冷却塔顶气相组分,壳程介质硫化氢,管程介质循环水。该设备壳程操作压力 0.09MPa,换热前后温度分别为 55℃/40℃,壳体材质为 Q245R,设计壁厚为 14mm。

二、事故事件经过

2020 年 7 月 21 日,经测厚排查发现 E-602 酸性气入口管道补强圈下部壳体存在区域性减薄(图 2-34),配套工艺管线材质为 S31603,经测厚未出现减薄情况。设备检修期间,确认壳体内部存在严重的冲刷腐蚀现象(图 2-35)。

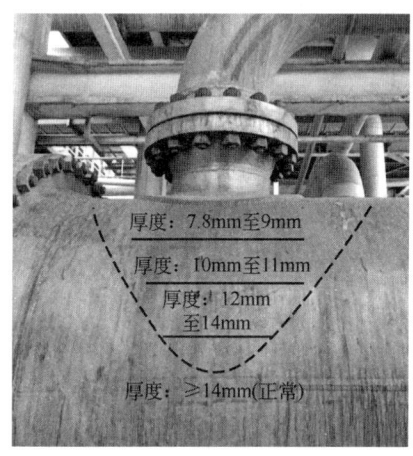

图 2-34 E-602 壳体减薄情况

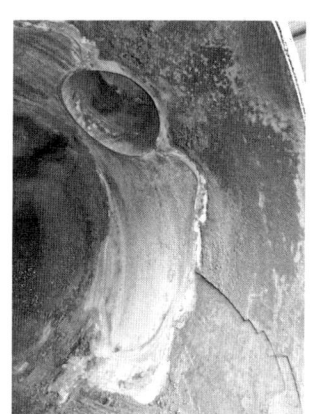

图 2-35 E-602 壳体内部腐蚀部位形貌

三、原因分析

(一)直接原因

E-602 运行介质为高浓度湿硫化氢,气相流量为 1000~3000Nm^3/h,氨氮含量为 1100~6200mg/L,硫化氢含量为 8.9%(体积分数),为典型的硫氢化铵冲蚀环境,同时介质中含有少量固态悬浮物,形成气液固三相流冲刷腐蚀环境。

腐蚀性流体在换热器内流经防冲板后,流体流态发生改变,冲刷两侧壳体部位,长时间运行导致壳体冲蚀减薄。

(二)间接原因

装置实际运行工况偏离设计指标,运行工况苛刻,多相流与冲刷腐蚀情况严重。

(三)管理原因

未识别出该部位存在的硫氢化铵冲刷腐蚀风险。

四、整改措施

(1)壳体贴板补焊后热处理,内部鼓泡位置打磨,并参照其他单位同类型故障处理方案,将换热器管束临时抽出运行。

(2) 积极采取工艺防腐措施,降低腐蚀速率。对胺液进行过滤净化,减少胺液中的悬浮物。溶剂再生回流液分流一定比例至酸性水汽提处理,降低硫氢化铵积累浓度,增大回流液采样分析频次,监控硫氢化铵浓度变化并及时调整。

(3) 排查同类工况同类型设备和管线减薄情况,加强运行过程管控,每月测厚一次。

五、经验教训

溶剂再生装置需重点关注硫氢化铵冲刷腐蚀问题,加强易冲蚀部位的定期隐患排查。工艺专业应积极采取措施降低腐蚀性介质浓度,避免硫氢化铵在系统中累积。

案例三十 胺溶剂再生装置减温减压器除氧水流量不足

一、装置(设备)概况

某公司胺溶剂再生装置 1.0MPa 蒸汽减温减压器 M-501 的作用是把管网 1.0MPa 低压蒸汽减压至 0.35MPa 后,并入蒸汽管网供溶剂再生装置汽提使用。

二、事故事件经过

胺溶剂再生 1.0MPa 蒸汽减温减压器 M-501 满负荷运行时,所需除氧水量为 2.84t/h。在 700t/h 溶剂再生和 600t/h 溶剂再生装置开工后,投用 M-501 减温减压器后,发现除氧水温控阀 100%全开时,除氧水流量最大只有 1.8t/h,满足不了减温要求,导致减温减压后的 0.35MPa 蒸汽温度过高,对加热再生的胺液系统造成了一定影响。经仔细分析并多次试验,排除了除氧水调节阀、过滤器和单向阀的问题。拆开入 M-501 前除氧水最末端法兰短节,发现流量可达到 5t/h,确定除氧水不足的原因是减温减压器内部的除氧水喷嘴结构堵塞或者开孔过小。割开蒸汽主管线进行检查,确认为喷嘴开孔过小。

三、原因分析

(一) 直接原因

减温减压器除氧水喷嘴开孔过小。

(二) 间接原因

减温减压器没有按照设计数据要求进行制造。

(三) 管理原因

设备到货验收把关不严,设备单试没有及时发现问题。

四、整改措施

经减温减压器厂家校核后,对除氧水喷嘴进行了重新钻孔扩径,增大除氧水流量,调整后减温减压器 M-501 投用正常。

五、经验教训

设备选型和采购应严格按照设计参数执行。在设备到货后,要认真核对设备技术参数。设备调试过程中,检查其关键运行参数是否达标,确保满足实际生产要求。

案例三十一 异构化装置轨道球阀内漏

一、装置(设备)概况

某公司异构化装置建设规模为 $40×10^4$ t/a,装置主要产品为异构化油,年产 $42.51×10^4$ t,副产品是释放气。装置采用 UOP 的 Penex 低温异构化技术,采用一次通过式流程,设置氢气及原料油干燥器,有效脱除原料中的水分,设置两台加氢反应器,装填高活性异构化反应催化剂。装置由烃分离部分、反应部分(包括原料预处理、异构化反应、稳定塔和脱氯塔)组成。

二、事故事件经过

异构化装置 DRCS 系统设有 87 台轨道球阀,为气动驱动。在 DRCS 系统调试时,43 台轨道球阀陆续出现内漏,导致混氢中断,干燥程序无法执行。

三、原因分析

(一)直接原因

在阀门试压站,将内漏阀门解体检查,在阀座和阀球上均发现有不同程度的杂质,在清洗阀球阀座后,重新试压无内漏,说明杂质是引起轨道球阀内漏的直接原因。

(二)间接原因

装置开工前管道吹扫不彻底,不干净,存在杂质。

(三)管理原因

装置开工前管道吹扫质量差,管控不严格。

四、整改措施

(1)重新吹扫管路。

（2）对泄漏的阀门进行维修，试压合格后回装。

五、经验教训

装置开工前管道吹扫必须干净彻底，对于关键阀门等设备，可以在吹扫前下线，待吹扫完毕后再回装。

案例三十二　污泥干化焚烧装置二燃室烘炉过程中壁温过高

一、装置（设备）概况

某公司污泥干化焚烧系统是$1300×10^4$t/a炼油项目的配套工程，设计规模为20t/d，采用"涡轮薄层干化+回转窑+二燃室+余热回收+尾气处理"的工艺技术路线，对污水处理场含油污泥进行处理，实现危废减量化、稳定化和无害化处理。

二燃室是污泥干化焚烧系统过程设备之一，壳体外径2440mm，内衬耐火材料后内径1760mm。上升段和下降段所有材料使用碳钢Q235-C，厚度不小于10mm。

二、事故事件经过

二燃室采用的浇注料成分由刚玉、莫来石、高温水泥等组成。浇注料浇注完成后需要进行烘炉处理，去除浇注料中的水分，并起到烧结硬化的作用。

按照烘炉曲线（图2-36），对干化焚烧系统浇注料进行烘炉。在烘炉阶段，当二燃室烘炉温度上升到420℃时，检查二燃室外壁温度，测量温度达到360℃左右。持续将烘炉温度上升后，外壁温度没有继续升高。

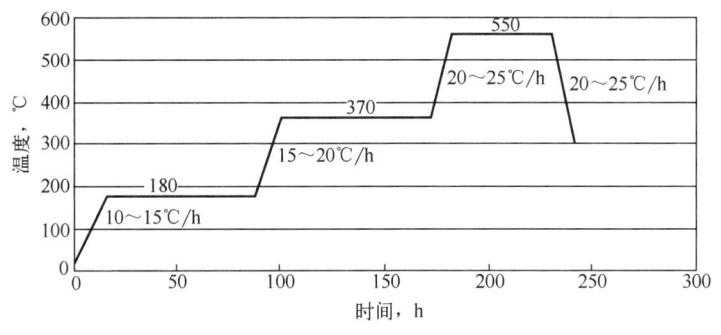

图2-36　烘炉曲线

三、原因分析

（一）直接原因

二燃室燃烧器处的浇注料是成型安装，与二燃室现场支模浇注的浇注料之间存在间隙

(图2-37),在浇注料温度上升后裂缝间隙增大,使外壁温度上升。

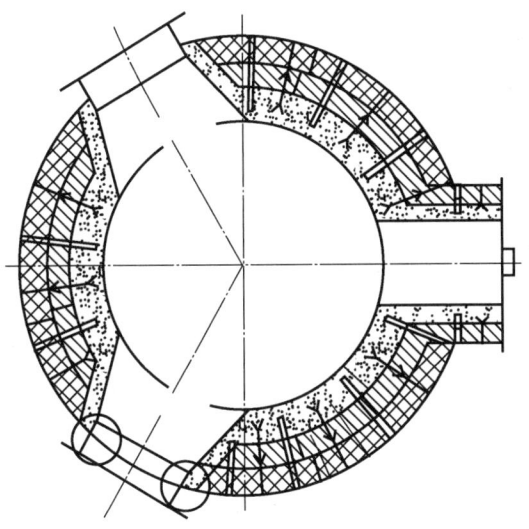

图2-37 浇注料之间存在的间隙

(二)间接原因

施工质量把关不严。监理人员和施工单位人员未在第一时间发现成型浇注料与现场支模浇注料之间存在间隙的问题。

(三)管理原因

建设单位管理上有缺失,对施工质量管控不严,风险意识不强,未认识到浇注料之间存在缝隙可能带来的隐患。

四、整改措施

使用耐火材料填充、修复成型浇注料与现场支模浇注料之间的缝隙。

五、经验教训

二燃室浇注料施工过程中,要充分考虑成型浇注料与现场施工浇注料之间的缝隙过大问题,在施工过程中要全面管控工程施工质量,确保质量合格。

案例三十三 储运部储罐内防腐脱落

一、装置(设备)概况

某公司原油罐区(图2-38)共有10座100000m^3外浮顶立式原油储罐。该罐区负责储存来自外部管道的原油,来自中间原料罐区的轻、重污油,来自常减压装置的退料,来自压力罐区的不合格石脑油,以及来自渣油加氢装置的粗石脑油。

图 2-38 原油罐区现场图

中间原料罐区重油罐组(图 2-39)共有 12 座 20000m³ 拱顶罐、5 座 10000m³ 拱顶罐、3 座 5000m³ 拱顶罐、3 座 3000m³ 拱顶罐。中间原料罐区主要为渣油加氢脱硫装置、催化裂化装置、蜡油加氢裂化装置、石脑油加氢装置、连续重整装置、芳香烃联合装置、柴油加氢精制装置、汽柴油加氢改质装置、催化汽油加氢装置、汽油异构化装置及延迟焦化装置等提供所需中间原料,同时接收和输送燃料油。

图 2-39 中间原料罐区重油罐组

二、事故事件经过

在原油罐区和中间原料罐区重油罐组水联运后,部分储罐出现内防腐层局部脱落的情况。

三、原因分析

（一）直接原因

防腐施工前储罐壁表面处理不到位，金属表面存在露水，导致内防腐涂料与金属表面附着力不够。

（二）间接原因

（1）施工环境早晚温差大、湿度较大，加之储罐内通风不畅，金属表面存在露水。
（2）施工过程中对金属表面露水未采取擦拭、烘干等措施。

（三）管理原因

（1）在防腐施工过程中施工单位、总包单位和监理单位对过程质量管理不到位，没有做好防腐各道工序施工前的检查和确认。
（2）对现场气象条件了解掌握不够，未能辨识现场昼夜温差大、易凝结露水的情况，作业过程中未实时监测环境温度、湿度。

四、整改措施

在修复的过程中严格按照施工要求，原油储罐内底板和油水分界线以下的内壁板应采用绝缘型防腐蚀涂层，涂层干膜厚度不得低于 $350\mu m$；中间储罐的内壁均应采用耐温、耐油性导静电防腐蚀涂层，涂层干膜厚度不得低于 $250\mu m$，其中罐底涂层干膜厚度不宜低于 $350\mu m$。

施工时的环境条件应符合涂料说明书的要求，如遇雨、雪、雾、风沙等气候条件时停止防腐层的施工，当施工环境温度低于 $-5℃$ 或高于 $40℃$，或相对湿度高于80%时不宜施工。

在防腐施工过程中建设单位、施工单位、总包单位和监理单位加强过程质量管理。

五、经验教训

（1）在进行防腐隐蔽工程施工时，要加强过程质量的控制。每天进行现场检查，严格执行相关管理要求，对现场检查发现的问题立查立改。
（2）施工时要结合现场的气象环境及时调整施工工艺，以便保证整体施工质量。施工过程中为确保金属表面干燥，应采用干燥、清洁、无油的压缩空气将金属表面吹扫干净。当施工环境温度低于 $-5℃$ 或高于 $40℃$，或相对湿度高于80%时不宜施工。
（3）在项目建设过程中，充分发挥监理质量把关的作用和业主质量监督作用。要加强施工过程中的质量管控，尤其是影响下道工序质量的施工过程检查，增加随机抽查的频次，及时发现施工过程中的问题并要求整改。

案例三十四　催化裂化装置主风总管膨胀节破裂

一、装置（设备）概况

某公司重油催化裂化装置设计规模 $350×10^4$ t/a，包括反应再生单元、分馏单元、油浆过滤单元、吸收稳定单元、机组单元、热工单元和烟气脱硫单元。

二、事故事件经过

重油催化裂化装置3月27日2时17分由于晃电造成装置停工，当日13时装置开工过程中备用主风机发生喘振，导致催化剂倒流至主风管线，13时50分主风总管膨胀节破裂（图2-40），装置停工检修，4月1日，装置恢复正常生产。

图2-40　膨胀节破裂现场图

三、原因分析

（一）直接原因

由于主风管线及膨胀节超温导致主风机出口膨胀节铰链板断裂，膨胀节筒体破裂。

（二）间接原因

打开主风管线人孔检查，发现主风总管管线内部已被催化剂填满，装置正常运转时，烧焦罐内部催化剂温度基本维持在650℃以上，由于高温催化剂倒流至主风管线内，导致主风总管膨胀节温度超过设计温度（200℃）。主风管线的大幅位移变化与膨胀节超温后筒体及波纹管受热膨胀，共同作用导致膨胀节破裂。

（三）管理原因

装置紧急停工后，管理人员未对催化剂是否存在倒流的风险进行充分研判与分析，利用备用主风机疏通主风管线催化剂，导致主风事故蒸汽反窜至主风出口管线，致使大量高温催化剂反窜至主备风机电动阀出口，引起膨胀节超温破裂。

四、整改措施

(1) 将破损膨胀节拆除，更换临时短节，膨胀位移量由设计院重新设计。
(2) 为保证管线受热膨胀后管线应力状态可控，在主风管线增加位移标记尺，实时监控管线热膨胀位移量。

五、经验教训

装置因晃电等公用工程系统问题紧急停工后，在恢复生产时，需要反复确认主风管道内催化剂积存情况，现场确认主风机出口单向阀及主风总管阻尼单向阀开度，防止再生系统有压力情况下，高温催化剂倒窜，损坏机组及管道附件。

案例三十五　催化裂化装置三旋出口膨胀节腐蚀泄漏

一、装置（设备）概况

某公司催化裂化装置三旋出口膨胀节为复式铰链膨胀节，规格 DN1600mm×14mm，双段波纹管结构，每段三个波，波纹材质为 Inconel 625 合金钢。安装时间为 2019 年 9 月，泄漏日期为 2020 年 5 月，累计运行 5520h。

二、事故事件经过

2020 年 5 月 4 日 6 时 30 分，岗位员工巡检发现三旋出口膨胀节泄漏，立即汇报车间管理人员，经现场确认泄漏点为膨胀节中间波纹正下方（图 2-41），现场制定方案对膨胀节进行打套处理，当日 18 时 20 分检修完成（图 2-42）。

图 2-41　膨胀节泄漏情况现场图

图 2-42 膨胀节打套处理现场图

三、原因分析

（一）直接原因

烟气露点温度为 114℃，膨胀节现场温度约为 80℃，低于烟气露点腐蚀温度，膨胀节发生露点腐蚀泄漏。

（二）间接原因

为提高烟机回收功率，烟机入口蝶阀全开，双动滑阀开度长期处于关闭状态，旁路管道内温度大幅降低，导致泄漏位置处膨胀节外壁温度低于露点腐蚀温度。

（三）管理原因

（1）管理人员对膨胀节运行状况认识不足。该膨胀节设计运行温度为 350~750℃，但在双动滑阀基本关闭的状态下，旁路烟道温度较低并可能导致膨胀节外壁温度过低。

（2）管理人员对于膨胀节的腐蚀机理和腐蚀环境掌握不到位，未能从露点腐蚀角度加以分析并采取相应措施，日常巡检也缺少对该位置的温度监测。

四、整改措施

（1）日常操作中严格要求双动滑阀开度保持在 3.5/3.5 以上，要求岗位定期进行测温，使双动滑阀侧膨胀节温度保持在 150℃以上。

（2）对该膨胀节的波纹处增加保温，提高膨胀节温度。

（3）监控好装置烟气中的硫含量，及时掌握烟气露点腐蚀温度的变化。

（4）对三旋出口水平膨胀节重新设计核算，考虑将膨胀节改为垂直布置，弯头处增设压力平衡型膨胀节。

五、经验教训

对于存在露点腐蚀风险的膨胀节,需要定期监测膨胀节外壁实际温度,尤其在冬季气温低时应加强检查,避免膨胀节外壁低于露点温度,发生露点腐蚀;可采用增加保温或电伴热等措施,提高膨胀节温度。

案例三十六　催化裂化装置第二再生器待生斜管膨胀节泄漏

一、装置(设备)概况

某公司催化裂化装置第二再生器待生斜管膨胀节为复式万向直管压力平衡型膨胀节,规格 DN 600mm,材质为 Inconel 625,设计压力 0.5MPa,工作温度 350~550℃,轴向形变量为 50mm(压缩),径向形变量为 30mm。

二、事故事件经过

2020 年 1 月 13 日 13 时 34 分,岗位员工巡检发现反应再生系统第二再生器待生斜管膨胀节第一组波纹管出现泄漏,装置启动应急预案,组织切断进料停工退守,现场制定检修方案对膨胀节打套处理,1 月 14 日 10 时 45 分漏点处理完毕,装置开工运行正常。

三、原因分析

(一)直接原因

第二再生器待生斜管为密相输送环境,高温催化剂对待斜管内壁形成冲刷,膨胀节衬筒部位为单层龟甲网+侧拉环衬里结构,分析膨胀节内部衬筒局部出现耐磨层脱落,催化剂对不锈钢衬板直接冲刷,导致衬板穿孔,最终催化剂掏空波纹管内部保温层,持续冲刷导致膨胀节泄漏。

(二)间接原因

导流筒内部填充针刺毯毡,无固定加固措施,保温层破损后,起不到密封作用,催化剂在内形成涡流,加剧波纹管磨损。

(三)管理原因

检修期间对膨胀节内部衬筒耐磨层质量检查和检修不到位,日常运行过程中耐磨层出现脱落。

四、整改措施

（1）对第二再生器待生斜管膨胀节打套处理，并做好现场标记；将其他两组膨胀节间隙和管道位移量设置明确标记，管理人员及岗位人员定期检查。

（2）每月对膨胀节进行红外测温检查。

（3）对故障膨胀节，联系厂家出具改进措施，待具备条件更换。对装置现有同类型膨胀节寿命进行评估和改造，制定检修计划。

五、经验教训

检修期间要对再生斜管、待生斜管等密相输送工况的膨胀节做好质量检查，重点检查导流筒衬里破损情况、内部填充针刺毯毡施工质量等，防止装置开工后出现衬里破损，导流筒受冲刷泄漏等问题。

案例三十七　催化裂化装置提升管反应器管线焊道砂眼泄漏

一、装置（设备）概况

某公司催化裂化装置设计加工能力 280×10^4 t/a，主要原料为经过加氢的常减底渣油和加工低硫油产生的未经加氢的常减底渣油，该装置由某设计院设计，其中反应再生系统采用第一再生器和第二再生器并列的两段再生，第一再生器与沉降器同轴的形式。

二、事故事件经过

2022年4月24日9时，岗位人员巡检发现提升管反应器顶部水平段管线泄漏油气和催化剂，立即汇报车间，现场确认泄漏点为提升管水平段管线焊道砂眼，装置临时停工处理，对漏点进行贴板焊接，下午14时漏点处理完毕（图2-43），装置恢复运行。

三、原因分析

（一）直接原因

高温催化剂对提升管反应器出口管线内部衬里裂纹或者衬里局部脱落的部位产生高速冲刷，筒体及焊缝受冲刷减薄发生泄漏。

（二）间接原因

（1）提升管出口水平段管线内部衬里因反应再生系统在历次开停工过程中产生温度突变，衬里局部位置产生裂纹甚至脱落。

图 2-43 泄漏点贴板处理情况现场图

（2）反应再生系统在 2015 年增加了第二再生器外取热器之后，导致反应再生系统管系受力发生了变化，运行过程中随着操作温度变化，局部衬里出现裂纹甚至脱落。

（三）管理原因

（1）由于催化裂化装置进行过多次技术改造，管理人员未及时对改造后的设备整体受力情况开展分析和监测。

（2）检修期间对特殊部位衬里质量管控不到位。

四、整改措施

（1）对焊道处进行贴板焊接，在贴板部位进一步灌浆处理，同时排查周边其他热点部位，提前消除隐患。

（2）加强整个反应再生系统的检查，定期利用红外热成像仪对反应再生系统全面测温。

（3）对提升管反应器受力情况进行全面分析，通过设计，将提升管 Y 型段标高提升 30mm，尽量恢复原提升管受力状态，避免因受力不均匀导致局部衬里脱落。

（4）利用窗口检修期，整体更换提升管反应器水平段管线。

五、经验教训

（1）对应再生系统高流速、易冲刷部位，日常应加强巡检和维护，定期开展红外热成像扫描工作。对温度变化进行比对，提前发现内部衬里开裂、鼓包、窜气等问题并采取贴板等处理措施，防止发生泄漏。

（2）对于反应再生系统特殊部位的衬里施工质量需要重点监管，制定衬里专项施工方案，确保衬里施工质量。

案例三十八　催化裂化装置第二再生器旋风分离器料腿断裂

一、装置（设备）概况

某公司催化裂化装置第二再生器旋风分离器（图 2-44）于 2009 年装置升级改造时投用，设计压力 0.02MPa，设计温度 750℃，介质为高温烟气、催化剂，设计流量 5.03m³/s，入口面积 0.21868m²，正常速度 23m/s。

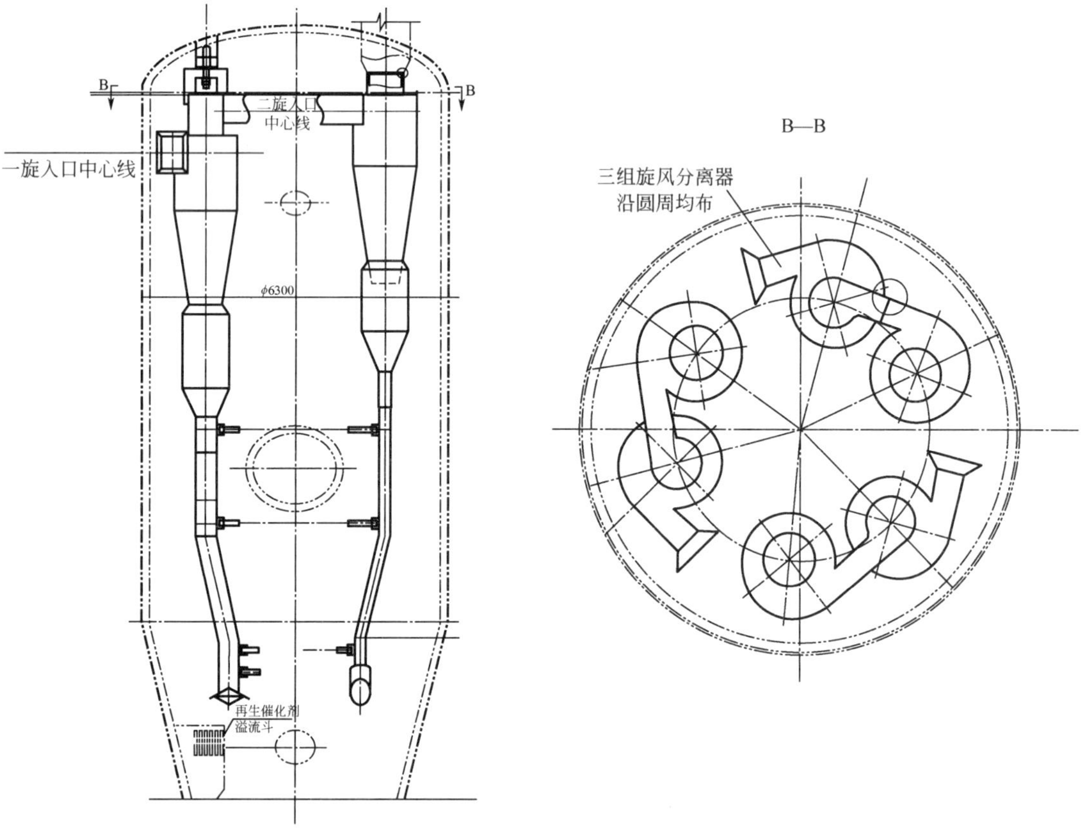

图 2-44　二级旋风分离器示意图

二、事故事件经过

2021 年 1 月 1 日 4 时 15 分，装置反应岗位内操监盘发现反应再生器催化剂总藏量出现下降波动趋势，4 时 30 分，现场检查确认反应再生系统总藏量持续下降，第二再生器余热锅炉重力式防爆门出现明显跑冒催化剂现象，烟气脱硫单元污水中颗粒物含量升高，判定为第二再生器出现跑剂。1 月 2 日 4 时反应再生系统总藏量由稳定状态时的 165t 下降至 114t，同时持续向系统补剂，系统催化剂藏量仍然没有明显好转，分析跑剂原因是第二再生器旋风分离器发生故障，装置紧急停工检修。现场检查发现旋风分离器料腿断裂（图 2-45），掉落至大孔分布板（图 2-46）。1 月 20 日料腿检修完成，开工运行正常。

图 2-45　二级旋风分离器料腿断裂图

图 2-46　料腿断裂掉落至大孔分布板图

三、原因分析

（一）直接原因

旋风分离器料腿与拉杆连接板在焊道热影响区存在较大的组织应力，并且料腿与拉杆连接板长期处在高温、振动的环境中，长时间运行形成裂纹缺陷，在振动的作用下缺陷扩展，最终导致开裂。

（二）间接原因

料腿运行时间近 12 年，长时间处于高温、振动环境，材质劣化、强度降低。

（三）管理原因

管理人员风险辨识能力欠缺，对旋风分离器料腿及拉杆长时间在高温、振动环境中运行会产生疲劳断裂的风险识别不到位，关键设备内件在达到使用年限时，未能及时更新，消除隐患。

四、整改措施

（1）更换已断裂的旋风分离器料腿、拉杆及连接板。
（2）对其余部位料腿、拉杆及连接板所有管线及焊道进行检测，对存在缺陷的部位进行更换。
（3）联系设计院、生产厂家及调研同类装置，制定旋风分离器及料腿等内件合理的更换周期。
（4）重新核算旋风分离器结构形式是否满足生产。在下次大检修期间对第二再生器旋风分离器进行改造，更换旋风分离器所有料腿、拉杆及连接板等部件。

五、经验教训

（1）针对催化裂化装置的关键设备和内部构件寿命情况，对标其他同类企业，研究提升关键设备的长周期运行措施。

（2）在检修期间对反应再生系统旋风分离器及料腿进行检测和寿命评估，对于材质劣化、焊接热影响区开裂、疲劳损伤等情况应重点检查，及时采取措施，确保装置长周期运行。

案例三十九　催化裂化装置半再生滑阀导轨无法开关

一、装置（设备）概况

某公司催化裂化装置半再生滑阀用于控制第一再生器与第二再生器的料位，通过调整半再生滑阀开度，将第一再生器未完全燃烧的催化剂送至第二再生器进行燃烧，第二再生器的催化剂再经过再生滑阀进入提升管与原料进行反应。设备型号为BTL1050单动滑阀，介质催化剂，设计温度780℃，设计压力0.5MPa，设计压差0.15MPa，全开口径R240+290mm×480mm，全开面积2290cm^2，阀杆行程580mm。

二、事故事件经过

2021年7月26日14时10分，反应岗位DCS显示半再生滑阀压降由75kPa降至45kPa，滑阀前压力由0.363MPa降至0.332MPa，第二再生器料位由64t升至90t，最高升至130t，第一再生器料位由190t降至165t，最低降至120t，滑阀阀位由34%关至0%，滑阀压降仍无明显变化。15时10分再生器无法维持正常生产，停气压机，装置切断进料紧急停工。

三、原因分析

（一）直接原因

导轨螺栓断裂，导致滑阀无法实现开关。

（二）间接原因

（1）对断裂螺柱进行失效分析，螺柱金相组织不均匀，抗拉强度低，在操作条件下发生蠕变沿晶断裂。

（2）半再生滑阀于2021年4月停工检修期间整体更换，原设计导轨螺栓预紧力50N·m，新阀导轨螺栓预紧力为200N·m，导轨螺柱承受胀差和预紧力大等因素造成拉伸应力大于其抗拉强度。

（三）管理原因

（1）管理人员对原设计导轨螺栓预紧力 50N·m 改为 200N·m 的风险识别不到位。

（2）对其他炼化企业存在的共性故障问题了解少，缺乏相关经验。

四、整改措施

（1）对断裂螺栓进行更换。要求滑阀厂家发送新螺栓同炉号批次的棒料 20 件，全部送至第三方进行理化检测，全面评估本次新更换螺栓的质量状况，为下周期是否更换提供依据。

（2）导轨螺栓预紧力由 200N·m 降至 50N·m，降低螺柱拉伸应力。

（3）对导轨与座圈进行不连续焊接补强。

（4）加强滑阀日常检查，严格按照生产指标操作。

五、经验教训

加强对滑阀导轨螺栓、座圈、阀板等关键部位的质量检查，做好导轨螺栓的性能指标检测工作，严格按照滑阀导轨螺栓设计力矩值进行紧固。

案例四十　催化裂化装置半再生单动滑阀填料泄漏

一、装置（设备）概况

某公司催化裂化装置半再生单动滑阀规格为 DN700mm，执行机构型号为 BDY9-BGⅠ，设计介质催化剂，设计温度 800℃，设计压力 0.5MPa，设计压差 0.3MPa，全开口径 R170+170mm×340mm，全开面积 1030cm^2，阀杆行程 390mm。

二、事故事件经过

12月4日7时24分岗位员工巡检发现催化裂化装置半再生单动滑阀阀杆密封填料泄漏，泄漏介质为高温烟气及高温催化剂，现场采取紧固填料压盖、加大填料函吹扫风量和填料函注胶等措施，12月5日4时28分泄漏增大，催化裂化装置进入退守状态，对半再滑阀进行检修，重新更换填料。13时30检修完成，装置逐步恢复生产。

三、原因分析

（一）直接原因

半再生单动滑阀在装置运行过程中，处于自动控制状态，根据第一再生器催化剂料位高度控制阀门开度，由于料位波动频繁造成阀杆动作频率较高，阀杆填料磨损导致泄漏。

（二）间接原因

滑阀为 2009 年装置质量升级改造时更换，已使用 12 年，产品技术落后，填料函设计不合理。

（三）管理原因

滑阀虽每次检修期间都对其进行全面检查，但未根据实际情况及时更换填料或对填料函进行升级改造，填料函存在泄漏隐患。

四、整改措施

（1）制定滑阀更换填料检修方案，将原填料函内挡环以外的六根填料拆除，安装新填料并压紧，疏通原有油环位置通道，加注密封胶。

（2）对该阀运行情况进行优化，对阀门 PID 控制进行调整，适当减缓滑阀跟踪信号敏感度，从而降低阀杆动作频率。

（3）制定半再生滑阀管控方案，方案中明确各专业人员检查频次、检查要点、注意事项及应急情况下的处置方法，并组织岗位人员培训，要求全员掌握。

（4）通过向厂家了解，该滑阀产品技术已更新换代多次，下一步联系滑阀生产厂家及相关专家，对滑阀填料函重新设计，待窗口检修期更换新阀。

五、经验教训

日常应加强滑阀填料部位的定期检查和检修，尤其对运行年限长、填料函结构相对老旧的滑阀需要重点检查，利用检修期对填料函结构形式进行技术升级，以适应频繁调节的苛刻工况。

案例四十一　催化裂化装置开工过程中沉降器跑剂

一、装置（设备）概况

某公司 200×10^4 t/a 催化裂化装置由某设计院承担主体设计，装置由反应再生部分、主风及烟气能量回收部分、分馏部分、气压机部分、吸收稳定部分、余热锅炉部分和烟气净化部分组成。装置年开工时数为 8400h。装置于 2020 年 7 月 30 日中交，2020 年 10 月开工。2022 年 5 月 16 日首次停工窗口检修，主要检修内容为再生斜管和双动滑阀下部衬里修复、沉降器清焦、两器内构件及衬里检查、主风分布板修复等。

二、事故事件经过

2022年5月16日9时，重油催化装置按照计划窗口检修。6月1日检修完成。6月6日14时46分装置开工喷油。6月7日6时，产品质量全部合格。

6月7日22时36分，油浆—原料换热器热路调节阀TV2208A出现故障关闭，触发装置切断进料联锁，反应再生退守至两器流化状态。6月8日7时开始，油浆固含量异常升高，调整无效果。6月13日停工检修。旋分器和油浆泵检查情况如图2-47、图2-48、图2-49所示。6月18日检修结束进入开工阶段。

图2-47　被堵塞的旋分料腿现场图　　　图2-48　正常料腿现场图

图2-49　油浆泵过滤网堵塞情况现场图

三、原因分析

（一）直接原因

原料—油浆换热器原料路调节阀TV2208A因突发故障关闭，导致原料油流量大幅度下降，操作人员没有第一时间判断出TV2208A阀门的故障问题，处置过程中催化剂吸附了较多未汽化油，粘附在顶旋料腿入口处形成堵塞，旋分效果差，造成催化剂跑剂。

（二）间接原因

再生斜管流化状态不稳定，斜管催化剂密度波动大，在 80~300kg/m³ 之间变化，再生剂偶尔供应量不足，剂油比下降不足以全部汽化，一部分原料以液相形式存在，容易加剧产生未汽化油。

（三）管理原因

调节阀突发故障后操作人员没能第一时间作出判断，操作技术水平和应急处置能力有待进一步提升。

四、整改措施

（1）更换 TV2208A 阀门定位器，重新进行组态调校。

（2）组织深入开展 HAZOP 分析，在装置运行控制上进一步研究优化，与同类装置进行技术交流，调研相关技术调整方法和经验。

（3）组织仪表、电气等专家授课，提高生产工艺专业技术人员的技能。认真开展员工技能培训，利用安全会组织技术人员授课，提升员工的操作技术水平和应急处置能力。

五、经验教训

新建装置管理人员应加强相关仪表、电气设备和事故应急预案的学习，认真组织员工技能培训，不断提升管理人员以及岗位员工的技术水平和应急处置能力。

第二节　化工装置生产准备和开车阶段典型案例

案例一　乙烯装置乙炔反应器进料加热器管箱法兰泄漏

一、装置（设备）概况

某公司乙烯装置乙炔反应器进料加热器 E-3015（图 2-50）为固定管板式，规格 φ1000mm×8797mm，主体材质 Q345R。壳程介质为低压蒸汽，操作温度 154.7℃，操作压力 0.45MPa；管程介质为裂解气，操作温度 120℃，操作压力 3.02MPa。

二、事故事件经过

乙烯装置换热器 E-3015 在 2021 年 8 月 2 日开工投用后，换热器入口管箱法兰多次发生泄漏，临时带压堵漏后管控使用。2021年10月18日碳二加氢反应器开车，E-3015出口侧封头法兰再次泄漏，装置停工处理。检修发现出口封头法兰密封面不够平整，存在缺陷。对该法兰密封面进行现场机加工（图2-51），车削去除约0.50mm，更换新垫片回装后运行正常。

图2-50 乙炔反应器进料加热器现场图

图2-51 封头车削现场图

三、原因分析

（一）直接原因

换热器E-3015封头法兰密封面不平整，密封不严。

（二）间接原因

换热器E-3015封头法兰密封面存在制造缺陷，制造质量不合格。

（三）管理原因

（1）建设单位未对设备制造过程有效管控。
（2）设备到货验收检查不到位。

四、整改措施

（1）对换热器管箱密封面进行修复，更换密封垫片。
（2）在前后管箱与筒体法兰连接螺栓处增加碟簧。
（3）加强巡检，定期对易泄漏法兰处进行LDAR检测（Leak detection and Repair，泄漏检测与修复）。

五、经验教训

（1）加强对设备制造、监造过程的管控，保证设备出厂质量。
（2）加强对设备到货验收环节的管控。

案例二　乙烯装置裂解炉辐射段炉管倾斜变形

一、装置（设备）概况

图 2-52　裂解炉辐射段炉管现场图

某公司乙烯装置采用某设计单位自有的大型乙烯装置成套工艺技术，裂解炉采用 HQF-G IV56 型气体原料裂解炉，为双辐射段炉膛设计，每个炉膛内悬挂单排 28 根炉管。在对流段预热过的增湿原料由横跨管分别引入 4 个辐射段入口集合管中，每个集合管连接 14 根辐射段炉管，主要材质为 35Cr45Ni MICRO、HP MICRO、HP LOW CARBON 三种材质。第一程为两根入口管，炉管直径逐级扩大，炉管温度从入口到出口也逐渐升高。现场实物如图 2-52 所示。

二、事故事件经过

在炉管安装完成、封炉前，观察裂解炉部分炉管有轻微紧贴现象，正常生产后，从观火孔检查，当炉膛温度达 800℃时，炉管之间紧贴的现象更加明显（图 2-53）。

三、原因分析

（一）直接原因

炉管安装完成后，冷态工况下未对弹簧支吊架进行调节，导致炉管出入口弹簧支吊架的拉应力不一致、受力不均匀，炉管垂直度不够，产生倾斜，最终引起贴壁现象。

（二）间接原因

烘炉时，在热态工况下，炉管自身产生热应力，发生轻微变形，导致贴壁现象更加严重。

图 2-53　部分炉管有轻微紧贴现象

（三）管理原因

设备安装和使用单位管理人员在安装阶段质量把关不严，炉管的垂直度达不到规范要求，未对炉管的弹簧支吊架进行调节，导致在烘炉时贴壁现象更加严重。在此过程中，管理人员对炉管产生的变形、贴壁现象未引起足够重视，同时也未进行原因分析和提出相应的整改措施，管理上存在缺失。

四、整改措施

在冷态和热态工况下，分别对炉管弹簧支吊架进行调节，保证炉管的垂直度，同时对裂解炉在正常运行中的状态进行监控，重点关注炉管表面温度、炉管变形情况、支吊架拉伸情况等。

五、经验教训

（1）炉管安装阶段，对安装质量应严格把关，重点关注炉管的垂直度，发现有倾斜变形的及时调整处理。在热态和冷态工况下，对变形的炉管要及时调节弹簧支吊架，减少炉管的深度变形。

（2）属地管理人员经验不足，处理问题的能力欠缺，需要借鉴同类装置经验，加强交流学习。

案例三　乙烯装置乙烷汽化器内漏

一、装置（设备）概况

某公司乙烯装置乙烷汽化器 E-1002 主要作用是将低温罐区输送过来的液相乙烷加热汽化，气相乙烷被输送至裂解炉进行裂解。该设备为固定管板式换热器，筒体直径为 2m，总长为 9.935m，管束材质为 S30408，筒体材质为 Q345R。管程介质为液相乙烷，操作温度 -97℃；壳程介质为低压蒸汽，操作温度 154℃。换热器如图 2-54 所示。

图 2-54　换热器现场实物图

二、事故事件经过

2022年2月14日，岗位巡检人员发现 E-1002 壳程出口凝液导淋有结霜，初步判断换热器管程液相乙烷发生泄漏，随即对该换热器切出、倒空置换后进行检修。在壳程通入工艺空气，管板处涂抹肥皂水进行查漏，发现 1 根换热管泄漏明显，4 根换热管有微漏。泄漏情况如图 2-55 所示。

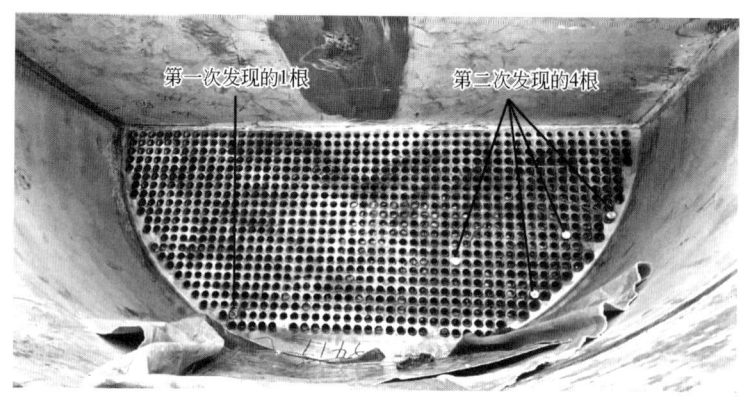

图 2-55　换热管泄漏图

三、原因分析

（一）直接原因

换热器短时间投用就发生泄漏，怀疑换热器管束存在一定的制造缺陷。

（二）间接原因

换热器壳程、管程温差较大，操作过程中冷热流进口温差达到 250℃，设计采用一级换热形式，换热管因温差产生应力较大。

（三）管理原因

此类汽化器温差达到 200℃以上，传统上采用两级换热，本项目改为一级换热后，设计和使用方均对此认识不足，未制定专项操作规程，使用过程中规定的先投冷流、后投热流的操作方式温差最大。

四、整改措施

（1）检修期间对该设备管束进行整体更换。
（2）制定专项操作规程，控制投用过程中的温差，并对员工进行培训。
（3）换热器端盖螺栓增加碟簧，进行定力矩紧固。

五、经验教训

（1）加强对设备制造和监造过程的管控，确保设备出厂质量合格。
（2）加强员工培训，完善操作规程，所有操作严格执行操作卡。
（3）设计时应充分考虑设备的使用工况及操作条件。

案例四　乙烯装置裂解气压缩机二段吸入罐内部挡板泄漏

一、装置（设备）概况

某公司乙烯装置裂解气压缩机二段吸入罐 V-1320（图 2-56）主要作用是将裂解气中夹带的裂解汽油和水进行初分离，水返回至裂解气压缩机一段吸入罐 V-1310，裂解汽油通过 P-1320A/S 送至裂解汽油汽提塔 C-1250。

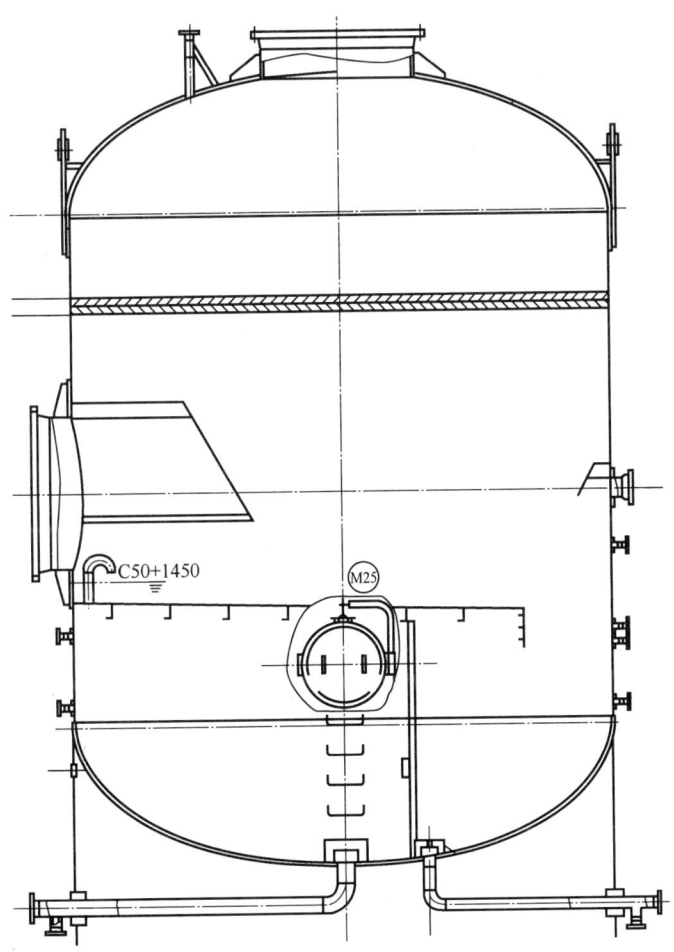

图 2-56　压缩机二段 V-1320 罐简图

二、事故事件经过

2014年3月5日，罐区裂解汽油罐切水时发现裂解汽油含有大量水，经排查发现压缩机二段吸入罐 V-1320 油侧进水，油水界位和油液位同步升降，判断内部挡板泄漏。

三、原因分析

（一）直接原因

罐内通道板垫片密封失效，油水混合。

（二）间接原因

罐内通道板垫片安装质量不合格。

（三）管理原因

（1）设备验收时把关不严，对设备内件密封性、完好性未检查验证。
（2）开工前三查四定存在漏洞，未检查出垫片失效问题。

四、整改措施

（1）通过增加新分离罐 V-1301，将 V-1320 油水混合液体全部导入 V-1301 重新分离，于3月12日投用，运行正常。
（2）乙烯装置停工消缺期间，更换通道板垫片。

五、经验教训

（1）严格落实设备到货质量验收，重视设备内部密封件检查。
（2）提高对设备可能出现的隐蔽工程问题的认识，全面考虑密封性问题。

案例五　丁辛醇装置换热器泄漏

一、装置（设备）概况

某公司丁辛醇装置换热器 E-1113 为 U 形管式，规格为 $\phi900mm \times 12mm \times 6552mm$，管束材质为 10#钢，管板材质为 16Mn。

二、事故事件经过

在装置运行期间发现 V-1107 液位下降，判断 E-1113 换热器泄漏。经过壳程水压试验发现，换热管与管板之间焊道大量渗漏，焊道处有明显裂纹。

三、原因分析

（一）直接原因

换热管与管板之间焊道出现大量裂纹，导致换热器泄漏。

（二）间接原因

制造厂家未严格按照要求进行热处理，没有完全消除管板与换热管之间的应力。

（三）管理原因

设备监造时关键质量控制点检查不到位。

四、整改措施

重新更换新管束。由制造厂家提供现场热处理过程曲线，由专人在管束热处理的关键检查点进行现场监督，确保制造质量。

五、经验教训

严格审查设备设计图纸，将设备制造过程中可能影响产品质量的关键控制点作为监造重点。

案例六　乙二醇装置四效蒸发器与再沸器连接短管法兰泄漏

一、装置（设备）概况

某公司乙二醇装置四效蒸发系统是由四个乙二醇浓缩塔组成的多效蒸发单元，首先使用 2.4MPa 清洁蒸汽加热第一浓缩塔 C-401 再沸器 E-404，所产生的塔顶蒸汽用来加热第二浓缩塔 C-402 再沸器 E-405，C-402 塔顶所产生蒸汽用来加热第三浓缩塔 C-403 再沸器 E-406，C-403 塔顶所产生蒸汽用来加热第四浓缩塔 C-404 再沸器 E-407，第四浓缩塔产生的工艺蒸汽则用作装置中其他再沸器的热源。

二、事故事件经过

乙二醇装置四效蒸发器与再沸器连接短管法兰在装置热运期间出现不同程度的泄漏。在 2013 年 11 月，对全部换热器管线平行度以及法兰张口、错口等情况进行检查，发现 E-404 和 E-405 两台换热器接管法兰存在错口，对其接管进行了局部调整，重新更换金属缠绕垫片进行恢复。在 2014 年 2 月装置热运过程中，E-404 下管口法兰发生泄漏，将该部位垫片更换为金属波齿复合垫片。试运开车过程中，发现 E-404、E-405、E-406、E-407 接管法兰均出现泄漏。泄漏位置示意图如图 2-57 所示。

图 2-57 泄漏位置示意图

三、原因分析

（一）直接原因

四效蒸发器与再沸器连接短管法兰存在应力，密封不严。

（二）间接原因

设计单位对管线热膨胀考虑不周，未从结构上消减应力。

（三）管理原因

管理技术人员对管线热膨胀导致法兰泄漏风险辨识不到位。

四、整改措施

（1）将金属缠绕垫片改为波齿复合垫片，增强密封效果。
（2）重新设计，采用金属膨胀节吸收水平方向和垂直方向的应力，最终解决现场法兰泄漏的问题。

五、经验教训

对于高温热力管线，在设计阶段应充分考虑应力消除措施，避免运行过程中对法兰密封性造成影响。

案例七　聚丙烯装置地基回填土质量不合格

一、装置（设备）概况

某公司聚丙烯装置反应器框架高 62.5m，框架上有 40 余台设备，框架周围 9 台大机组基础，机泵及容器 10 余台，设备众多，是聚丙烯装置重点生产区域，而且由于工艺特殊性，多区反应器 R-230 上升段为气相，下降段为气、固两相，反应器内气流速度、反应复杂，致使反应器本身应力及气流冲刷振动较大。

二、事故事件经过

项目初期检查发现装置回填土质量不合格，含有大量的石块。回填土质量不满足要求，极易造成地基受力不均使部分地区塌陷，存在机组振动变大、设备及管道倾斜等风险。

三、原因分析

（一）直接原因

施工单位直接采用挖掘土进行回填，回填土质量不佳，夯实不足，易造成水土流失，地面塌陷。

（二）间接原因

施工单位采用的回填土过滤筛孔径过大，造成部分不合格石块掺入回填土内。

（三）管理原因

(1) 项目建设期土建专业对施工要求不严格，施工质量达不到标准。
(2) 建设单位没有第一时间对回填土筛网尺寸进行检查，管理上存在缺失。

四、整改措施

制作符合过滤要求的过滤筛，用过滤筛筛除回填土内>40mm 以上的石块，逐层回填，逐层夯实。

五、经验教训

新建项目土建地基施工时，做好回填土质量检查工作。

第三节 公用工程生产准备和开车阶段典型案例

案例一 循环水场循环水给水泵出口阀门开关困难

一、装置（设备）概况

某公司5#循环水场主要为炼油二厂7套主体装置及辅助装置提供循环冷却水，设计供水量16000m³/h，正常供水量11492m³/h，最大供水量15965m³/h。来自各装置的循环热水返回至冷却塔进行冷却，冷却后的水汇入吸水池，由循环水泵通过加压送至各装置使用。为满足生产用合格水质的要求，5#循环水场设水质处理系统，包括加药、旁滤等处理设施，同时设监测换热器，模拟工艺换热器工况，及时掌握冷却水处理动态并调整加药量。

二、事故事件经过

运行过程中，循环冷水给水泵（图2-58）出口阀门（DN800mm）开启、关闭困难，在机泵启停及切换过程中，操作时间较长，影响机泵开启效率。

图2-58 循环冷水给水泵现场图

三、原因分析

（一）直接原因

给水泵出口阀门涡轮选型不合适。

（二）间接原因

出口阀门在带压情况下，阀门阀板承受水压压力过大，执行器推力不够。

（三）管理原因

设计时未充分考虑机泵启停及切换操作时的工作压力。

四、整改措施

将给水泵出口阀门涡轮更换为省力涡轮，提高操作效率。

五、经验教训

严格审查设计资料，重要设备及管线阀门应选取开关轻松、灵敏的阀门，减少操作时间，提高机泵开启效率。

案例二　循环水场回水线手动蝶阀无法打开

一、装置（设备）概况

某公司循环水场总规模51100t/h，设置第一循环水场（轻质油循环水系统）、第二循环水场（重质油循环水系统）。第一循环水场设计供水能力22500t/h，第二循环水场设计供水能力27000t/h。循环水场边界处供水压力为不小于0.45MPa，回水压力不小于0.25MPa；循环水供水温度不大于28℃，回水温度不大于38℃。

第一循环水场、第二循环水场冷却塔回水线共有DN900mm手动蝶阀14台，均为蜗轮传动三偏心式硬质合金密封蝶阀，阀门型号为D344Y-150LB，阀门材质为WCB，阀门执行器型号为QDX3-10。

二、事故事件经过

2015年12月15日，在对整个循环水场进行水联运及冲洗阶段，发现第二循环水场第一间回水上塔阀不能正常打开。临时制定维修方案，在蝶阀后端管线处开天窗，使用辅助工具将阀门顶开（图2-59）。12月16日检修完毕，投用正常。

三、原因分析

（一）直接原因

循环水场冷却塔回水线采用三偏心式硬质合金密封蝶阀，阀门关闭过度，密封面卡涩，不能正常打开。

图 2-59　开天窗维修阀门

（二）间接原因

管道内水压作用在阀板上，背压增大，导致阀门开关阻力增大。

（三）管理原因

未识别出阀门无法开关的风险。

四、整改措施

（1）在蝶阀后端管线处开天窗，使用辅助工具把阀门顶开。同时考虑阀门操作时不应关闭过度，避免密封面过紧。

（2）在蝶阀旁加装旁通阀平衡管，平衡阀门两侧压力，方便开关阀门。

五、经验教训

（1）针对大口径蝶阀，在操作阀门开关时，应避免用力过大，导致阀板与阀座密封面过度贴合。

（2）考虑在蝶阀管线上增加旁通阀，解决阀门两侧压力不平衡、阀门开关困难问题。

案例三　污水处理场调节罐收油器补水管、注水管损坏

一、装置（设备）概况

某公司污水处理场调节除油罐又称浮动环流收油器，具有调节水量和去除污水浮油的两种作用。混合液体由进液口进入，通过输油管输送到浮动布水机构，并由分离工艺技术

逐层分离，最后表面为分离后的漂浮油品，油品逐层被吸取到中部收油机构附近，通过排油管排出罐外。密度大的液体被分离后沉降于容器或储罐底部，通过排污口排出罐外。

二、事故事件经过

调节除油罐进行收油操作期间，发现收到的全部是水，随后打开罐顶人孔进行观察，发现收油器收油盘已经没入水中，无法实现正常收油操作。

三、原因分析

（一）直接原因

经检查，两个钢丝软管连接处全部脱落，且钢管处锈蚀痕迹明显，随着收油器高度升高，注水软管内压力增大（注满水的水箱自重给予的压力），最终导致钢丝软管脱开。

补水钢丝软管断裂，主要原因与扶正导轨偏离有关。罐内总计6根补水软管，均匀分布在罐内。由于整个外圆补水环偏离，导致在某一个补水软管距离变长，受力增大，从而导致补水管从中心断裂。

（二）间接原因

钢管与钢丝软管连接处腐蚀严重，是管线连接失效的原因之一。

（三）管理原因

未定期打开人孔对调节罐进行检查，设备日常检查不到位。

四、整改措施

更换内部收油器。

五、经验教训

（1）装置停工进行检修时，将罐内放空，进入罐内对收油器配件等固定件进行检查、紧固，防止运行期间再次发生此类事件，保证设备长周期正常运行。
（2）加强收油器监控，定期打开罐顶人孔检查收油器是否正常。
（3）钢丝软管的连接方式不可靠，更换为其他形式的收油器。

案例四　动力站除氧器内部旋膜器组件堵塞

一、装置（设备）概况

某公司动力站除氧水系统（图2-60）配置2台出力为150t/h的大气式旋膜除氧器，

开工工况时 2 台除氧器连续生产除氧水 377.5t/h，其中 182t/h 除氧水经低压除氧水泵升压至 2.0MPa 后供全厂使用，剩余 195.5t/h 除氧水经中压除氧水泵升压至 5.8MPa 后供全厂使用；进水正常工况为凝结水站来 0.6MPa、80℃的除盐水 204t/h 和 0.5MPa、45℃的汽轮机凝结水 79t/h。

图 2-60　除氧水系统现场图

二、事故事件经过

运行过程中动力站大气式旋膜除氧器内部旋膜器组件有堵塞情况（图 2-61），造成除氧器塔顶压力高，无法补水，导致除氧器液位下降。

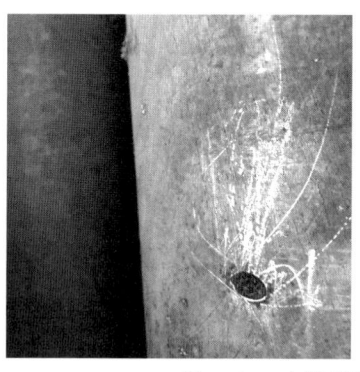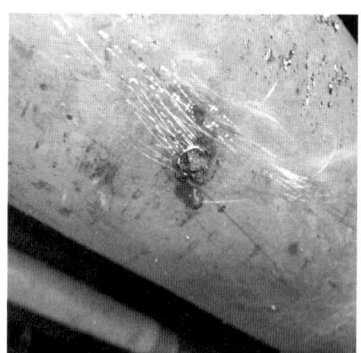

图 2-61　内部旋膜器组件堵塞情况

三、原因分析

（一）直接原因

除氧器除盐水入口为衬胶管线，内衬胶脱落，堵塞旋膜器组件。旋膜器组件清理出衬胶如图 2-62 所示，清理后的旋膜器组件如图 2-63 所示。

第二章 静设备

图 2-62 除氧器内部清理出衬胶

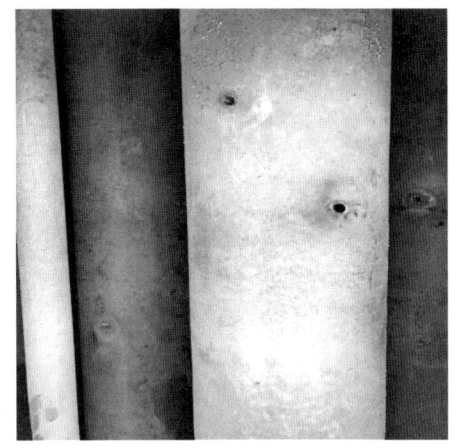

图 2-63 清理后的内部旋膜器组件

(二) 间接原因

运行过程中,除盐水温度高于 80℃时,管线内衬胶发生老化,导致部分脱落。

(三) 管理原因

管理人员对开工期间除盐水管线衬胶脱落风险识别不足,对除盐水温度没有严格管控。

四、整改措施

将衬胶管线更换为无衬胶管线。

五、经验教训

(1) 如果除盐水管线采用衬胶材质,应严格控制除盐水温度,防止衬胶老化脱落。
(2) 加强带内衬层设备和管线的管理,严格控制工艺操作温度,避免同类问题发生。

案例五 空分装置空气压缩机级间排水设计不合理

一、装置(设备)概况

某公司空分装置分为I套空分单元和II套空分单元,每个单元设计产出氮气 6000Nm³/h。两个单元独立运行,互为备用,分别设置离心式空气压缩机 1 台(图 2-64),该压缩机型号为 C3000140MX3EHD,三级压缩,流量 16500m³/h,出口压力 0.5MPa。

图 2-64 离心式空气压缩机

二、事故事件经过

空分装置三查四定阶段发现 K-0001-Ⅰ/Ⅱ离心式空气压缩机一级、二级空气冷凝水排水方式为疏水器自动排水，未设置手动排水旁路，且排水系统为密闭式，三查四定小组分析讨论认为上述排水方式存在隐患。一是排水系统为密闭式，压缩机运行期间疏水器是否正常排水，难以检查判断，一旦出现疏水器不能自动排水，发现不及时会造成空气冷凝水在本级聚集，造成压缩机振动升高或排气压力波动，引起压缩机停机；二是未设置手动排水旁路，一旦出现疏水器不能正常排水，必须停机进行处理，但每个空分单元仅设有 1 台空气压缩机，无备机，停机处理疏水器故障意味着该空分单元需停工切换至备用空分单元，存在一定的安全隐患。

三、原因分析

（一）直接原因

K-0001-Ⅰ/Ⅱ离心式空气压缩机一级、二级空气冷凝水排水方式为疏水器自动排水，未设置手动排水旁路，且排水系统为密闭式。

（二）间接原因

设计不合理。设计时未充分考虑单一且密闭的排水方式存在的弊端，未考虑日常巡检如何检查疏水器是否正常工作，未充分考虑当疏水器出现故障后的排水问题，给压缩机安全平稳长周期运行带来隐患。

（三）管理原因

审图不仔细。审查设计图纸时未考虑到该设计排水方式存在的弊端，未发现该问题。

四、整改措施

设计并安装手动排水管路及阀门，同时将排水口由密闭式改为敞开式（图2-65），便于日常巡检时对级间疏水情况进行检查，也便于当疏水器故障时采取手动排水方式，避免压缩机因级间排水问题停机，进而造成Ⅰ套和Ⅱ套空分单元非必要的切换运行。

图2-65　手动排水管路及阀门

五、经验教训

（1）设计人员应结合设备操作实践中的经验，充分考虑安全生产需要，实现设备本质安全。

（2）技术人员审查设计图纸时应认真仔细，充分考虑设备运行时的可操作性，避免将隐患带入现场，将问题消灭在设计阶段。

案例六　空分装置氧气管道未安装静电跨接

一、装置（设备）概况

某公司空分装置是 $1300×10^4t/a$ 炼油项目的配套工程，装置包含两套空分单元，单套单元设备的建设规模为氧气产量 $2500Nm^3/h$，氮气产量 $6000Nm^3/h$，同时生产液氮 $300Nm^3/h$、液氧 $30Nm^3/h$。装置同时配套建设氧气、氮气压缩机和液氮液氧储存及汽化设备，为各工艺生产装置、辅助生产装置以及公用工程设施等提供氮气和氧气。精馏塔产出氧气压力约30kPa，至氧气压缩机增压至0.6MPa后外送。

空分装置氧气系统配套3台氧气压缩机（图2-66），为立式、二级二列、双作用活塞式氧气压缩机，配套缓冲罐等设施，进出口管线采用不锈钢304材质，管线及配件禁油。

图 2-66 氧气压缩机系统

二、事故事件经过

三查四定阶段发现氧气系统管道法兰未安装金属导线跨接,不符合《深度冷冻法生产氧气及相关气体安全技术规程》(GB 16912—2008)中的第 4.7.4 项"氧气(包括液氧)和氢气设备、管道、阀门上的法兰连接和螺纹连接处,应采用金属导线跨接,其跨接电阻应小于 0.03Ω"的要求,存在较大隐患。

三、原因分析

(一)直接原因

对设计标准的执行不严格,不符合 GB 16912 规定。

(二)间接原因

现场安装质量负责人对氧气系统设计规范及 GB 16912 理解掌握不足,对氧气系统运行要求不清楚。

(三)管理原因

(1)管理人员主观上认为新建装置设计施工均满足规范要求,现场施工质量监督不到位。

(2)设计对接工作不到位,没能在设计阶段发现与设计标准、规范的不符合之处并及时提出。

四、整改措施

(1)按照 GB 16912 的要求重新设计、施工,增加管线法兰静电跨接线,并测试合格,满足技术规程要求。

(2)对同类输送危险介质的管道开展排查,增加柴油系统管道法兰跨接线。

五、经验教训

设计阶段应严格执行相关标准规范。建设单位在与设计院对接前,做好相关工艺设备技术储备,掌握国家相关标准规范内容。设计对接过程中,严格遵照国家标准、行业标准或企业标准开展工作,对不符合要求的问题及时提出并解决。

案例七　自备电站燃气锅炉系统高负荷运行时振动大

一、装置(设备)概况

某公司自备电站4台锅炉为燃气、燃料油气高压锅炉,额定蒸发量为420t/h,其中1#炉、2#炉型号为HG-420/9.8-Q23,3#炉、4#炉型号为HG-420/9.8-YQ23。锅炉为单汽包、自然循环、集中下降管、Ⅱ形布置的油气混烧/燃气炉,锅炉前部为炉膛,四周布满膜式水冷壁,炉膛出口处布置屏式过热器。水平烟道装设了一级对流过热器(高温过热器),炉顶、水平烟道转向室和尾部包墙均采用膜式管包敷,尾部竖井烟道中布置一级低温过热器、一级省煤器(分上、下两段)和两级卧式管式空气预热器。

二、事故事件经过

在自备电站开工阶段,1#、2#燃气锅炉在220t/h 蒸汽负荷时,锅炉燃烧器平台、空预器风道及烟道处有明显振动和噪声,工业电视显示火焰剧烈抖动,随着负荷的增加和减少,振动情况随之有明显变化。振动问题导致1#、2#燃气锅炉极限负荷仅为300~350t/h 蒸发量,装置整体负荷能力受到限制,影响装置安稳运行。

三、原因分析

(一)直接原因

锅炉高负荷振动是由炉膛内热声振动和综合因素导致。

(二)间接原因

间接原因是锅炉本体设计与燃烧器设计不匹配。

(三)管理原因

锅炉设计选型阶段未进行充分论证、调研,未选用先进、成熟的技术。

四、整改措施

(1) 1#、2#锅炉通过技术改造,将原某公司设计的旋流燃烧器改造为某公司文丘里天然气燃烧器。

(2) 增加烟气循环，将烟气从引风机出口引入送风机进口。

五、经验教训

设备设计选型阶段必须进行科学严谨的论证与调研，采用先进、成熟的技术，确保设备安全可靠。

第四节　生产准备和开车阶段总结与提升

一、生产准备和开车阶段好的经验和做法

（一）生产准备阶段

（1）设计审查阶段仔细校核设计图纸，包括单线图、3D 模型图等，在设计阶段提前发现阀门、设备操作性差问题，避免将此类问题带入三查四定或运行阶段，不仅增加设计变更，还造成人力物力浪费。

（2）关键设备采购前编制采购技术要求时，收集整理本单位及其他炼化企业发生的典型故障，提出有针对性的解决措施，纳入采购技术协议中，避免同类问题再次发生。

（3）现场设备尤其是重点设备，除要求生产厂家严格按照国家相关标准规范制造外，还应派人或委托第三方进行现场监造，确保设备制造质量合格，不将问题带到现场。

（4）建立"临时垫片安装管理办法""阀门、管件等储存发放管理办法""塔内件安装管理办法""静设备封闭前检查管理规定"等建设期间的相关管理制度，并在建设过程中有效实施，保证设备安装质量合格。

（5）在工艺管线安装阶段即同步开展三查四定工作，建立"安装阶段三查四定管理办法"，组织设计单位及专利商等提前检查和解决发现的问题。

（6）在设备及管道现场安装阶段，建设单位采购专用仪器，组织专人对现场所有特殊材质的设备、管道、管件等进行复检，确保材质选用正确，与设计相符。

（7）管道安装过程中严格管控管道清洁度，经过多方联合检查验收合格后，才能开展下一步焊接和法兰安装工作。

（8）采用内窥镜对小接管焊接质量进行检查，对不合格的小接管及时进行整改。

（9）加热炉出口、重油高温换热器等重点部位法兰增加碟簧、拉伸垫圈等，避免发生泄漏。

（10）水冷器管束采购时同步考虑增加防腐涂层和牺牲阳极块等防腐蚀措施，提升设备运行过程中腐蚀耐受能力。

（11）装置建设阶段就同步考虑增设腐蚀在线监测系统，与装置同步建成投用，确保腐蚀在线监测布点覆盖关键装置易腐蚀部位。

（12）提前计划布置特种设备注册登记、安全附件校验、计量器具检定等工作，保证依法合规。建设过程中提前和设计院、施工单位、市场监督管理局、特检院、特检所等单位建立良好沟通协调机制，协调特检所监检人员在项目现场办公，缩短特种设备报审、报批、报检、告知等环节时间，安排人员常驻市场监督管理局，协助出具特种设备使用证，确保按期完成，保证项目依法合规开工。

（二）开车阶段

（1）利用好开工专家、开工队等资源，与属地工程师建立师徒关系，协助制定专项开工方案，同属地管理人员共同参与夜间值班，全程参与生产开工流程，指导和解决开工过程中的难点。

（2）开工关键步骤均组织开工专家以及工艺设备人员进行专题讨论，分析存在的风险及应对措施，做到步步有确认、事事有预案。

（3）制定吹扫贯通方案、分馏系统油运方案、圆筒炉烘炉方案、水冲洗水联运方案、反应系统热态考核方案等专项方案，发到班组培训，认真落实执行。

（4）制定吹扫消项表、水冲洗消项表、气密消项表、管线投用消项表、物料引进消项表、操作变动消项表等，落实执卡操作，专人监督，三级确认。

（5）将装置内设备及管线包保到班组，责任落实到人。设备工程师、班组人员在水联运、投料试车过程中全程跟踪，及时发现问题并解决，保证设备及管线完好。

（6）水冲洗、蒸汽吹扫期间分段进行，介质不进入设备和阀门，保证阀门流道密封面不进入杂物。

（7）吹扫置换完毕至物料引进前，对每条管线、每个阀门、每个流程进行逐级确认，保证每个阀门开度到位，每条管线畅通无阻，每个流程准确无误，杜绝人为失误。

（8）引物料时各区域安排专人负责，检查现场是否存在漏点并及时处理，检查设备管线运行状态是否正常。

（9）开工阶段安排专人24h轮班值守现场，对易泄漏法兰等易泄漏部位进行重点检查和监控，发现问题及时处理。

（10）在开工过程中适当延长恒温时间，在恒温期间安排专人加强设备检查，监测设备滑动端位移量，做好标记，监测管线膨胀量。

二、生产准备和开车阶段的不足

（一）生产准备阶段

（1）设计院请购文件中对设备设计、制造、检验与试验、包装与运输等环节的执行标准和要求描述不详细，设备采购技术协议签订不严谨，对制造厂家的约定不全面，造成设备到货验收时无法有效确认设备制造质量，发生质量纠纷。

（2）橇装、油站等成套整体供货设备，其内部的压力容器、压力管道、阀门、安全阀、小接管、螺栓等在设备技术协议中要求不详细，对制造标准和厂家未提出明确要求，导致产品制造质量不能完全保证。

（3）换热设备在制造厂进行水压试验后，未对管程、壳程进行吹扫保护，由于项目建设周期长，造成管束存在部分腐蚀；在北方冬季期间，出现管束堵塞、冻裂等问题。

（4）部分安全阀手阀安装方向错误。按照 SH 3012—2011《石油化工金属管道布置设计规范》要求，"当安全阀进出口管道上设有切断阀时，应铅封开或锁开；当切断阀为闸阀时，阀杆应水平安装"，主要考虑当腐蚀等原因造成阀板脱落时，不影响安全阀的排放。现场检查部分阀杆垂直安装，不符合规范要求。

（5）因管道和阀门的配套法兰采用的标准规范不一致，现场法兰组对存在偏差，安装质量不合格。

（6）设备防护不到位，个别换热器管束的内防腐涂层损坏，影响管束防腐蚀效果。

（7）加热炉、锅炉衬里施工过程中，存在浇注料成分不合格、施工工序不合理、缺少隔离陶纤纸等问题，造成衬里施工质量差，设备损坏，影响装置开车进度。

（8）设备和管道上的小接管未采用支管台结构，多处小接管存在焊接质量缺陷，未达到标准要求的单面焊、双面成型全焊透要求。

（9）在详细设计阶段 3D 模型审查不严格不细致，现场检查发现较多设计问题。

① 安全阀出口设计有 U 形管段，存在液袋，影响安全阀的背压。

② 蒸汽进装置界区没有设计排凝点，蒸汽管网末端也未设计排凝点。

③ 公用工程系统管线末端设计为盲头，没有排凝，也没有盲盖，不便于吹扫。

④ 高处工艺管廊上分散布置了很多操作阀门，没有设计操作平台，操作人员无法操作。

（10）现场施工质量差，设备和管道安装问题较多。

① 压力容器本体和平台之间空隙较大，存在安全隐患。

② 工艺管道安装没有做到水平竖直，部分法兰口处于受力状态。

③ 部分管道支架悬空，不受力，无法起到支撑作用。

④ 塔顶平台钢格板安装位置高于塔顶相关工艺管线法兰和阀门安装高度，法兰无法紧固和检修。

⑤ 管道与梯子平台之间的距离没有考虑到保温层的厚度。

⑥ 部分竖梯贴近罐壁保温，不便于操作人员攀爬。

（11）项目施工组织不合理，机电仪设备安装过程中出现土建、钢结构防火、防腐等交叉作业，设备保护不到位，导致机电仪设备损坏，施工作业安全风险高。

（12）某聚烯烃装置的设计和安装考虑不全面，现场问题较多。

① 套管换热器出厂前没有在工厂进行预组装，导致现场法兰口安装困难。

② 废水系统分离罐界面计设计为不可拆卸，处理挂料时极其困难。

③ 沉降式离心机起吊高度不够，检修困难。

④ 风送系统消音器噪声超标。

⑤ 成品料仓的转阀料斗排气口设计不合理，导致平衡线经常性堵死，引起下料困难。

⑥ 试用催化剂时，对腐蚀问题认识不够，导致废己烷泵及废气压缩机出入口腐蚀严重。

⑦ 造粒楼的地沟设计为暗沟，粒料堵塞后难以清理。

（13）装置区雨排井设计数量不足，而且雨水井标高、污水井标高以及地面标高在同一个平面上，装置区域内地面积水严重，下雨天气无法通行，影响正常生产操作。施工单位没有严格按照设计图纸施工，导致装置地面倾斜度不够，雨水无法实现自流。

（14）地下的阀门井、仪表井、消防井施工质量差，下雨后井内积水较多，尤其是仪表井，对装置开工影响较大。

（二）开车阶段

（1）前期加热炉设计参数审查不细致。常减压装置由于前期的烘炉及柴油联运时加热炉负荷较小，未及时发现加热炉空气预热器低温段压降太大的问题，进而影响开工时加热炉的正常运行。

（2）在装置开车前，个别整体供货橇装设备上的安全阀、压力表等安全附件未进行校验。因为施工单位费用、界面不清等原因造成校验有遗漏，影响橇装设备的正常投用。

（3）法兰安装和螺栓紧固管理不到位。催化、重整等装置高温蒸汽系统法兰安装质量差，部分法兰定力矩值不足，蒸汽系统开工后泄漏点多。

（4）管道安装阶段清洁度管控不严，检查不到位；水冲洗和吹扫过程不彻底，造成管道内存有焊渣、铁锈、杂物等。在装置联动试车过程中，造成阀门磨损、卡涩、内漏等较多问题。

（5）锅炉系统汽包定排阀、连排阀、放空阀门设计选型为普通闸板阀，频繁出现内漏。在高压差、易冲刷、易磨蚀环境中，如催化剂卸料线、锅炉系统、高温蒸汽管线等部位，阀门需合理设计、选型，确保采购质量可靠的阀门，必要时可适当提高阀门的选用等级。在运行期间，阀门不能长期处于较小开度，可能导致阀门加速磨损或失效泄漏。

（6）由于保温未及时安装、安装质量不合格等问题，造成低温露点腐蚀部位的设备和管线腐蚀泄漏。

（7）气动阀门调试存在漏洞，气动执行机构没有设置限位，导致机泵出口气动阀门关闭过度，阀杆变形，机泵无法正常使用。

（8）压缩机及附属系统为厂家整体供货，级间冷却器管束未严格按照技术协议要求进行防腐施工，导致开工后短期内发生腐蚀内漏。

（9）某重整装置再生部分共有 5 台电加热器，其中空气电加热器 EH-305 在装置开工阶段出口温度达不到工艺要求，继续增大加热负荷，电加热器表面温度超高联锁停车。后经排查 3 台加热器可控硅负荷调节器接线有误，线路问题消除后，出口温度仍不达标。最终排查加热器外壁局部保温厚度不合格，散热量大，导致出口温度不达标。

（10）某烷基化装置设备隐蔽工程检查不到位，反应器酸抽出口至酸循环泵 DN700mm 的横向管道内遗留有施工垃圾，在反应器抽出口部位检查时，未能发现问题，造成酸泵入口过滤器频繁堵塞，影响了装置开工酸循环进度。

（11）压缩机组级间冷却器在投用时发现冷却器内有铁屑，易造成机组气阀、缸体等损伤，严重影响大机组安全运行。后经协调，厂家负责更换，导致该设备 2 个月内不能运行，对装置开车影响较大。压缩机组的冷却器、分离器、缓冲罐等附属设备，要加强制造、验收和安装环节的清洁管理，避免对机组本体造成损伤。

（12）某气体联合装置各个液化气罐放火炬管线，开车阶段未注意防凝，造成管线结霜结冰。应注意低点排水和放空泄压速度。

（13）某装置湿式空冷存在水箱水位低、水箱有杂质、空冷喷头堵塞等问题，造成塔顶压力控制困难或波动。应根据水箱蒸发量及时调整补水阀开度，定期检查清理水箱泵入口过滤网。

三、生产准备和开车阶段管控要点

（一）生产准备阶段

（1）建立开工团队组织机构，明确每个人员所负责的工作范围，确保开工全范围内每项工作均有专人负责。

（2）装置建设前期充分考察同类工艺装置在其他炼化企业运行情况，调研开工和运行期间遇到的设备问题及解决方案，并及时对自身设计方案进行调整。

（3）结合实践经验审查易腐蚀部位的设计选材是否合理，进一步优化选材方案，提升设备抗腐蚀能力，保障装置长周期运行。

（4）在设计审查阶段应充分考虑高温热力管线应力消除措施。

（5）在设计模型审查阶段要深度介入，充分考虑设备布局的合理性，便于日常操作和检查，满足设备检修作业条件。

（6）在设备采购制造、到货验收、安装调试各个环节应认真检查确认设备规格型号、材质、技术参数等符合设计要求，确保设备投用后满足生产需求。

（7）设备制造厂在制造过程中严控质量，严格按设备制造安装要求施工。尤其是焊接过程应严格管控，热处理温度和时间符合焊接工艺要求，消除应力，保证焊缝硬度合格。

（8）橇装、油站等成套整体供货设备，其内部的压力容器、压力管道、阀门、安全阀、小接管、螺栓等在设备技术协议中充分考虑，对制造标准和厂家提出明确要求，确保产品制造质量。

（9）严格执行《中国石油天然气集团有限公司产品驻厂监造管理办法》质安〔2021〕5号，对符合规定范围内的物资要严格履行监造管理流程。必要时，对未列入监造范围内的重点管控设备，建设单位安排专人跟踪产品制造质量。

（10）在设备和管线安装阶段，重点对关键压力容器，橇装设备，深冷设备，高温、高压、临氢管道，特殊材质管件等设备和管线进行材质复测。

（11）管道安装阶段要保证管线内部清洁度，逐条管线检查到位，不能留有焊渣、铁锈、杂物等。

（12）法兰、垫片、紧固件、螺栓润滑等相关材料选型、采购、检验检测、运输、保存、安装过程管控等内容要符合炼油化工和新材料分公司《静密封安装管理指导意见》要求。

（13）法兰安装前应对密封组件进行检查，包括：检查法兰表面精度合格，无锻造伤痕或裂纹等缺陷，密封面无划痕、毛刺等缺陷，密封槽、密封环逐个检查是否存在裂纹、划痕、撞伤等表面缺陷。检查法兰之间错口、开口、张口及法兰螺栓孔错孔，应符合相应标准规范要求。

（14）检查法兰垫片的使用，尤其设备出厂使用垫片，所有临时垫片务必更换。缠绕垫填充石墨最高使用温度不应超过650℃，用于氧化介质工况时不应超过450℃。对氯离子含量敏感部位法兰口要严格控制缠绕垫填充材料氯离子含量。

（15）采用金属环垫或透镜垫密封的法兰连接装配前，法兰环槽（或管端面）密封面与金属环垫或透镜垫应做接触线检查。当八角垫在密封面上转动45°后，检查接触线不得有间断现象，否则应进行研磨修理。接触线的检查建议采用涂红丹漆方法。

（16）在安装前进行紧固件的润滑。通常情况下，设计温度在120℃以下建议使用普通的二硫化钼润滑脂；120~220℃之间建议使用加入多种极压添加剂精制而成的二硫化钼润滑脂的高性能产品；220℃以上建议使用高温抗咬合剂。

（17）低温（<-29℃）、高温（操作温度≥400℃）、高压、长期承受交变载荷或振动的危险部位使用的紧固件，在采购前应编制采购技术条件。

（18）隐蔽工程要严格进行质量过程控制，在施工过程中应明确每个质量控制点及质量验收标准。例如反应器、塔器、加热炉等设备，重点检查内构件的材质、安装质量、完好性；埋地管线应重点检查防腐层的完好情况。

（19）换热设备在制造厂水压试验以及现场水压试验后，要对设备内部及管道进行吹扫，保持干燥环境，避免管束腐蚀，长期未投用的设备进行充氮保护。

（20）重点关注加氢装置、硫磺回收等装置的空冷器制造质量，确保设备制造过程中焊接质量合格，严格执行热处理工艺。验收时对焊道硬度进行抽检，确保硬度指标合格。避免开工过程湿硫化氢环境下的应力腐蚀开裂。

（21）在衬里施工过程中，要全面管控工程施工质量，编制专项施工方案，制定严格的验收标准和流程，关键质量控制节点管控到位。

（22）在高压差、易冲刷、易磨蚀环境中，如催化剂卸料线、锅炉系统、高温蒸汽管线等部位，阀门需合理设计、选型，确保采购质量可靠的阀门，必要时可适当提高阀门的选用等级。在运行期间，阀门不能长期处于较小开度，可能导致阀门加速磨损或失效泄漏。

（23）小接管应严格按照炼油化工和新材料分公司《炼化装置小接管管理导则》设计选型和制造安装。加强小接管焊接质量管控，确保焊接质量合格。

（24）重点关注低温露点腐蚀问题，如管线低点、盲端、膨胀节等部位，检查保温、伴热是否完善，如有必要升级管线材质。

（25）储罐防腐施工时，要加强过程质量的控制。对于现场施工环境，应加强检查，确保金属表面干燥，符合防腐施工要求。当环境温度过低、过高或相对湿度过高时不宜进行防腐施工。

（二）开车阶段

（1）备品配件准备齐全，确保满足开车需要。例如，关键位置法兰、制造周期长、型号特殊的垫片，易发生堵塞的过滤器滤芯、滤袋、滤篮，特殊位置爆破片等。

（2）管道吹扫过程严格按照方案实施，确保吹扫彻底无遗漏。

（3）全面排查设备、管道是否仍存在临时垫片，不允许选用石棉垫片，若选用非（无）石棉纤维橡胶垫应具有（或高于）石棉垫相同的理化性能。

（4）检查设备或管道的安全附件，如安全阀、呼吸阀、液位计、压力表等是否完好并处于工作状态。

（5）装置开工期间，结合LDAR检测，加强对装置泄漏点的排查，特别是高温高压临氢设备的法兰、导淋和小接管等部位。

（6）检查高温热应力管道的膨胀、收缩情况；检查支吊架有无倾斜、松动现象，位移是否在其工作范围内；滑动导向支架有无卡涩现象；检查高温膨胀节是否完好，变形是否超过最大补偿量，两端的支撑是否处于正常状态。

（7）检查加热炉、催化两器等高温区域内部衬里的隔热情况，定期开展热成像检测工作。

（8）装置开工期间，应同步投用工艺防腐措施和腐蚀在线监测系统，做好腐蚀监检测工作，防止开工阶段腐蚀泄漏情况的发生。

第三章 仪表

第一节 设计及设备选型阶段典型案例

仪表在设计选型阶段，常见问题主要包括：忽视关键参数，导致仪表设备运行过程中性能下降；计算或设计参数不当，导致仪表设备在实际使用过程中与运行工况不匹配，影响设备运行效率和安全；环境因素考虑不足，导致仪表性能下降或结构损坏；所选仪表设备结构不合理，导致仪表设备强度不足，导致结构的稳定性下降，甚至可能发生安全事故。

案例一 渣油加氢处理装置高压浮筒内筒脱落

一、装置（设备）概况

某公司 340×10⁴t/a 渣油加氢装置采用 UOP 公司的固定床渣油加氢脱硫工艺技术，以减压渣油、减压蜡油为原料，经过催化加氢反应，脱除硫、氮、金属等杂质，降低残炭含量，为催化裂化装置提供原料，同时生产部分柴油，并副产少量石脑油和燃料气。本装置使某石化公司高硫油深加工能力得到有效提高，产品结构更趋合理，产品质量及环保状况得到显著改善。装置自 2019 年 4 月开工至今，高压液（界）位仪表采用的是某公司产品高压浮筒。

二、事故事件经过

渣油加氢装置于 2019 年 4 月开工期间，渣油 V106A 液位 LT024002B、LT024001A，V106B 液位 LT058001A、LT058001B 四台浮筒发生内筒脱落情况。经检查发现这四台浮筒所处工艺管线存在高频微小振动，而浮筒内筒与连杆连接采用了单螺母连接（图 3-1），在长期振动情况下，螺母松动导致内筒脱落。

图 3-1 浮筒内筒与连杆连接示意图

三、原因分析

（一）直接原因

浮筒内筒与连杆连接处脱落，仪表指示最大。

（二）间接原因

工艺设备管道振动大，造成螺母松动，浮筒内筒与连杆连接处仅有单螺母固定，无防滑垫圈，缺少防松脱措施，导致浮筒内筒脱落。

（三）管理原因

对工艺设备管线的振动造成浮筒液位计测量的影响认识不足，浮筒安装前未对浮筒打开检查。

四、整改措施

对渣油加氢 40 台、蜡油加氢 12 台、柴油加氢 15 台高压浮筒共计 67 台高压浮筒进行解体检查，安装双面齿碟形防滑垫圈后运行良好。

五、经验教训

（1）根据浮筒的使用工况，在设计阶段考虑采取内筒与连杆连接的防脱措施。

（2）开工期间，应对泵出口等管线设备振动大的仪表进行排查，制定整改措施，防止因振动造成仪表故障。

（3）对仪表设备运行状态加强掌控，充分认识到现场环境对仪表运行产生的影响，采用有效的风险评价，将"管理过程精细化"的理念落到实处。

案例二　渣油加氢处理装置贫胺液出口流量调节阀振荡

一、装置（设备）概况

某公司 $340×10^4$ t/a 渣油加氢装置采用 UOP 公司的固定床渣油加氢脱硫工艺技术，以减压渣油、减压蜡油为原料，经过催化加氢反应，脱除硫、氮、金属等杂质，降低残炭含量，为催化裂化装置提供原料，同时生产部分柴油，并副产少量石脑油和燃料气。本装置使某石化公司高硫油深加工能力得到有效提高，产品结构更趋合理，产品质量及环保状况得到显著改善。渣油加氢装置贫胺液高压调节阀采用了某公司笼式套筒调节阀。

二、事故事件经过

渣油加氢装置开工以后，贫胺液高压调节阀 FV-027001 和 FV-061001 实际运行工况偏离设计工况，调节阀振荡大，控制精度无法满足要求。FV-027001 原设计阀前后压差为 1.318MPa，实际工况的压差是 3.5MPa，FV-061001 阀前设计压力为 18.327/19.106MPa，阀后设计压力为 17.787/17.788MPa，开工后实际阀前压力 22MPa，阀后压力 18.5MPa，执行机构推力不足，调节阀发生振荡。

三、原因分析

（一）直接原因

这两台调节阀采用普通单座阀结构，没有降压措施；调节阀执行机构推力不足，不能克服调节阀前后差压影响，故造成调节阀振荡。

（二）间接原因

两台贫胺液高压调节阀处于汽蚀工况，调节阀前后差压远超设计差压，严重偏离设计工况，造成调节阀不能满足使用要求。

（三）管理原因

设备专业及生产工艺专业基础参数发生变化时，未及时提交仪表专业，导致仪表阀门规格书技术参数不满足实际工况。

四、整改措施

(1) 增加调节阀执行机构预紧力，减少调节阀的振荡频次。
(2) 重新进行调节阀选型，更换为多级降压调节阀。

五、经验教训

在装置设计阶段，设备、工艺参数发生变化时应及时反馈至仪表专业，以备正确选型，避免装置运行后所选仪表与实际工况不符，造成调节阀长期在偏离工况下运行，严重影响工艺生产的同时，也大大降低了调节阀的使用寿命。

案例三　烷基化装置高温热偶套管故障

一、装置（设备）概况

某公司 $2.5×10^4$ t/a 废酸再生装置 2017 年 2 月经炼油化工和新材料分公司批准立项，2019 年 5 月破土动工，2020 年 11 月中交。装置采用奥地利 P&P Industrietechnik GmbH（简称 P&P）公司湿法废酸再生工艺技术，由某设计院完成详细设计。废酸再生（SAR）广泛用于处理含有硫酸和有机杂质的废气、废液。由于工艺气中含有水蒸气，也称为湿法制酸工艺。废酸再生装置与 $35×10^4$ t/a 烷基化装置联合建设，占地面积 1173.7m²。

废酸再生装置由废硫酸焚烧分解、工艺气氧化反应、硫酸冷凝浓缩、浓硫酸循环冷却、公用工程五部分组成，主要功能是将浓度约为90%的含有酸溶性油的废硫酸通过高温焚烧使酸性组分分解成SO_2、O_2和H_2O，通过催化剂使SO_2氧化为SO_3，再由SO_3与H_2O发生水合反应，生成H_2SO_4（湿硫酸），最后经过浓缩、冷凝后转化生成浓度约为98%的硫酸。

此次故障的高温热电偶使用在废酸再生装置焚烧炉上，使用环境为高温含酸强腐蚀性，热电偶为插深670mm的S型双支热电偶，套管材质为GH3030（高温合金）。

二、事故事件经过

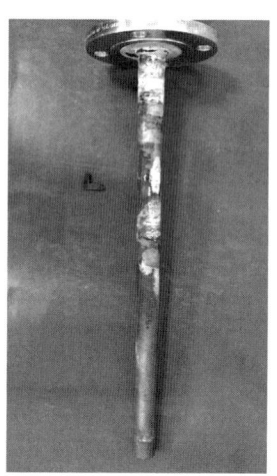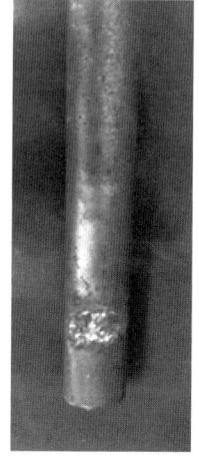

图 3-2 套管腐蚀的热电偶

2021年11月27日18时20分，废酸再生装置焚烧炉一体双支热偶TIS71012A、TIS71012B故障，SIS系统画面显示温度为零，工艺和仪表人员切除该热电偶三取二联锁（联锁低限775℃），仪表人员检查信号线路无问题。将TIS71012A/B热电偶拆下，检查发现保护套管在高温氧化强腐蚀性环境下出现严重腐蚀（图3-2），导致热电偶显示为0℃。

三、原因分析

（一）直接原因

套管腐蚀严重，进而导致热电偶故障。

（二）间接原因

保护套管材质不符合当前工况，设计温度1000℃，废酸焚烧炉内温度达到1120℃，且工艺介质具有强氧化性，GH3030材质的热电偶套管选型不当，不适用高温强氧化性环境，造成套管腐蚀损坏。

（三）管理原因

（1）装置设计阶段，未充分调研同类装置，实际工况偏离设计，设计温度为1000℃，操作温度达到1120℃，进而导致保护管材质选型不满足使用工况。

（2）测量具有腐蚀性介质的仪表选型不规范。

四、整改措施

（1）将热电偶保护套管材质由GH3030更换为耐高温和抗氧化性强的刚玉材质，涂层采用搪瓷涂层或蓝宝石涂层。

（2）排查同类热电偶的使用工况，检查该类热电偶的保护管材质，制定更换计划，将保护管材质由GH3030更换为刚玉材质。

五、经验教训

（1）热电偶设备选型时要充分考虑实际工况条件；对所选设备的材质要有充分的了解，确认是否满足极端使用条件。

（2）工程建设前期，收集同类装置热电偶的选型，吸取好的经验和做法，避免同类问题的发生。

案例四　常减压装置压缩机界面计无法测量

一、装置（设备）概况

某公司常减压装置常顶压缩机液位计设计选用带远传磁浮子液位计，测量常顶压缩机分液罐界位。

二、事故事件经过

某公司开工时期，由于在试运过程中，用水代替介质进行装置运行，作为常顶压缩机试运介质，全水状态下无界位发生，常顶压缩机液位设计为界位计，水联运中未发现常顶压缩机液位计存在测量误差，水联运结束后，油介质投用运行，在常顶压缩机分液罐中形成油水界位，设计选用的带远传磁浮子液位计不能正确测量界位，造成常顶压缩机不能正常运行，常顶气三天排放至火炬系统。

三、原因分析

（一）直接原因

（1）磁翻板液位计是连通器原理，根据浮力原理和磁性耦合作用，当被测容器中的液位升降时，浮子内的永久磁钢通过磁耦合传递到磁翻柱指示面板，使红白翻柱翻转180°，当液位上升时翻柱由白色转为红色，当液位下降时翻柱由红色转为白色，面板上红白交界处为容器内液位的实际高度，从而实现液位显示。

（2）磁浮子液位计无法测量的原因：磁耦合传递对介质的密度要求比较稳定，装置正常投用后介质变化较大，造成密度变化大，磁浮子无法测量，导致工艺不能正常判断界位。

（二）间接原因

常顶压缩机投用后，介质成分变化较大，造成密度变化大，磁浮子无法测量界位。

（三）管理原因

（1）在装置建设设计阶段，对带远传磁浮子液位计无法测量界面不清楚，仪表设备选型不合理。

（2）未仔细研读该台磁浮子液位计所测量的介质，未提出仪表存在无法测量的问题。

四、整改措施

经过工艺及设备工程师对介质密度进行分析计算，根据现场罐实际界位，重新设定分离罐的联锁值，将磁浮子液位计更换为双法兰液位计，更换后实现了常顶气压缩机的稳定运行。

五、经验教训

（1）认真核实仪表设备规格书是否偏离实际工况条件，如仪表被测介质是否满足仪表测量要求，若无法满足测量要求，需在经济、可靠、先进、合理的原则下，重新对仪表设备选型，确保装置平稳可靠运行。

（2）加强对技术人员的培训，掌握各类仪表的使用范围及测量原理，选用满足现场工况的仪表。

案例五 乙烯裂解炉炉膛微压仪表指示开路联锁停车

一、装置（设备）概况

某公司乙烯装置裂解炉炉膛负压仪表采用压力变送器控制，现场为引压管测量，仪表为210PT11X021A/B。两块仪表为控制仪表，控制方案为高选；210PXT11X020A/B/C 为联锁仪表，三块仪表联锁关系为三取二。联锁仪表的量程为-100~100Pa、联锁值为50Pa，仪表测量信号在3.2mA以下或21mA以上为超量程。

二、事故事件经过

乙烯裂解炉进料期间，工艺通过炉膛负压仪表210PT11X021（为A/B炉膛负压变送器210PT11X021A/B的高选值）控制引风机转速调节。联锁仪表210PXT11X020A/B/C 与控制仪表210PT11X021A/B测量位置条件相同，正压侧测量为炉膛内部压力、负压侧测量为大气压力（图3-3）。在裂解炉运行正常时炉膛负压联锁仪表210PXT11X020A/B/C突然出现超量程上限现象，触发裂解炉SD-2联锁停车。

图3-3 压力表安装示意图

三、原因分析

（一）直接原因

裂解炉炉膛负压联锁仪表 210PXT11X020A/B/C 显示超上限，触发裂解炉联锁停车。

（二）间接原因

现场裂解炉炉膛压力为微负压变送器，负压侧测量为大气压力，正压侧测量为炉膛内部压力，负压侧未采取防止大气干扰措施，当现场环境变化起风时，微负压变送器受影响导致压力出现波动，引起裂解炉联锁停车。

（三）管理原因

在微负压压力变送器投用期间，周边大气气压对仪表负压侧影响考虑不足。

四、整改措施

对微负压压力变送器负压侧安装空气阻尼器，降低大气压力变化对微负压仪表的影响。

五、经验教训

（1）在正常运行期间忽视了气压变化对微负压差压仪表的影响，导致正常操作中受气压影响触发联锁停车。负压侧采取安装空气阻尼器等措施，减少仪表波动。

（2）对微负压仪表出现波动时及时处理并进一步分析原因，制定管控措施。

案例六 乙烯装置乙烯机、丙烯机差压变送器不能正常使用

一、装置（设备）概况

某公司乙烯装置分离单元 E-1540D 换热器液位计，原设计是引压管式差压液位计，负压侧为气相。

二、事故事件经过

乙烯装置分离单元 E-1540D 换热器液位计，设计是引压管式差压液位计，负压侧为气相，使用过程中经常出现负压管充满丙烯液体，致使液位无法正常测量。

三、原因分析

（一）直接原因

分离单元 E-1540D 换热器差压液位计测量值比实际液位值小。

（二）间接原因

引压管式差压液位计，负压侧为气相，使用过程中经常出现负压管充满丙烯液体，致使液位无法测量。

（三）管理原因

液位计选型时未考虑到工艺介质凝液对测量的影响。

四、整改措施

对乙烯分离单元多台差压式液位计进行排查，根据检测介质列出排查清单，对不满足检测条件的仪表重新选型，将引压管测量差压液位计变更为双法兰差压液位计。

五、经验教训

（1）当乙烯装置引压管线为气体的差压液位计，引压管线会产生凝液，严重影响到仪表测量，在仪表选型时与设计院充分商讨论证后选择为双法兰液位计。

（2）设计选型时要严格把关，可能产生凝液的部位，没有特殊要求不选用引压管式的差压液位计，宜选用双法兰液位计。

案例七 常压炉、减压炉烟道挡板关闭时间长触发装置停工

一、装置（设备）概况

某公司常减压联合装置由某公司总包，某设计院设计，装置于 2017 年 7 月开工投产，炉子为某公司品牌，阀门为配套供货。

二、事故事件经过

2017 年 7 月 9 日 17 时 30 分，常减压装置发出指令单要求强制出电动机故障信号通过联锁逻辑来停常压炉鼓风机和引风机。根据指令单要求，仪表维保人员于 17 时 42 分 12 秒 860 毫秒强制出电动机故障，17 时 42 分 28 秒 161 毫秒燃料气阀门关闭联锁停炉。

三、原因分析

（一）直接原因

根据 SIS 逻辑动作设计，电动机故障信号引起鼓风机和引风机停机，同时发出水平烟道挡板和快开风门（图 3-4）打开命令。烟道挡板若在 15s 内未返回打开状态则会引发后续联锁关闭燃料气阀。停车原因为烟道挡板动作时间超过 15s，触发联锁关闭燃料气阀，常压炉停炉。

图 3-4　快开风门

（二）间接原因

烟道挡板执行器气路配置不规范，执行机构未配置快速排气阀。

（三）管理原因

仪表人员未真正有效落实水平烟道挡板执行机构气路配置，技术协议把关不严。

四、整改措施

炉子厂家技术人员到现场后对水平烟道挡板打开时间长的问题进行现场落实，经分析，水平烟道挡板和快开风门动作迟缓的原因是气缸排气缓慢，厂家采购快速排气阀安装后，常压炉烟道挡板打开时间 10.7s 左右，减压炉烟道挡板打开时间不到 5.8s，问题得到解决。

五、经验教训

在烟道挡板技术协议签订阶段，结合烟道挡板使用工况，选配适合现场实际工况的执行机构及附件。

案例八 渣油加氢Ⅱ系列原料泵出口流量低低联锁

一、装置（设备）概况

某公司 400×10⁴t/a 渣油加氢脱硫装置采用 UOP 公司的固定床渣油加氢脱硫工艺技术，以沙轻、沙中（1∶1）混合原油的减压渣油和减压蜡油的混合油为原料，经过催化加氢反应，进行脱除硫、氮、金属等杂质，降低残炭含量，为催化裂化装置提供原料，同时生产部分柴油，并副产少量石脑油、脱硫富氢气体和脱硫干气。

本装置的原料主要有来自罐区的冷蜡和冷渣、来自常减压装置的热蜡和热渣，渣油和蜡油的比例为 69∶31，渣油产品大部分送催化装置，部分送罐区；柴油送加氢精制装置或罐区；石脑油送石脑油加氢装置或罐区；脱硫富氢气体送至 PSA 装置；脱硫干气送至轻烃回收装置或燃料气管网。该工艺技术操作周期 8000h。

装置由反应部分、分馏部分、公用工程部分组成。

二、事故事件经过

2015 年 6 月 12 日 10 时 47 分，渣油加氢装置内操发现辅操台报警，二系列反应进料流量 FI2026A/B/C 三取二低低联锁，造成二系列反应加热炉 F201 联锁停炉，出口切断阀关闭。从而造成 P201 出口流量 FI2013A/B/C 低低联锁停二系列反应进料泵 P201。11 时 3 分联系调度，开启备用反应进料泵 P101S 二系列恢复进料，逐步恢复正常生产，由于发现处理及时保证了装置平稳运行，未造成更大的生产波动。现场仪表及取压点位置如图 3-5 所示。

图 3-5 现场仪表及取压点位置

三、原因分析

（一）直接原因

二系列反应进料流量 FI2026A/B/C 引压管内有凝液，低低联锁后造成二系列反应加热炉 F201 联锁停炉，出口切断阀关闭。

（二）间接原因

流量表 FI2026A/B/C 采用三取二联锁形式，检查发现 FI2026B/C 为差压孔板流量计且共用一组引压管测量。由于引压管伴热不足，引压管内渣油冷凝，使两台表同时达到联锁值，造成三取二联锁停炉、停泵、切断阀关闭。

（三）管理原因

（1）对三取二联锁仪表设置方式认识不深。
（2）未将同一个联锁回路使用的取源点分开，未考虑到共因失效因素。

四、整改措施

三取二联锁仪表应分别取压，独立分开设置。

五、经验教训

（1）调整仪表伴热温度需要考虑工艺介质的工况。
（2）按照 GB/T 50770—2013《石油化工安全仪表系统设计规范》要求，测量仪表及取源点宜独立设置。

案例九 制氢装置 PSA 单元仪表供风泄漏

一、装置（设备）概况

某公司含硫原油加工配套工程 $14 \times 10^4 Nm^3/h$ 制氢装置造气部分采用法国德希尼布（TECHNIP）技术，PSA（变压吸附）部分采用美国 UOP 专利技术成套设备，采用烃类水蒸气转化制氢+变压吸附提纯工艺路线。装置工程由某工程公司负责设计，某建设公司负责施工，某管理有限公司负责监理。装置主要由原料升压和精制部分、原料预转化部分、水蒸气转化部分、高温变换反应和工艺气热回收部分、PSA 净化部分、转化炉热量供应和烟气余热回收部分、双产汽系统等七个部分组成。

二、事故事件经过

2015年10月4日23时9分13秒，大制氢PSA三号塔4#阀门（位号230-PV9034）阀位偏差报警，造成三号塔与九号塔切除程序运行，PSA运行程序由12塔切为10塔运行。而后23时10分57秒PSA二号塔3#阀门（位号230-PV9023）也出现阀位偏差报警，造成二号塔与八号塔切塔，PSA运行程序由10塔切为8塔运行。由于在1min44s时间内造成两组塔切除造成解析气压力低低报警，导致大制氢转化炉炉膛负压（位号230-20PT004A/B/C）低低联锁停车。

三、原因分析

（一）直接原因

大制氢PSA在短时间内两组吸附塔切除造成解析气压力低低报警，导致大制氢转化炉炉膛负压（位号230-20PT004A/B/C）低低联锁停车。

（二）间接原因

（1）230-PV9034阀门定位器仪表供风压力表泄漏导致阀门大幅度波动，阀位出现偏差，导致PSA系统3#塔和9#塔切除控制程序；现场阀门定位器配套的仪表风压力表为碳钢外壳，碳钢外壳与沿海腐蚀环境不匹配，压力表泄漏（图3-6）。

（2）230-PV9023气缸上部转动部位有漏点，230-PV9023阀位反馈出现偏差；230-PV9023是高频气动阀门，频繁动作会造成气缸密封磨损的情况，气缸窜气（图3-7）。

图3-6　PV9034风表　　　　　　　图3-7　PV9023阀门执行机构

（三）管理原因

（1）对PSA系统36台调节阀阀门定位器配套的72台碳钢外壳压力表技术附件签订不仔细，未发现压力表材质存在问题。

（2）对高频阀门主动维护不到位，未及时发现气缸窜气的隐患。

四、整改措施

（1）将 PSA 系统 36 台调节阀阀门定位器配套的 72 台碳钢外壳压力表全部更换。

（2）针对 PSA 系统高频动作特点，制定专项巡检，维护保养及维修方案；定期检查维护，避免发生故障。

（3）各岗位加强日常巡检，对 PSA 系统阀门进行表单化管理，按照每天巡检、每周喷壶试漏的方式进行监控。

（4）完善备件储备，对气路附件、管阀件、阀门定位器、反馈板、气缸及密封，阀体及密封的各类备件进行完善补充。

五、经验教训

（1）在设计采购阶段，阀门选型时要充分考虑到沿海地区高湿、高腐蚀的环境因素。

（2）严格关键控制阀的管理，关键控制阀除了仪表专业的巡检，也要把相关信息交予属地装置，利用属地操作人员的高巡检频次对关键控制阀加大巡检力度，保证潜在故障能及时发现。

案例十 直柴加氢及焦化装置磁翻板浮子液位计显示不准确

一、装置（设备）概况

某公司加氢联合装置、焦化装置，部分位置采用磁翻板界位计测量，液位计如图 3-8 所示。

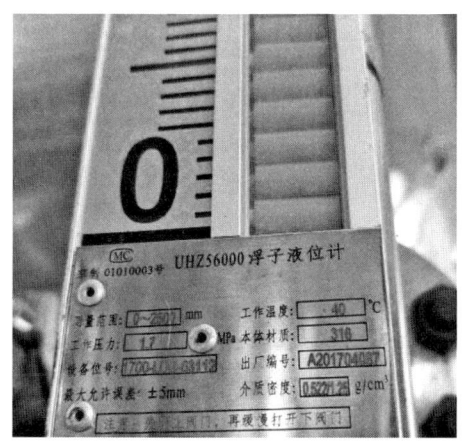 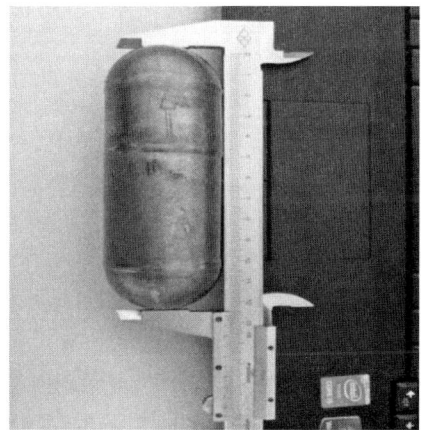

图 3-8　磁翻板和磁浮子现场图

二、事故事件经过

开工过程中多台磁翻板界面计显示不准,有 29 台磁浮子密度设置不正确,不满足设计要求无法使用,联系生产厂家全部重新制作更换。

三、原因分析

(一)直接原因

(1)部分磁浮子设计密度不正确。开工前期仅测试水能漂浮、轻油能沉底,未能保证界位浮子在正常生产下使用。

(2)现场采用设计压力的 1.5 倍进行设备打压,后打开检查发现 3 个浮子被压瘪。

(二)间接原因

技术规格书设计密度不准确。

(三)管理原因

管理人员未做好参数确认及质量把控。

四、整改措施

针对密度不正确的磁浮子,重新计算并制作浮子,根据生产情况陆续更换。

五、经验教训

仪表选用时应做好参数确认,确保各项参数符合要求。

案例十一 渣油加氢装置原料油过滤器 PLC 系统失电

一、装置(设备)概况

某公司 340×10^4 t/a 渣油加氢装置采用 UOP 公司的固定床渣油加氢脱硫工艺技术,以减压渣油、减压蜡油为原料,经过催化加氢反应,脱除硫、氮、金属等杂质,降低残炭含量,为催化裂化装置提供原料,同时生产部分柴油,并副产少量石脑油和燃料气。本装置将使某石化公司高硫油深加工能力得到有效提高,产品结构更趋合理,产品质量及环保状况得到显著改善,2019 年 4 月开工至今。渣油加氢装置原料油过滤器 S102A/B 为橇装设备,分别用于渣油加氢装置Ⅰ、Ⅱ系列原料油的过滤。每个系列各自配有 119 台进口某公司产品开关阀,共计 238 台阀门。

二、事故事件经过

2019年5月28日9时55分左右，工艺反应渣油加氢S102A原料油过滤器现场PLC触摸屏幕黑屏，重启触摸屏后，故障依旧。仪表人员拆开PLC机柜螺栓后，发现有线缆烧坏。经检查，PLC 24V DC供电线路设计不合理，对控制器、触摸屏、I/O卡件等采用同一组极连式连式接线方式进行供电，造成线缆热负荷过高，引起线缆发热烧坏绝缘层后短路，造成PLC机柜内24V DC端子排上触摸屏等其他供电线路受影响，表现为触摸屏黑屏。

三、原因分析

（一）直接原因

PLC供电线路设计不合理，对控制器、触摸屏、I/O卡件等每路24V供电未采用保险端子排，不利于卡件供电之间故障的隔离，导致一个故障点出现时影响其他相关设备。

（二）间接原因

PLC控制柜在现场，环境条件较差，现场环境温度较高。

（三）管理原因

对安装在现场的PLC控制柜管理薄弱，未定期检查正压通风效果。设备巡检工作不到位、不全面，特别是关键仪表回路，日常检查中只对接线进行紧固，没有对供电线路进行有针对性检查，未排查出供电回路无保险的隐患。

四、整改措施

（1）仪表人员重新制作电源线，修改接线形式，重新上电后，系统运行正常。
（2）编制电源改造方案，HG/T 4175—2011《化工装置仪表供电系统通用技术要求》，将控制系统供电与外部供电设备设施分开，最下级供电使用保险端子。
（3）制定巡检计划，确保正压通风的正常运行。

五、经验教训

（1）充分识别主装置以外橇装设备运行风险，提高仪表突发故障后的应急处置能力。
（2）对各类橇装设备现场PLC的供电方式进行全面检查，同时定期使用红外测温仪检查在用PLC卡件和供电电缆温度，形成记录。
（3）在装置建设阶段，审核各类橇装设备PLC供电方式，对于不满足HG/T 4175的情况，要求橇装设备厂家进行整改。
（4）在装置建设阶段，橇装设备不自带控制系统，应将橇装设备控制、联锁等功能引入DCS或SIS系统。

案例十二　工业摄像头供电电缆接地短路

一、装置（设备）概况

某公司储运一部中间原料机柜间负责原油的进厂、储存、脱水和装置供料，负责各加工装置原料的接收、储存、加温、脱水和装置供料。其中有 8 台原油罐，4 台减压渣油罐，3 台轻蜡罐，3 台重蜡罐。9 台渣油备用罐，3 台重污油罐，8 台石脑油罐，4 台轻重整油罐，2 台轻污油罐，2 台重芳香烃罐，7 台柴油罐，2 台航煤罐，3 台油浆罐，3 台脱硫渣油罐，1 台加氢尾油罐。

二、事故事件经过

2015 年 8 月 20 日 9 时 30 分，动力部电气接到电话，中间原料罐区机柜间部分仪表电源失电。到达现场检查发现 1#UPS 停电，1#UPS 所有指示灯熄灭。

中间原料罐区工业电视摄像头供电电缆出现接地短路故障，导致 UPS 一路电源跳闸失电，停电导致原油罐区和中间原料罐区电动阀控制器失电，3 台电动阀接收到 DCS 的 ESD 停车信号，电动阀自动关闭。事故造成常减压装置常一线产品无法出装置，渣油加氢中断冷料进料。

三、原因分析

（一）直接原因

工业电视摄像头、扩音对讲辅助设施供电电缆短路，造成 1#UPS 停电。

（二）间接原因

(1) 在设计阶段，工业电视摄像头、扩音对讲辅助设施未考虑 UPS 供电。
(2) UPS 的上下级空气开关负荷容量不匹配，造成越级跳闸。

（三）管理原因

(1) 对工业电视摄像头、扩音对讲辅助设施供电方案审查不严。
(2) 对新增设备供电设计变更管理不到位。

四、整改措施

将工业电视摄像头、扩音对讲等辅助生产设备供电应移出仪表设备 UPS 供电，改由单独运行供电。

五、经验教训

（1）工业电视摄像头、扩音对讲等辅助生产设备使用单独 UPS 供电。

（2）按照 SH/T 3082—2019《石油化工仪表供电设计规范》对供电设备进行供电，确保上级空开容量大于下级空开容量。

（3）未实现冗余供电的关键仪表设备适时改造，实现冗余供电。

案例十三　航煤加氢装置燃料气切断阀电磁阀失电

一、装置（设备）概况

某公司航煤加氢装置处理量 $80×10^4$ t/a，采用某石油化工研究院的煤油加氢处理技术，由某设计院负责设计，某化建负责施工，该装置由反应部分（包括循环氢压缩机）、分馏部分、碱洗部分三部分组成，其技术特点是反应压力低、氢油比小、催化剂活性高，可以满足生产航煤和低硫柴油两种工况。

二、事故事件经过

2015 年 10 月 10 日 11 时 57 分，由于长明灯压力 240P1025A/B/C 压力触发低报警联锁 240XV1002 关，导致加热炉 F101 停运，航煤加氢装置按照装置紧急停工预案方法处理，14 时 30 分 F101 炉长明灯点燃，装置重新恢复正常运行。航煤加氢装置流程图如图 3-9 所示。

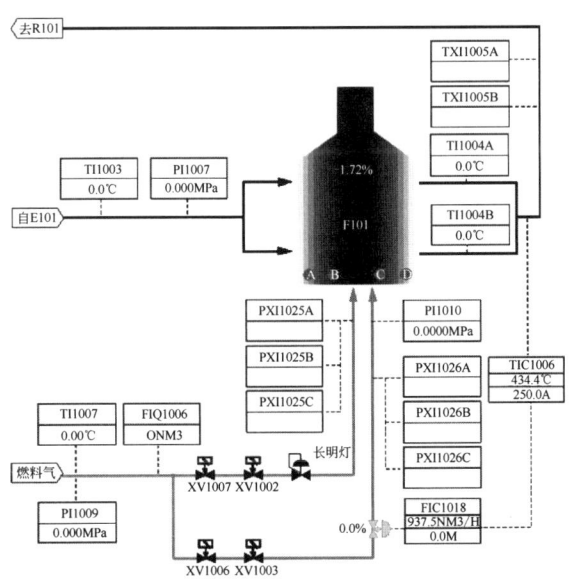

图 3-9　航煤加氢装置流程图

三、原因分析

（一）直接原因

燃料气长明灯切断阀 240XV1007 24V DC 电磁阀供电熔断器烧断（图 3-10），切断阀关闭，造成航煤加氢装置停工。

（二）间接原因

该快速熔断型熔断器在实验条件下额定电流为 3.15A（长期工作电流），在实际应用中长期工作电流应小于 0.75×额定电流 = 2.36A，考虑到 24V 电源电压下降，该回路正常功率 15W，最大负荷 60W，核算实际电流最小为 15W/22.4V DC = 0.7A，最大电流 60W/22.4V DC = 2.68A，故该回路长期工作电流为 2.68A，大于额定电流 2.36A。工作电流负荷长期较高，是熔断器熔断的间接原因。

图 3-10　240XV1007 24V DC 电磁阀供电现场图

（三）管理原因

仪表技术人员管理能力不足；未对仪表使用熔断器容量情况进行核算。

四、整改措施

针对此次事故，对系统熔断器进行带载核算，列出整改计划，按计划分批次更换。

五、经验教训

（1）对厂家新配控制系统熔断器、空开容量意识不强，未结合现场实际情况对容量进行核算，厂家如何配置，仪表人员就直接使用。

（2）装置开工后，未对关键仪表供电电源熔断器等主要保护元件的容量进行专项检查，存在装置停工隐患。

案例十四　硫磺回收装置卡件故障联锁动作

一、装置（设备）概况

某公司焦化 DCS 控制系统为 ABB 系统，控制器为 AC800F，故障报警卡件为数字量输入卡件 DI810。AC2-S6-M2 是由一个 DI810 卡件组成。

二、事故事件经过

2020年1月1日6时39分，焦化车间净酸性气燃烧炉、尾气焚烧炉联锁动作，酸性气放火炬。6时43分内操岗位将酸性气燃烧炉联锁报警条件改旁路，点击联锁复位恢复联锁投用，燃烧炉和尾气焚烧炉正常状态，调整操作6时58分生产恢复正常。

三、原因分析

（一）直接原因

DCS系统AC1-S6-M2 DI810卡件故障，信号恢复初始值，造成F101、F102联锁停炉。

（二）间接原因

（1）通过查曲线判断当时所有F101、F102相关联锁点同时动作是造成F101、F102联锁的原因，经查为DCS系统AC1-S6-M2 DI卡故障，此卡件上为F101、F102相关联锁回路：ZCA3504、ZOA3504、BSLL3501、BSLL3502、BSLL3641、BSLL3642、PSLL3501、PSHH3503、LSHH3501、LSHH3502、LSHH3504、DI3501、DI3502、DI3503、DI3504。

（2）联锁回路没有配置在冗余卡件上，卡件出现故障时无法切换，是F101、F102联锁停炉的间接原因。

（三）管理原因

建设时设计审查不严，参与联锁的信号回路采用非冗余卡件。

四、整改措施

（1）更换故障卡件，由于装置正在运行期间，未能将信号移至冗余卡件，择机进行冗余卡件整改。

（2）对全厂控制系统进行参与联锁信号卡件配置情况排查。

五、经验教训

在设计审查时，需注意对联锁信号卡件采用冗余配置。

案例十五　重整装置SIS系统24V DC电源故障

一、装置（设备）概况

某公司重整装置采用某公司产品搭建SIS控制系统，为连续重整装置服役，2011年投入使用。

二、事故事件经过

2015年10月21日11时44分56秒重整装置D-217三块仪表（液位开关）位号2208-LS2003A/B/C动作，同时有多个联锁条件触发，联锁动作导致2208-K202B和2208-K201停机，分馏塔底、脱戊烷塔底、脱C_6塔底防火阀关闭，P-102/212/203停，F101/102/205、四合一炉停炉，之后重整装置停车。

三、原因分析

（一）直接原因

SIS系统56#柜内24V DC电源PSU3、PSU4工作指示灯灭，电源故障，无24V DC电源输出，触发联锁。

（二）间接原因

（1）PSU3与PSU4电源之间无单向二极管保护，当一路电源出现短路故障时，引起电源电流互窜，导致PSU3与PSU4双电源无24V DC输出。

（2）8块DI端子板供电电源失电，对应连接的所有开关量信号出现断路，触发联锁。

（三）管理原因

SIS系统硬件设计不合理，两路24V DC电源出线侧并联时，未配置单向保护二极管。

四、整改措施

（1）对已发现故障的电源进行更换。

（2）对SIS系统电源使用钳形电流表测量电源输出电流，通过监测电源输出电流对负荷不平衡的电源进行输出电压调整，使其做功相同，以保证电源寿命的均衡。

（3）增加电源系统过程监控及报警。

（4）采用红外测温仪对电源供电端子进行巡检。

五、经验教训

在SIS系统集成时，应考虑在24V DC冗余电源在出线侧增加单向保护二极管，防止双电源之间互窜电流。

案例十六　乙烷制乙烯开工锅炉联锁逻辑不合理

一、装置（设备）概况

某公司乙烷制乙烯开工锅炉为某公司制造，型号 UG-150/4.2-Q，为全厂提供高压蒸汽，开工锅炉共设置 4 个燃烧器，开工锅炉联锁逻辑由 SIS 系统实现。开工锅炉 4#燃烧器 PID 图如图 3-11 所示。

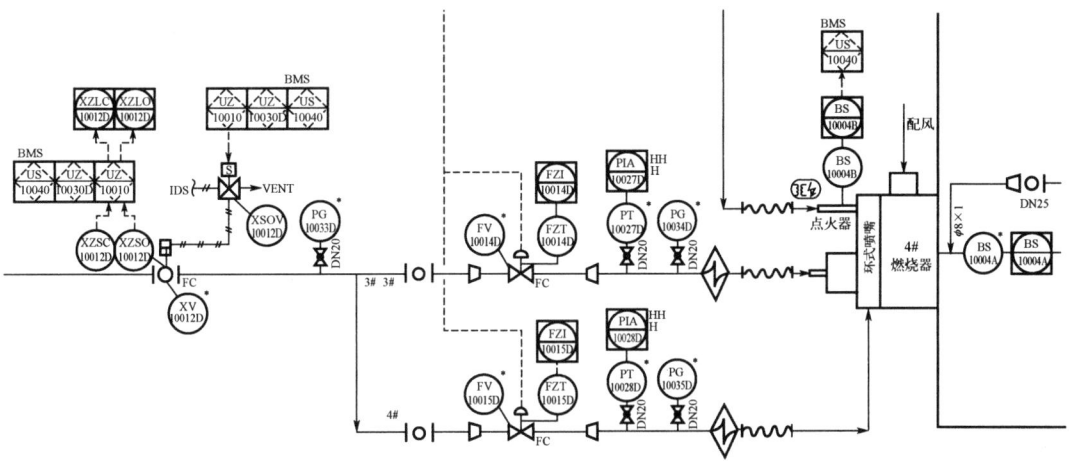

图 3-11　开工锅炉 4#燃烧器 PID 图

二、事故事件经过

2021 年 6 月 14 日 11 时 30 分，乙烯裂解内操监屏发现开工锅炉突然参数大面积报警，四只火嘴全灭火，开工锅炉停车。

三、原因分析

（一）直接原因

开工锅炉 4#燃烧器中心枪燃料气阀门回讯变送器故障，回讯信号从 55% 突然降至 1.24%，触发 4#燃烧器联锁动作，四只火嘴全灭，开工锅炉停车。

（二）间接原因

开工锅炉联锁逻辑设计不合理，当一只燃烧器故障关闭时，其他燃烧器一同关闭，最终导致锅炉联锁停车。

（三）管理原因

（1）装置设计阶段，工艺、仪表专业未发现"开工锅炉一只燃烧器故障关闭、其他燃烧器一同关闭"的缺陷。

（2）车间未对开工锅炉的联锁逻辑开展有针对性的培训，对联锁逻辑排查和掌握不足。

四、整改措施

（1）与开工锅炉成套设计方协商，变更及优化联锁逻辑，单只燃烧器故障不会造成停炉。

（2）燃料气阀门瞬时开度变化大于10%时，不应联锁停燃烧器，只为报警性提示。

五、经验教训

（1）在开工锅炉建设阶段，借鉴其他公司同类装置建设经验，从仪表选型、联锁逻辑逐一审核确认，具备条件时进行仿真测试，确保逻辑的可靠性和可用性，消除逻辑缺陷。

（2）加大联锁管理力度，重点对装置联锁、机组联锁、橇装设备联锁进行排查梳理。仔细研读控制程序和逻辑，编写联锁简易操作手册，做到全员会联锁、懂联锁。

案例十七 常减压和轻烃回收装置切断阀防火罩导致气控阀故障

一、装置（设备）概况

某公司新建 $500×10^4$ t/a 常减压装置由某研究院设计，常压处理量为 $500×10^4$ t/a，减压处理量为 $300×10^4$ t/a。新建 $500×10^4$ t/a 常减压蒸馏装置加工巴士拉原油和乌姆谢夫原油的混合原油，其中巴士拉原油为 $420×10^4$ t/a，乌姆谢夫原油为 $80×10^4$ t/a。其混合原油硫含量为2.77%（质量分数），重金属 Ni+V 的含量为 78.6mg/m³。考虑进口原油品种的多变性，本次设计混合原油的酸值按照 0.5mgKOH/g 进行设防。

2#常减压、轻烃回收装置切断阀采用平行双闸板闸阀，根据设计要求，安装了防火罩，用于在液态烃火灾中，保证执行机构在30min内升温不超过30~40℃。

二、事故事件经过

2#常减压、轻烃回收装置防火罩在装置开工正常后2018年10月安装完成，开工期间出现UV40301开回讯故障，仪表人员拆除防火罩后发现防火罩内温度过高，且阀门三位五通气控阀正在非正常排气，判断因温度太高造成三位五通气控阀橡胶密封圈老化。

随后对全部18台增加防火罩的阀门进行排查、拆除，检查发现UV-30501、UV-

40202、UV-30101 三台阀门气控阀漏风，判断因温度高导致密封件变形，阀门存在无法正常关闭隐患。

三、原因分析

（一）直接原因

气控阀附件受高温影响损坏，造成阀门不动作。

（二）间接原因

介质温度高，增加防火罩后的散热不足，导致防火罩内形成高温区域，影响仪表设备上的元件寿命。

（三）管理原因

对新产品的认识不足，未深入细致地了解防火罩的实际应用情况，未对此类新产品进行详细的调研，只是遵从设计要求。

四、整改措施

由于 SH/T 3005—2016《石油化工自动化仪表选型设计规范》中对防火罩的安装有要求，仪电技术人员和工艺技术人员对每台安装防火罩的阀门进行了安全距离测绘并返给设计院，在现有条件下，安装的防火罩无法形成有效的通风降温措施，不能保证罩内仪表元件的可靠性，与设计院沟通，在规范允许的情况下，取消防火罩。

五、经验教训

（1）目前切断阀防火规范要求中可采用防火罩和易熔塞两种方式，在选用防火罩时应充分考虑阀门附件包裹口的散热问题，若现场环境温度较高，建议使用易熔塞方式。

（2）对于防火罩的使用可根据夏季、冬季的情况灵活选择是否安装防火罩。例如夏季拆除防火罩散热，冬季安装防火罩。

第二节　施工安装及调试阶段典型案例

仪表在施工阶段，施工质量缺陷具有多发性、隐蔽性、造成后果严重的特点。仪表施工质量低，一是将影响到仪表的使用寿命，二是可能导致生产过程中的安全隐患，三是可能导致环境污染。探讨施工安装阶段的仪表故障案例意义重大。

案例一　蜡油加氢裂化装置加热炉流量阀有异物无法关闭

一、装置（设备）概况

某公司蜡油加氢裂化装置由某设计研究院设计，采用美国 UOP 公司的 Unicracking 加氢裂化工艺技术，装置以 1#和 2#常减压装置的减压蜡油和催化柴油为原料，生产重石脑油、航煤和柴油，副产轻石脑油、干气、低分气、汽提塔顶液和少量未转化油。装置设计规模为 $290×10^4$ t/a，实际加工量为 $276.67×10^4$ t/a，操作弹性为 60%～110%。年加工时数为 8400h。

循环氢加热炉流量调节阀采用了某公司的 Mark One 系列单座调节阀，压力等级 Class2500。

二、事故事件经过

循环氢加热炉流量调节阀 0203-FV-017001C 在开工期间突发卡死情况，调节阀只能关闭到 36%，无法再向下关闭，使用现场就地手摇也无法关闭，36%以上使用正常，判断为阀芯内部有异物卡住阀芯无法下移。因装置运行中，该阀门无副线，无法拆卸进行检查修复，只能等到装置停工时进行检查维修。在 2022 年停工检修期间，此阀拆下进行解体维修，发现内部卡住一根金属棍，清理修复磨损的阀内件后回装。

三、原因分析

（一）直接原因

调节阀阀体内有异物，调节阀卡无法关闭到 36%以下不动作。

（二）间接原因

（1）开工前期吹扫不净，导致异物进入调节阀阀芯，调节阀无法关闭。
（2）开工前的吹扫控制阀未下线，施工管控不足。

（三）管理原因

各级管理人员对施工质量把控不严，施工管控存在缺失。

四、整改措施

检修期间解体检查，清除异物恢复正常。

五、经验教训

开工前的工艺管线吹扫时应将仪表阀门拆下,用直管段连接进行吹扫,避免异物遗留在仪表阀门内部,造成仪表阀门损坏。

案例二　柴油加氢装置控制阀电磁阀进水故障

一、装置(设备)概况

某公司柴油加氢装置规模 $400 \times 10^4 t/a$。FV6011 为热高压分离器(V-1604)出口流量控制阀,其控制器 FC6011 作为副回路与热高压分离器液位控制器 LC6007 主回路构成串级控制,控制热高压分离器液位。其控制回路如图 3-12 所示。

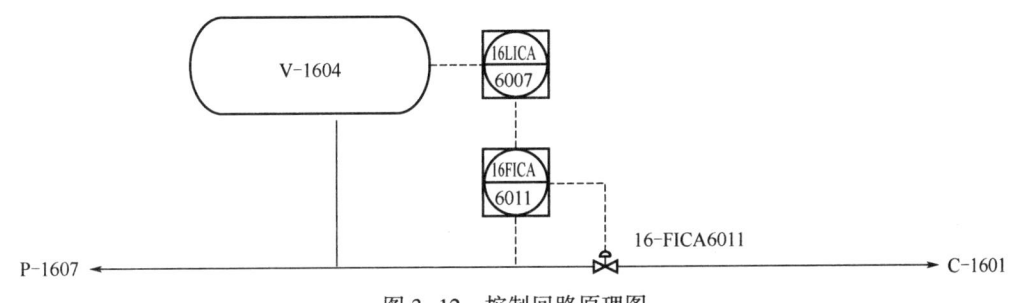

图 3-12　控制回路原理图

二、事故事件经过

2019 年 3 月 28 日 1 时 40 分,柴油加氢热高压分离器 V-1604 液位突然升高,出口流量 FT6011 降低,现场 FV6011 调节阀全关。操作员使用调节阀手轮将调节阀打开,同时通知仪表值班人员到现场进行检查。现场检查调节阀供风风压及电磁阀供电电压均无问题。操作工将阀门改为自动状态控制。

FV6011 是双作用高压控制角阀,使用某公司智能定位器,带电磁阀及事故风罐,既有控制功能又有联锁功能,故障状态下阀门关闭。

正常控制状态为电磁阀得电,控制阀由定位器控制,来自控制室的连续控制信号进行调节。在联锁条件满足状态下,执行联锁动作,电磁阀失电,切换风源气路,调节阀关闭。

现场对原电磁阀本体和供电线路进行检查。使用摇表对电磁阀供电线路进行线间和对地检查均正常,无接地短路现象。对供电熔断丝进行检查,正常无熔断。对拆下的电磁阀进行外观检查和线圈电阻测量,外观上,电磁阀接线盒内有水迹,阻值较小,判断是存在的水汽造成电磁阀线路部分短路,线圈电压降低,电磁阀动作切断气动切换阀供风,最终引起调节阀关闭。

三、原因分析

（一）直接原因

电磁阀内水汽影响电磁阀线圈正常工作。

（二）间接原因

三查四定工作不够细致，电磁阀现场保护工作未做好，电磁阀密封不严。

（三）管理原因

未制定详细的阀门安装后保护、保养与检查工作计划。

四、整改措施

（1）对仪表设备设施进行全面密封检查，同时对发现的问题做好相应整改措施。例如电磁阀、接线箱、挠性管、仪表设备本体及进线口、控制室进线口、地下仪表设备等都进行了排查。

（2）对电磁阀的检查制定防水检查标准、接口密封方式、接线标准、电磁阀电阻测试标准，同时对员工进行培训。

（3）对全厂电磁阀进行开盖检查，共发现问题电磁阀 19 台，全部进行了更换处理。其中一、二联合车间给电磁阀制作了防护罩，能够有效防止电磁阀进水。同时对电磁阀进线口及上盖进行密封，保证雨季电磁阀的防护。

五、经验教训

（1）电磁阀作为联锁回路中执行元件的一部分，在工业生产过程中起着重要的作用。保证生产的安全平稳运行，一定要保证电磁阀的稳定工作。

（2）仪表设备多由复杂的电子元件组成，长时间的水汽附着严重影响仪表设备寿命。在日常维护中，要做好仪表设备的防水措施。

案例三　470 余支热电偶套管进水故障

一、装置（设备）概况

某石化公司主要采用某公司生产的热电偶。在雨季时未重视仪表设备防水防潮工作，开工前设备保护不到位。

二、事故事件经过

催化联合装置两器系统烘炉期间有多个热电偶套管进水，造成温度测量值停留在

100℃左右，温度指示异常；渣油加氢脱硫装置、蜡油加氢裂化装置和制氢联合装置先后出现因温度套管进水造成温度显示异常；重整联合装置预试车时 TE-22006/22009/22003/22012 热偶套管进水造成温度指示异常。热电偶如图 3-13 所示。

图 3-13　热电偶图

三、原因分析

（一）直接原因

热电偶套管内进水，造成温度指示异常。

（二）间接原因

（1）环境温度早晚温差大，空气湿度较高，一次元件密封不好，导致套管内结露。

（2）一次元件上的螺纹连接、活接连接处及卡套没有做好密封紧固，雨水慢慢侵入一次元件套管内。

（三）管理原因

开工前未对已安装的热偶进行检查，没有预料到可能出现的问题并制定相应的管控方案。

四、整改措施

拆下热电偶吹干套管内积水，对一次元件上的螺纹连接、活接头连接处加聚四氟乙烯带缠绕紧固，保证所有连接处的密封完好。

五、经验教训

对热电偶套管进水问题，在施工安装和投用前对热电偶的套管一次连接等防水措施开展专项检查。

案例四　聚丙烯装置旋转下料器探头故障

一、装置（设备）概况

某公司聚丙烯装置旋转下料器，主体部分由电动机驱动油泵带动液压马达和给料器旋转下料；控制部分通过 PLC 控制安装在油泵上的电子位移控制器调整液压马达和给料器的流量和方向；转速测量部分由接近开关和"72 速度感应齿轮"测量转速，经过转速变送器模块转换为 4~20mA 模拟量信号输入给 PLC 控制器，PLC 控制器根据测量的转速信号与设定的转速值之间的偏差，调整下料器的转速实现流量控制。

二、事故事件经过

聚丙烯装置挤压造粒机组上游工段的旋转下料器 S5015 转速探头接近开关线路短路，导致下料器停止运行，从而导致挤压造粒机组主电动机低扭矩联锁停车。经现场检查，转速延长探头电缆被该下料器的电伴热带烤焦，造成线路短路，从而导致下料器停止运行。该下料器转速探头带 10m 的延长电缆，设备安装时被固定在下料器的外壳，且没有安装保护管，而下料器本体带电加热装置，阀体被保温层覆盖，转速探头延长电缆也被保温层覆盖。由于电缆长时间在高于 70℃ 温度下焦烤，电缆保护层被熔化，造成线路短路。

三、原因分析

（一）直接原因

转速探头延长电缆被 S5015 下料器的外壳烤焦，造成线路短路，从而导致下料器停止运行，挤压造粒机组主电动机低扭矩联锁停车。

（二）间接原因

（1）S5015 下料器转速探头带 10m 的延长电缆，设备安装时被固定在下料器的外壳，且没有安装保护管。

（2）S5015 下料器本体带电加热装置，且物料温度过高，旋转下料阀和转速探头延长电缆一同被保温层覆盖，延长电缆长期处于高温环境。

（三）管理原因

（1）施工风险辨识不到位，没有及时识别出阀体和转速探头延长电缆一同长期处在 70℃ 以上被保温层覆盖的环境下可能造成延长线烤焦短路的风险。

（2）三查四定工作不到位，设备安装时未发现 S5015 下料器转速探头的 10m 延长电缆被固定在下料器的外壳，且没有采取隔热保护措施。

四、整改措施

（1）探头延长电缆采取隔热措施。

（2）举一反三排查高温设备是否存在电源、信号线靠近设备本体的情况，一经发现立即整改。

五、经验教训

（1）在设备安装时没有考虑到 S5015 下料阀本体带电加热装置，物料温度过高，造成下料阀的外壳温度偏高，且没有安装转速探头延长电缆隔热设施。当线路周围环境温度超过65℃时，应采取隔热措施。

（2）施工没有按照 GB 50093—2013《自动化仪表工程施工及质量验收规范》中"仪表电缆和仪表支架不能固定在设备本体上，线路不宜敷设在高温设备和管道上方"的要求。

案例五　硫磺回收装置尾气炉火焰检测器检测不到信号

一、装置（设备）概况

某公司硫磺回收装置尾气炉点火枪采用杜克点火系统，其燃烧器由以下几个部件构成：安装有耐火衬里的燃烧室、空气导流器、中心气枪和气鼻，如图 3-14 所示。

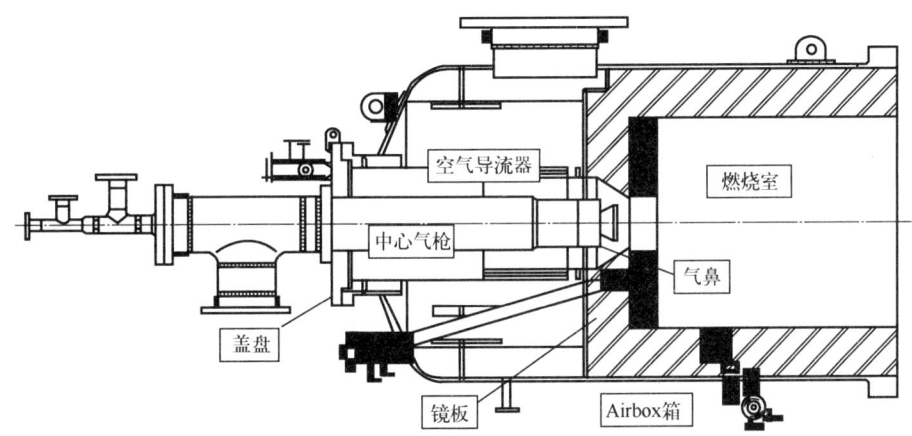

图 3-14　杜克燃烧器结构示意图

杜克燃烧器最主要的特点就是燃料气和燃烧空气高强度涡流预混原理，燃烧空气通过配风筒，然后再通过空气导流器，通过空气导流器后，气体变成高强度的涡流态。当空气通过气鼻注入燃烧室时，流速达到最大。在气鼻处，燃料气与空气进行高强度的混合。燃烧室的火焰前端形成一股高强度的湍流，从而保证燃烧器中燃料气和空气充分地燃烧。这种空气动力学的设计使得在燃烧室内形成的涡流态的火焰。这种高强度稳定的火焰在燃烧室的前端形成一个高强度的热源。

燃烧器装备了两台火焰检测仪，每台火检仪安装在旋转接头上，旋转接头主要用于调节火检仪安装角，作用为监测火焰燃烧情况。

二、事故事件经过

硫磺装置首次引入瓦斯（天然气）烘炉，先对尾气炉点燃点火枪，制硫炉点燃点火枪和主火嘴，按照升温曲线升温，在点尾气炉主火嘴时，多次点火均告失败。

三、原因分析

（一）直接原因

火检仪的看火窗部分被火盆遮挡，导致火检仪检测不到火焰信号，BMS 系统联锁停炉。

（二）间接原因

(1) 燃烧器开孔存在偏差，造成火检仪无法检测到火焰信号。
(2) 火检仪参数设置不合理。

（三）管理原因

管理人员对设备结构、原理不掌握，未能及时判断出燃烧器结构及角度偏差问题所在。

四、整改措施

多次调整火焰检测器角度，调整火焰检测器参数后使用正常。

五、经验教训

参与联锁的火焰检测器的安装角度及参数设置应安排制造厂家现场服务，并进行调试及培训工作。

案例六　渣油加氢装置新氢机组仪表引压管线卡套崩脱

一、装置（设备）概况

某石化公司 $340×10^4$ t/a 渣油加氢装置采用 UOP 公司的固定床渣油加氢脱硫工艺技术，以减压渣油、减压蜡油为原料，经过催化加氢反应，脱除硫、氮、金属等杂质，降低残炭含量，为催化裂化装置提供原料，同时生产部分柴油，并副产少量石脑油和燃料气。本装置将使公司高硫油深加工能力得到有效提高，产品结构更趋合理，产品质量及环保状况得到显著改善，2019 年 4 月开工至今。$340×10^4$ t/a 渣油加氢装置新氢压缩机 K-102ABC 为往复式压缩机，二开一备。型号 4M150-57/21.18-221.99-Ⅰ；功率 6483kW；转速 333r/min；各列气缸水平布置并分布。渣油加氢 4M150 为某公司首次全国产化机组。

二、事故事件经过

2018 年 10 月 6 日晚，渣油加氢 K102C 机组四级排气压力 PT-801009C 的引压管线发生了脱落，卡套崩开，氢气泄漏，现场紧急处理，关闭一次阀，更换卡套及两阀组。此次崩脱的仪表引压线由 $\phi12mm$ 不锈钢 TUBE 管、两阀组、卡套接头组成。由于渣油加氢、加氢裂化新氢机的各级压力仪表工作环境比较复杂：一是介质为高压氢气，高压氢气长期与钢材接触容易造成钢材发生氢脆现象（氢脆是溶于钢中的氢，聚合为氢分子，造成应力集中，超过钢的强度极限，在钢内部形成细小的裂纹），造成钢管卡套处松动，容易造成卡套处松脱；另外卡套接头都是与 TUBE 管连接，TUBE 管壁厚一般都不大，所以有发生断裂的风险。二是往复机振动大，引压管线连接在往复机上，振动传导到卡套接头处，极易造成卡套振动导致松脱。现场取压管线卡套安装如图 3-15 所示。

图 3-15 现场取压管线卡套安装图

三、原因分析

（一）直接原因

卡套连接的仪表引压管线受到长期振动，导致卡套松脱。

（二）间接原因

新氢机组为往复机组，振动较大，造成引压管线振动，引起卡套脱落。

（三）管理原因

（1）对振动部位的卡套连接未引起足够的重视。
（2）卡套未按照厂家的要求，采用定力矩扳手紧固。

四、整改措施

此处为高压，应用 PIPE 硬管连接。往复式压缩机压力的仪表引压管线由 TUBE 管连接方式更改为 PIPE 管焊接连接。

五、经验教训

（1）开工期间，应对泵出口等管线设备振动大的部位进行排查，采取防振措施，防止仪表引压管线因振动造成松脱等故障问题。
（2）振动大的部位无法采取防振措施时，应采用焊接连接。

案例七　蜡油加氢裂化装置罐液位计浮球连杆弯曲

一、装置（设备）概况

某公司 290×10⁴t/a 蜡油加氢裂化装置由某研究院设计，采用美国 UOP 公司的 Uni-cracking 加氢裂化工艺技术，催化剂选用某公司提供的保护剂 MaxTrap［Ni，V］TL（2.5）、MaxTrap［Ni，V］VGOTL（2.5）、OptiTrap［Medallion］MD16、OptiTrap［MacroRing］HC（8.0）SS、OptiTrap［Ring］HC（4.8）、加氢精制催化剂 DN-3552、加氢裂化催化剂 Z-FX11 和 Z-673，装置以 1#和 2#常减压装置的减压蜡油和催化柴油为原料，生产重石脑油、航煤和柴油，副产轻石脑油、干气、低分气、汽提塔顶液和少量未转化油。装置设计规模为 290×10⁴t/a，实际加工量为 276.67×10⁴t/a，操作弹性为 60%～110%，年加工时数为 8400h。蜡油加氢裂化装置在重污油罐、轻污油罐、贫胺液罐的液位测量采用了某公司的顶装磁致伸缩液位计。

二、事故事件经过

蜡油加氢裂化装置重污油罐、轻污油罐、贫胺液罐液位采用了顶装磁浮子加磁致伸缩远传液位计，前期开工时发现三台仪表均无法正常显示，拆卸后发现内浮球连杆严重弯曲（图 3-16）。将内连杆校正以后，将法兰中心导向孔加大至 14mm，内部限位杆加粗，减少摩擦力，并在法兰上焊接 DN100mm 钢管，在钢管上每隔 20cm 开导流孔，形成连通器原理，使浮子在钢管内部运动，防止人为或流体运动侧向力导致内连杆再次弯曲，杜绝了该问题的发生。

图 3-16　浮子弯曲示意图

三、原因分析

（一）直接原因

内浮球连杆严重弯曲，浮球上下运行不畅，导致液位失灵。

（二）间接原因

（1）安装问题，由于液位计量程范围大，内浮球连杆长度大，安装时操作不当容易导致连杆弯曲。

（2）液位计安装位置靠近泵出口，污油泵运行时，液体流动形成旋涡，由于液位计靠近泵出口，导致旋涡将内浮球连杆拉弯。

（三）管理原因

（1）施工过程管控不严，对液位计的安装没有全程跟踪。

（2）对液位计的安装位置考虑不周，未发现安装在泵出口附近液体旋涡流动所带来的影响。

四、整改措施

将内连杆校正以后，将法兰中心导向孔加大至 14mm，内部限位杆加粗，减少摩擦力，并在法兰上焊接 DN100mm 钢管，在钢管上每隔 20cm 开导流孔，形成连通器原理，使浮子在钢管内部运动，防止人为或流体运动侧向力导致内连杆再次弯曲，杜绝了该问题的发生。

五、经验教训

对重要仪表的安装要全程跟踪，确保仪表安装质量。

案例八 制氢装置部分中压蒸汽调节阀异物卡涩

一、装置（设备）概况

某公司 $16\times10^4 Nm^3/h$ 制氢装置是某公司炼油质量升级与安全环保技术改造工程中的一套新建装置。装置造气部分引进 Technip 公司的工艺技术，采用轻烃水蒸气转化法的工艺路线，富含氢气的变换气采用某公司 PSA（变压吸附）方法提纯。

制氢装置调节阀采用了 ATS、APS、ASB、APB 等多种型号的快换式单座调节阀、压力平衡式单座调节阀，还有部分 ABM、APM 平衡式笼式调节阀。

二、事故事件经过

制氢装置开工以后，部分中压蒸汽调节阀陆续出现卡涩、大范围波动等异常现象。初步怀疑调节阀长期保持在小范围开度内，因介质温度高导致石墨填料的润滑性能不足而导致。由于制氢装置采用了德西尼布工艺包，调节阀没有副线，无法拆下解体检查，所以采用对调节阀密封填料、阀杆喷涂高温防烧剂的措施，定期进行润滑，减少卡涩情况发生。采取润滑措施后，部分调节阀卡涩现象减少，仍有部分调节阀不定期卡涩，甚至引起装置波动。

调节阀解体检查，发现问题如下：

（1）通过对故障调节阀0213-20FV-00111的拆解，发现阀门阀杆弯曲严重，介质较脏，缸套内结垢严重，阀芯和上套筒拉伤，如图3-17所示，导致阀门卡涩，更换上套筒、阀杆、活塞环及密封件。

图 3-17 阀杆弯曲缸套内结垢情况

（2）0213-20FV-00111执行机构在手动模式下切至自动模式后，阀门出现大范围波动。

（3）0213-20FV-00111执行机构膜头下盖漏风。

（4）0213-74FV00111、0213-74PV004-111现场拆解阀门后发现上套筒内壁有拉伤痕迹，活塞密封环沿运行方向呈锯齿状损坏，阀杆填料处有磨损，如图3-18所示。

 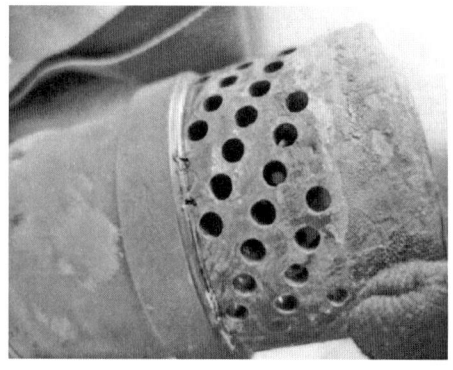

图 3-18 密封环及内件损伤情况

(5) 0213-75PV004-211 阀门内漏，现场拆检，阀笼有明显被硬物损伤的痕迹，阀座圈及阀笼腐蚀严重。

三、原因分析

（一）直接原因

调节阀内件磨损、损伤严重，导致运行中卡涩。

（二）间接原因

开工前期吹扫不净，导致异物进入调节阀阀芯，造成调节阀卡涩。

（三）管理原因

（1）开工前的吹扫不彻底，未达到清洁度要求，施工管控不足，导致异物进入阀体内。
（2）调节阀制造厂质量验收不严，未发现执行机构缺陷。
（3）吹扫期间管理不严，仪表阀门未下线。

四、整改措施

调节阀解体维修阀内件，处理相应故障的阀内件后回装，经打压试验、校验后投用正常。

五、经验教训

开工前的工艺管线吹扫要彻底，并应将仪表阀门拆下，用直管段连接进行吹扫，避免杂质遗留在仪表阀门内部，造成仪表阀门非正常损坏。

案例九 蜡油加氢裂化装置低速泄压放空阀泄漏

一、装置（设备）概况

某公司 290×10^4 t/a 蜡油加氢裂化装置由某勘察设计研究院设计，采用美国 UOP 公司的 Unicracking 加氢裂化工艺技术，催化剂选用某公司提供的保护剂 MaxTrap［Ni，V］TL（2.5）、MaxTrap［Ni，V］VGOTL（2.5）、OptiTrap［Medallion］MD16、OptiTrap［MacroRing］HC（8.0）SS、OptiTrap［Ring］HC（4.8）、加氢精制催化剂 DN-3552、加氢裂化催化剂 Z-FXll 和 Z-673，装置以 1#和 2#常减压装置的减压蜡油和催化柴油为原料，生产重石脑油、航煤和柴油，副产轻石脑油、干气、低分气、汽提塔顶液和少量未转化油。装置设计规模为 290×10^4 t/a，实际加工量为 276.67×10^4 t/a，操作弹性为 60%～110%，年加工时数为 8400h。高压联锁阀门采用的是某公司双平行闸板阀。

二、事故事件经过

蜡油加氢裂化装置开工以后，工艺人员发现低速泄压放空阀存在漏量。经过拆卸检查发现阀板密封面存在划伤（图3-19），经过紧急返厂进行维修，研磨阀板，修复阀座，回装投入运行解决了漏量问题。另外循环氢压缩机入口、出口切断阀也发现有漏量，预判也应该是阀内件有损伤，因开工期间无法处理，待停工后处理。

 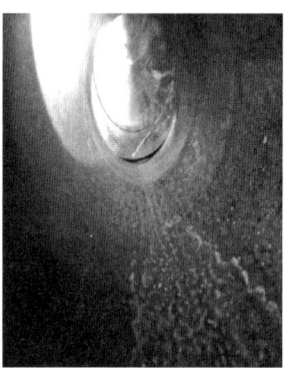

图3-19 阀内件损伤

三、原因分析

（一）直接原因

经过拆除阀体两侧法兰检查阀内件发现阀板阀座有损伤，导致阀门密封不严内漏。

（二）间接原因

工艺管线内有杂质在阀门开关时附着在阀板阀座上导致磨损阀内件。

（三）管理原因

开工前工艺管线吹扫不净，导致工艺管线内的焊渣等金属颗粒附着在阀内件，引起阀门开关测试时磨损阀内件。

四、整改措施

（1）返厂进行维修，研磨阀板，修复阀座，回装投入运行。

（2）对重要的仪表阀门，无副线的阀门及开工过程中无法下线的阀门，在窗口检修及停工期间进行下线检查处理，进行阀门主动维修，发现问题及时解决。

五、经验教训

开工前的工艺管线吹扫一定要彻底，并应将仪表阀门拆下，用直管段连接进行吹扫，

第三章 仪表

避免杂质遗留在仪表阀门内部，造成仪表阀门阀内件非正常损坏。

案例十　制氢装置蒸汽孔板流量计引压管安装不合理

一、装置（设备）概况

某公司制氢联合装置为某公司 1300×10^4 t/a 炼油项目新建装置，总产氢能力 $27 \times 10^4 Nm^3/h$。核心的制氢造气部分采用 TECHNIP 的烃类水蒸气转化技术，氢气提纯采用天一科技的 PSA（变压吸附）技术。制氢联合装由某公司设计，由某公司承建。装置的节流元件为某公司的产品，型号为 DFKBF0250B050。

二、事故事件经过

蒸汽测量仪表及三取二联锁流量仪表共四块，都是从一块孔板上取的压，各自经过冷凝罐后引压入变送器，但实际使用中，有两块仪表指示有偏差，比实际值高出 20%。现场安装情况如图 3-20 所示。

图 3-20　现场安装情况

经过对仪表引压管进行排放，发现引压管均能排出蒸汽，建立冷凝液后，会出现指示误差。

三、原因分析

（一）直接原因

正、负压侧引压管内凝结水量不一致，负压侧凝结水高于正压侧凝结水，造成测量误差。

（二）间接原因

引压管线施工布线不规范，蒸汽取压未在中心线上45°；凝液罐未高于管道中心管线。

（三）管理原因

施工质量验收未考虑周全，三查四定工作未发现此类问题。

四、整改措施

（1）对于蒸汽仪表的取压形式，要求为水平中心线呈0°~45°向上取压，这样可以消除汽液共存产生的液位差。

（2）对隔离罐进行隔离液填充，避免冷凝液不均导致测量误差。

五、经验教训

施工安装及验收要严格按照介质的特性、取压口的方位、引压管倾斜方向、坡度铺设形式，隔离器、冷凝器的安装均应符合设计文件及相关规范要求执行。

案例十一　废酸再生装置高温过滤器吹扫电磁阀故障

一、装置（设备）概况

某公司 $2.5×10^4$ t/a 废酸再生装置2017年2月批准立项，2019年5月破土动工，2020年11月中交。装置采用奥地利P&P Industrietechnik GmbH（简称P&P）公司湿法废酸再生工艺技术，由某公司完成详细设计。废酸再生（SAR）广泛用于处理含有硫酸和有机杂质的废气、废液。由于工艺气中含有水蒸气，也称为湿法制酸工艺。废酸再生装置与 $35×10^4$ t/a 烷基化装置联合建设，占地面积 $1173.7m^2$。

废酸再生装置由废硫酸焚烧分解、工艺气氧化反应、硫酸冷凝浓缩、浓硫酸循环冷却、公用工程五部分组成，主要功能是将浓度约为90%的含有酸溶性油的废硫酸通过高温焚烧使酸性组分分解成 SO_2、O_2 和 H_2O，通过催化剂使 SO_2 氧化为 SO_3，再由 SO_3 与 H_2O 发生水合反应，生成 H_2SO_4（湿硫酸），最后经过浓缩、冷凝后转化生成浓度约为98%的硫酸。

吹扫过程为电磁阀带电时，电磁阀阀芯动作，膜片顶开，净化风通过电磁阀进入高温过滤器进行吹扫。吹扫电磁阀规格型号为8332600.4680.024.00 Class150，材质316，内含TPE橡胶膜片。电磁阀如图3-21所示。

二、事故事件经过

2021年10月20日，废酸再生装置在开工过程中，现场多台高温过滤器吹扫电磁阀出

图 3-21　电磁阀现场图

现了"无法吹扫，气路存在堵塞"的现象。如图 3-21 箭头表示气路方向。

电磁阀带电失电测量电压正常，证明线路无故障。测量线圈阻值、绝缘正常。检查气路，将电磁阀解体进行检查，发现在安装吹扫阀时，高温过滤器与电磁阀之间的短管采用螺纹连接，螺纹上涂抹大量螺纹密封胶，密封胶进入阀体，将膜片与电磁阀阀体的进气口粘连在一起，阀门动作失灵，净化风无法进入高温过滤器。而且由于密封胶涂抹量较大，进入电磁阀阀芯，对阀芯产生腐蚀，如图 3-22 所示。

图 3-22　密封胶熔化后膜片与进气口粘连及阀芯锈蚀图

三、原因分析

（一）直接原因

密封胶进入电磁阀体中导致动作失灵。

（二）间接原因

施工人员能力不足。为了省时省力对于螺纹密封采取密封胶进行密封，且盲目作业，作业质量粗糙，大面积涂抹密封胶。

（三）管理原因

（1）施工质量把控严，对设备安装质量验收存在死角。
（2）对一些设备附件的检查重视程度不够。

四、整改措施

（1）将电磁阀全部解体进行清胶处理，将膜片与电磁阀阀体进行剥离并清理多余的密封胶。

（2）采用聚四氟乙烯生料带进行螺纹密封。

五、经验教训

（1）选用合适的密封材料，确保设备的正常使用及规范化安装。

（2）对施工安装全过程质量进行控制。严禁施工人员采取不合规手段进行安装作业。

案例十二　航煤加氢装置循环机振动信号故障

一、装置（设备）概况

某公司生产二部航煤加氢装置年处理量 $80×10^4$ t，采用某石油化工研究院的煤油加氢处理技术，由某公司负责设计，某化建负责施工，该装置由反应部分（包括循环氢压缩机）、分馏部分、碱洗部分三部分组成，其技术特点是反应压力低、氢油比小、催化剂活性高，可以满足生产航煤和低硫柴油两种工况。装置于2013年10月28日中交，2013年12月17日产出合格产品，一次开车成功。240-K101A循环氢压缩机为往复式压缩机，由某公司生产，型号DW-31.3/(14.5-27.5)-X，两列一级压缩，功率800kW，气缸及填料均为无油润滑设计，进排气压力分别为1.45MPa、2.75MPa，主要作用是为航煤加氢反应提供循环氢。

二、事故事件经过

受打雷影响，航煤加氢装置循环机K101A机身振动探头0VT5101A振动值误指示超高，导致循环氢压缩机联锁停车，航煤加氢装置联锁停工。

三、原因分析

（一）直接原因

机身振动探头误指示，导致机组联锁停车。

（二）间接原因

通过现场调查发现，工程施工期间现场接线箱将4台振动仪表信号线分屏蔽层汇总为一条屏蔽线，通过多芯电缆总屏蔽层接入仪表机柜间，做法与设计图纸不符，未严格按照设计图纸进行施工。此种做法会造成测量信号的相互干扰。因总屏蔽层未做接地，分屏蔽层又共用，在雷电干扰下造成指示波动。

（三）管理原因

装置在施工建设期间，施工单位未按照设计图纸施工，缺乏施工质量管控。

四、整改措施

装置具备停工检修机会时，对信号电缆屏蔽层进行处理，按照设计图纸进行整改。

五、经验教训

工程施工安装阶段，对施工单位的施工质量一定要层层把关，要落实施工质量"自检、互检、专检"制度。

案例十三　PSA装置压缩机轴瓦温度联锁停车

一、装置（设备）概况

某公司重整氢提纯装置PSA提供纯度为99.9%的氢气，副产品炼厂气可作为燃料气使用，亦可作为制氢装置原料气使用。装置由PSA吸附塔吸附主体部分、解吸气压缩机部分和公用工程部分组成。解吸气压缩机（202-K101）是将含氢混合气中提纯氢气后的解吸气进行升压，送出装置进入燃料气管网的机械设备，是将氢气资源回收再利用的节能设备。

二、事故事件经过

氢气提纯装置解吸气压缩机202-K101高压侧支撑轴瓦温度TE1247误指示（150℃），高高报警（联锁值115℃），导致压缩机联锁停车。

三、原因分析

（一）直接原因

高压端支撑瓦温度TE1247指示150℃，触发高高联锁停车。

（二）间接原因

TE1247公共端端子松动，导致接线虚接，造成轴瓦温度误报，机组联锁停车。

（三）管理原因

（1）施工期间未对连接线及端子进行有效检查，造成装置运行过程中接线端子松动，温度显示异常，导致联锁停车。

(2)施工管理不规范，验收标准低。

四、整改措施

重新紧固端子，TE1247 显示正常。

五、经验教训

开车前要对端子紧固进行专项排查工作，检查内容落实到个人，签字确认。

案例十四 烷基化装置压缩机组急停按钮端子松动停机

一、装置（设备）概况

某公司烷基化装置采用某公司硫酸法碳四烷基化工艺技术，设计生产能力为 $16×10^4$t/a 烷基化油，设计 2 台反应器和 2 台酸沉降器，装置年开工按 8400h 设计，装置操作弹性为 60%~120%。

本装置采用硫酸法碳四烷基化工艺技术，以 MTBE 装置来的醚后碳四以及加氢裂化装置来的液化石油气中的碳四为原料，经过原料选择性加氢与脱轻烃、烷基化反应、闪蒸及压缩制冷、反应产物精制、反应产物分馏等工序，最终生产出烷基化油。

二、事故事件经过

2020 年 9 月 7 日 9 时 30 分，烷基化装置 SIS 联锁 3219-I-6201 误动作，CCS 系统接收到自 SIS 系统的联锁停机信号，导致制冷压缩机 K601 停机，同时打开 K601 入口分液罐放空紧急切断阀 3219-XOV-6201，关闭 K601 入口紧急切断阀 3219-XCV-6202 和 3219-XCV-6203，造成生产小幅波动。

在 CCS 系统 SOE 记录中发现 9 月 7 日 9 时 30 分 59 秒，烷基化装置 SIS 系统辅操台上 K601 紧急停车按钮 3219-HS-6200 动作，触发 SIS 系统联锁 3219-I-6201 动作，CCS 系统接收到自 SIS 系统发出的停车信号后联锁停机。

三、原因分析

（一）直接原因

SIS 系统的停机信号 3219-XS-6201 导致 K601 联锁停机。

（二）间接原因

烷基化 SIS 系统辅操台内紧急停车按钮 3219-HS-6200 接线端子存在松动、虚接现象（图 3-23），导致 3219-I-6201 联锁动作，从而触发 K601 联锁停机。

图 3-23 辅操台内接线端子虚接

（三）管理原因

（1）管理及技术人员对施工质量把关不严，没有对端子紧固工作起到跟踪、监督作用。
（2）未深刻吸取学习公司内部因端子松动造成停车的教训，未做到举一反三排查与整改。

四、整改措施

（1）举一反三紧固 SIS、CCS 系统及中心控制室机柜间内接线端子，确保无松动。
（2）在停车检修期间，对仪表接线端子全面检查紧固，明确责任人，并建立端子紧固台账。
（3）严格落实新建项目施工质量，同时强化过程管控和质量验证，落实各环节责任。
（4）对急停按钮等开关建议采取双触点双接线整改。

五、经验教训

（1）加强新建项目的过程管控和质量验收。
（2）装置停车检修期间，分工明确，落实责任人，对接线端子紧固工作进行全覆盖，杜绝盲肠死角。

案例十五 空分装置膨胀机轴承温度高联锁停车

一、装置（设备）概况

某公司空分装置用于给全厂提供所需的低压氮气及高压氮气，设计规模 0.8MPa 低压氮气 8000Nm^3/h，2.6MPa 高压氮气 5000Nm^3/h，流程中的 2 台膨胀机是关键设备，并设置温度、转速探头用于机器运行参数监测和保护，空分膨胀机 PID 图如图 3-24 所示。

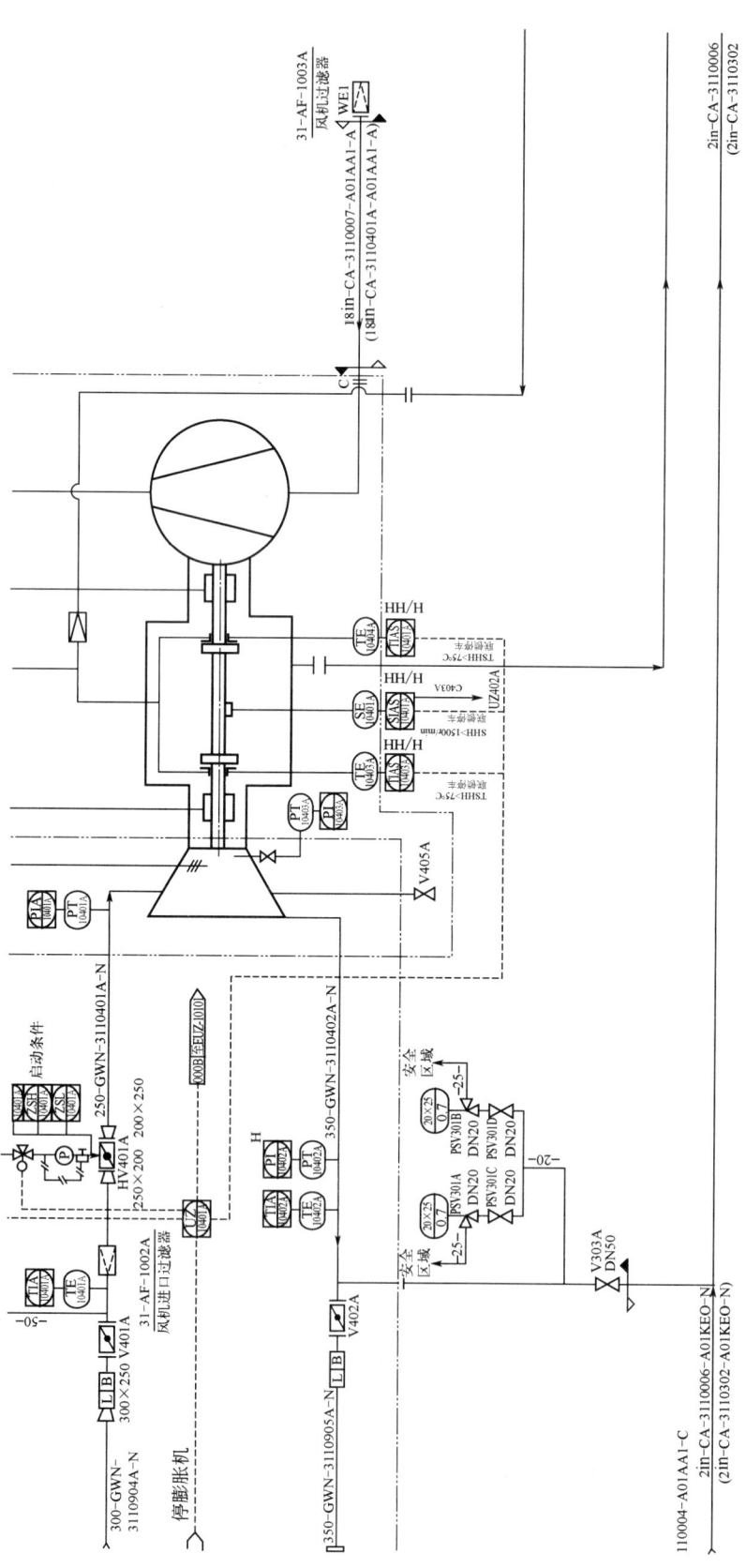

图 3-24 空分膨胀机 PID 图

二、事故事件经过

2021年5月4日凌晨3时14分，膨胀机31-ET-1001A突然停机，原因是膨胀机A风机端轴承温度超过75℃联锁停机。3时23分夜班重新启动膨胀机31-ET-1001A，并联系仪表人员检查。31-ET-1001A运行过程中风机端轴承温度仍然波动较大，无法保证平稳运行。4时24分将膨胀机由A切换至B，膨胀机31-ET-1001B投运后运行平稳。仪表人员检查确认是膨胀机31-ET-1001A风机端轴承温度热电偶接线虚接，温度波动较大，超过联锁值导致机组联锁停机。

三、原因分析

（一）直接原因

膨胀机31-ET-1001A风机端轴承温度接线松动，测量温度波动大，超过高高联锁值（75℃），导致膨胀机联锁停机。

（二）间接原因

5月4日0时58分开始，膨胀机31-ET-1001A风机端轴承温度便开始频繁波动报警，3时14分故障跳车，岗位人员未发现并汇报处理。

（三）管理原因

（1）端子紧固及维护工作不到位。
（2）岗位员工监盘不认真。相关重要参数没有列入趋势组进行监视，曲线波动长达近3h，未发现机组关键参数频繁波动的现象。
（3）备机管理不到位。在未查明原因情况下再次启动31-ET-1001A风机，没有切换至B台使用。

四、整改措施

（1）对膨胀机31-ET-1001A/B所有仪表进行检查，紧固接线。
（2）对膨胀机31-ET-1001A/B备机管理制度进行修订，对人员进行培训。
（3）加强员工对联锁仪表关键参数的监屏管理，切实提高责任心。

五、经验教训

（1）对于成套橇装设备的本体接线，在投用前应对一次元件的安装及内部接线标识进行全面排查，再次进行接线紧固工作。
（2）对于橇装设备带联锁的温度检测元件，可考虑使用一体三支铂电阻，采用三取二联锁动作方式。
（3）不断提高设备管理水平，增强岗位人员责任心，要求岗位监盘人员每小时查看一次关键参数的历史趋势，熟记设备正常运行时各项参数变化范围，及时发现异常变化并作出相应处理。杜绝出现关键机组岗位无人监盘的情况。

（4）吸取本次仪表故障停机的教训，开展经验分享与反思，提高管理人员和岗位人员发现并正确处置异常变化的能力。

案例十六　蜡油加氢裂化装置原料油泵联锁停泵

一、装置（设备）概况

某公司 290×10^{4}t/a 蜡油加氢裂化装置由某研究院设计，采用美国 UOP 公司的 Unicracking 加氢裂化工艺技术，催化剂选用某公司提供的保护剂 MaxTrap［Ni，V］TL（2.5）、MaxTrap［Ni，V］VGOTL（2.5）、OptiTrap［Medallion］MD16、OptiTrap［MacroRing］HC（8.0）SS、OptiTrap［Ring］HC（4.8）、加氢精制催化剂 DN-3552、加氢裂化催化剂 Z-FX11 和 Z-673，装置以 1#和 2#常减压装置的减压蜡油和催化柴油为原料，生产重石脑油、航煤和柴油，副产轻石脑油、干气、低分气、汽提塔顶液和少量未转化油。装置设计规模为 290×10^{4}t/a，实际加工量为 276.67×10^{4}t/a，操作弹性为 60%~110%，年加工时数为 8400h。

加氢裂化装置采用了某公司产品 SIS 系统，原料油泵振动监测采用了某公司的 3300XL 系列电涡流探头以及 3500 系列监测框架表。

二、事故事件经过

2019 年 6 月 25 日 18 时 50 分加氢裂化装置原料油泵 P102A 联锁停泵。检查 SIS 系统 SOE 记录，可见 18 时 50 分 31 秒首先出现 P102A 电动机状态信号消失，进料泵 P102A 主电动机允许启动信号消失。然后是 P102A 驱动端振动高高信号，导致 P102A 主电动机停机信号触发，引发后续联锁动作。

三、原因分析

（一）直接原因

SIS 系统中 P102A 驱动端振动高高三取二逻辑，触发 P102A 联锁停车。

（二）间接原因

经调查 25 日 18 点 30 分左右，工艺联系仪表人员回装 P106B 探头，在 P106B 振动回装时，产生了一个超过联锁值的振动值，使得本特利 3500 中三点 P106B 驱动端振动高高继电器输出。P106B 驱动端本特利 3500 系统中振动高高输出三点信号，错误连接至 SIS 系统中 P102A 振动高高三点输入。

（三）管理原因

（1）本特利信号至 SIS 的盘间电缆未联校，调校工作未落实责任人。

(2) 施工单位对相关跨盘线未按图纸施工，质量验收不到位，导致接线错误。

四、整改措施

通过旁路相关轴系信号后，检查修改接线并校对上述 4#本特利 3500 框架至 SIS 跨盘线共 18 点信号正确。对各装置本特利 3500 至 SIS 跨盘线进行检查，对错误的盘间线进行整改。

五、经验教训

联锁校验必须经过全回路联调进行验证，不能仅进行机柜端子模拟的调试工作，以免无法及时发现线路故障的错误，同时对通道试验结果进行记录，明确通道试验责任人。

案例十七　直柴加氢精制装置多路温度转换器接线错误

一、装置（设备）概况

某公司直柴加氢精制装置反应进料加热炉对流室温度 0900TI10063、0900TI10064 为某公司生产，2017 年 7 月 1 日投入生产使用。多路温度转换器为某公司产品。

二、事故事件经过

直柴反应进料加热炉升温烘炉对流室温度 0900TI10063（497.2℃）、0900TI10064（467.2℃），两者相差 30℃；改质反应进料换热器所用多路温度指示偏高。经现场仪表工对换两支热电偶后，仍然相差 30℃，现场仪表工判断为热电偶完好；检查多路温度转换器设置温度补偿等组态正常，判断对流室实际温度即有差别，正常生产后指示正常。

0900TI10063 使用通信：多路温度转换器多个温度一起经 485 通信进 DCS。0900TI10064 使用硬线：补偿电缆单点进 DCS 显示。多路温度转换器厂家为 MTL，横河代买代提供服务；四套加氢及醚化共使用 10 个多路温度转换器，包括加热炉炉膛温度、反应器表面热电偶，涉及百余台温度指示仪表。接线原理如图 3-25 所示。

(1) 经过检查，热电偶插深及安装均无问题。
(2) 多路温度转换器在加热炉烘 300℃ 以下时正常，对流室温度并不存在温差。
(3) 仔细核对，两种配线方式均无问题。
(4) 硬线补偿电缆方式为机柜间温变安全栅提供温度补偿，补偿机柜室内温度；多路温度转换器通信方式为现场转换模块提供温度补偿，补偿环境温度。经核对正确。
(5) 使用信号发生器对现场热电偶加信号，加相同温度信号，DCS 指示一致，并不存在温差。

检查 DCS 与多路转换器通信，发现冗余线路做错，与前一通信卡冗余互窜，导致反应进料换热器的多点温度指示偏高，更改线路后正常。

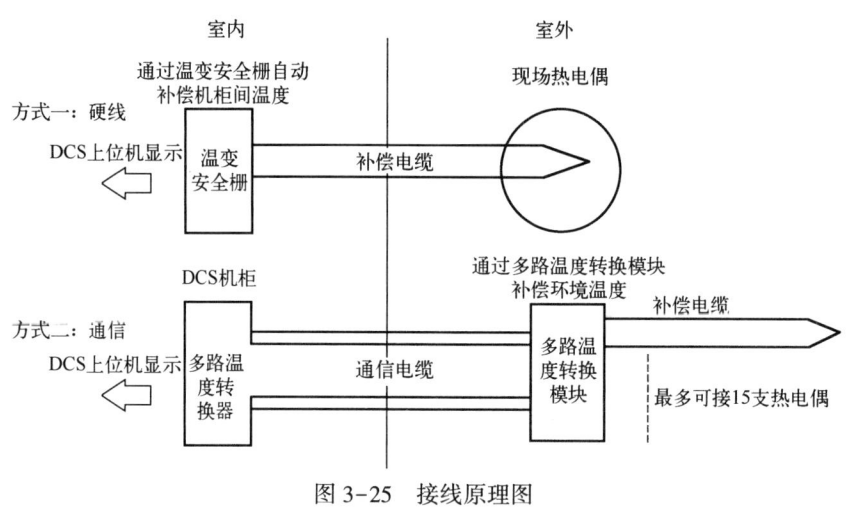

图 3-25 接线原理图

三、原因分析

（一）直接原因

检查 DCS 与多路转换器通信，发现冗余线路接错，通信点互窜，导致反应进料换热器的多点温度显示为其他部位温度点。

（二）间接原因

未及时发现通信线接线错误。

（三）管理原因

施工管理存在不足，管理人员在施工完成后未做好质量验收工作。

四、整改措施

对其他多路温度转换器、通信线路进行排查，发现相关问题及时进行整改。

五、经验教训

仪表施工时做好施工质量把关，施工完成后需进行验收检查。

案例十八 柴油罐区液位计组态错误

一、装置（设备）概况

某公司柴油罐组 3 个罐组共 18 台雷达液位计，沥青罐组共 3 台雷达液位计，汽油罐组共 6 台雷达液位计，共 27 台雷达液位计。雷达液位计共同使用 2 台带冗余的 FCU，温度、液位到现场 HUB 使用 FF 总线，HUB 到机柜间 FCU 通信采用 TRL/2 总线。

二、事故事件经过

2017 年 10 月 14 日 9 时 30 分工艺反应，柴油抗磨剂系统画面所有点显示 bad，通过查看组态，确认是抗磨剂 PLC 系统与 DCS 通信中断导致，随即对通信卡件、浪涌、通信线路、通信接头等逐一排查。10 时 30 分，接到对讲机通知，柴油雷达液位计画面数据显示异常。柴油罐组共 27 台液位仪表指示零点（10mm）。

三、原因分析

（一）直接原因

柴油区抗磨剂系统无线通信异常，柴油罐组共 27 台液位仪表指示零点。

（二）间接原因

（1）雷达液位计的通信方式为冗余通信。一路雷达液位计通过有线方式通信到 DCS，另一路通过无线方式通信到 DCS。当有线通信故障时自动切换为无线通信。通信组态如图 3-26 所示。

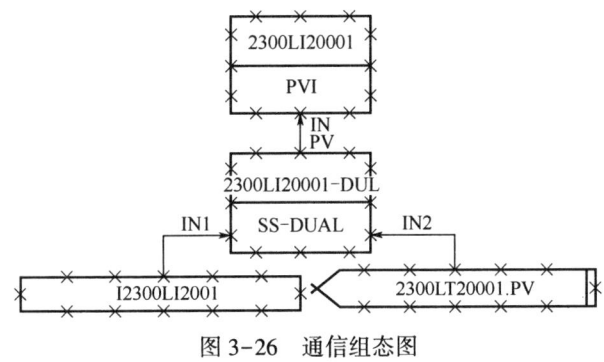

图 3-26 通信组态图

（2）无线通信方式组态以 m 为单位，有线通信方式组态以 mm 为单位，DCS 显示单位为 mm，无线通信时导致液位测量值显示异常。

（三）管理原因

雷达液位计组态后，只是核对了现场仪表和 DCS 显示数据，未对两种数据传输方式进行切换调试，未发现两种数据传输方式组态单位不一致的情况，导致传输方式切换时数据异常。

四、整改措施

对 DCS 中无线通信组态进行修改，数据切换显示正常。

五、经验教训

对雷达液位计的通信原理掌握不足,未对两种数据传输方式进行切换实验,对调试工作把关不严。

案例十九　空分装置组态错误联锁停车

一、装置(设备)概况

某公司空分装置微量氧在线分析仪表,用于氮气出冷箱分析、液氮出主冷分析、常压贮槽液氮纯度在线分析,监控空分系统氮气纯度。仪表位号 31AT-10101、31AT-10903、31AT-10805,都为某公司产品。

二、事故事件经过

2021 年 6 月 24 日 18 时 33 分,因空分装置性能考核需要记录液氮微氧在线分析值 AIAS10903,内操汇报装置工艺工程师并征得同意后,将微氧在线分析由点位 AIAS10101(出冷箱氮气)切换至点位 AIAS10903(精馏塔回流液氮),18 时 37 分,AIAS10903 微氧在线分析值超过 3ppm,出冷箱氮气放空阀 FCV10102B 联锁动作全开,氮气产品阀 FCV10102A 联锁动作全关,内操通知外操立即将常压液氮储槽的进液阀关闭,避免液氮储槽被污染,尝试调整 FCV10102B 开度,但是因为氧含量不合格,阀门联锁无法操作,18 时 42 分空分压缩机 31-C-1001A/B 跳车、膨胀机 31-ET-1001A 跳车,空分装置停车。

三、原因分析

(一)直接原因

微氧分析仪回路切换时,精馏塔回流液氮中微氧 AIAS10903 测量值超过高高联锁值 3ppm,触发部分工艺联锁,出冷箱氮气放空阀 FCV10102B 全开,导致出冷箱氮气温度 31TI-10102 快速降至联锁值 0℃,触发冷箱、膨胀机联锁跳车。

(二)间接原因

逻辑组态有误。设计液氮微氧 AIAS10903 超标时,仅联锁液氮计量罐进液阀 LV10903 阀关,氮气微氧 AIAS10101 超标时,联锁氮气产品阀 FCV10102A 全关、氮气放空阀 FCV10102B 全开,而实际组态为 AIAS10903 超标造成了 FCV10102A 联锁全关、氮气放空阀 FCV10102B 联锁全开。

(三)管理原因

(1)联锁联校未落实,空分装置联锁逻辑测试存在缺失,未发现逻辑组态与设计不一致的错误。

（2）方案编制、审核不到位，装置标定方案编制不完善，风险辨识不到位。

四、整改措施

（1）对空分联锁逻辑开展评估和修订，调整微氧联锁逻辑，并将切换微氧测量点增加 5min 延时，将氮气纯度超标联锁造成 FCV10102B 全开改为 FCV10102B 开至 55%，避免出冷箱氮气温度大幅波动。

（2）对氮气/液氮纯度超标的应急预案进行完善并开展培训，提高岗位员工应急处置能力。

（3）内操加强出冷箱氮气温度 31TI10102 的监控，并纳入内操岗位记录，出现异常波动时及时调整，温度控制不允许低于 5℃。

五、经验教训

装置联锁联校工作未得到充分重视，联校过程中未及时发现组态与设计不一致的情况。

案例二十 超高压锅炉给水泵温度联锁值组态错误

一、装置（设备）概况

某公司乙烯裂解装置超高压锅炉给水泵为裂解炉汽包提供脱盐水，泵位号 11-P-9041B，为多级离心泵，14 级压缩，泵型号为 GSGB2B100-300/7+7，泵由汽轮机驱动，型号为 DYRPGDIIIB，由美国某公司生产。汽轮机功率为 1100kW，泵转速为 2980r/min，流量为 155m³/h，进口压力为 0.22MPa，出口压力为 16.42MPa，泵扬程为 1761m。泵两侧设置了振动探头及轴承温度探头，温度为单点测量，信号被传输到主控室进行实时监控。

二、事故事件经过

2021 年 7 月 7 日，工艺三值班白班，14 时 21 分 35 秒超高压锅炉给水泵 11-P-9041B 电动机停运。裂解岗位人员发现后汇报班长和值班长。内操关闭 1 号、2 号裂解炉连排，关小 1 号、2 号裂解炉省煤器上水调节阀和三级急冷器上水调节阀。班长组织外操对 11-P-9041B 进行检查，盘车正常，14 时 52 分 31 秒启动 11-P-9041B，系统恢复正常。

三、原因分析

（一）直接原因

11-P-9041B 电动机绕组温度 TI90936 达到联锁值，触发停泵。

（二）间接原因

（1）超高压锅炉给水泵 11-P-9041B 电动机绕组温度 TI90936 原设计联锁值为 145℃、报警值为 90℃，系统中联锁值、报警值同时组态为 90℃。

（2）超高压锅炉给水泵备用泵 11-P-9041S 未能正常备用，联锁自启未投用，导致运行泵停运后，备用泵不能自启动，锅炉汽包给水中断。

（三）管理原因

（1）报警值、联锁值管理不到位，未对超高压锅炉给水泵 11-P-9041B 系统中组态联锁值检查、测试。

（2）备泵自启功能未投用，备用设备管理不到位。

四、整改措施

（1）再次组织原联锁逻辑设计文件与系统中联锁组态一致性排查。

（2）明确操作纪律，已启运装置的备用设备设施必须达到完好备用标准。设置低压自启的备用泵，自启功能投用。

五、经验教训

新装置开工期间，需要多人多次对照联锁逻辑设计与联锁组态逐一核对，填写调试记录。

第三节　装置初期运行阶段典型案例

仪表在初期运行阶段，存在的问题主要表现为：仪表人员操作不规范，安全意识不强，导致装置停工；仪表人员未办理票证，未进行风险辨识、存在安全隐患；仪表产品质量较差，导致装置停工。

案例一　公用工程部动力中心锅炉强制错误

一、装置（设备）概况

某公司公用工程部动力中心配置 4 台 450t/h 燃气超高压锅炉，3 台 30MW 发电机，2021 年底建成投运。动力中心汽机装置采用"以汽定电"的方式，向炼油、化工提供 11.5MPa、4.0MPa、1.3MPa、0.5MPa 压力等级的蒸汽汽源以及厂用电。

二、事故事件经过

2023 年 7 月 13 日 18 时 30 分二班白班捡漏发现 1#锅炉天然气主管路燃气压力表泄漏，20 时 20 分安排维保人员对现场密封堵漏；22 时 0 分现场两次密封处理后，该仪表阀门仍然有泄漏，维保人员反馈，该表参与 SIS 天然气压力三取二联锁，需后台强制压力参数才可以处理；22 时 14 分，维保人员开始进行强制作业，由于 1#锅炉天然气母主管压力 7110PZT1002AB 的值在往下降，工艺操作人员要求把 7110PZT1002AB 强制在 0.27MPa（联锁高定值为 0.4MPa，低定值为 0.15MPa），维保人员错误强制 1#炉 SIS 变量 a7110PZT_01002AB，该点仅为显示点，不参与联锁，应强制 w7110PZT_01002AB，该点参与联锁。维保人员再次错误强制了 d7110DI_01002ABS 信号，导致联锁停炉。

三、原因分析

（一）直接原因

后台强制错误信号，导致联锁停炉。

（二）间接原因

（1）维保人员技术能力不强，控制系统中有画面联锁旁路开关，不需要去后台执行操作强制。

（2）维保人员未执行作业管控要求，无仪表工程师监护，未办理联锁工作票情况下，在后台一人作业，错误强制联锁点，造成停炉。

（三）管理原因

（1）未落实相关仪表作业管理规定，尤其是机柜间作业，未执行仪表工程师、工艺工程师双确认原则。

（2）未严格执行审批作业，应开具联锁工作票后旁路联锁开关。

四、整改措施

（1）维保人员应提高操作技能，认真学习仪表各项制度，尤其是机柜间作业管理办法。

（2）要求各维保单位两人作业，不熟悉现场不允许作业，不会解决问题应让有能力解决问题的维保人员支援到现场操作。

（3）机柜间作业白天必须有仪表工程师批准和监护，夜间维保单位取得仪表工程师同意后批准、并由仪表工程师监护。

（4）严禁无票证、无许可操作。

五、经验教训

（1）要重视仪表专业的作业管理，加强仪表制度培训、宣贯工作。

（2）涉及联锁、环保仪表、组态下装等关键作业，必须得到生产部主管工艺工程师和仪表工程师审批，不得违章指挥、签批仪表作业。

案例二　汽柴油改质装置加氢高压浮筒参数设置错误

一、装置（设备）概况

某公司 140×10⁴t/a 汽柴油改质装置 2017 年 8 月建成投产。该装置由某公司设计，某化建承建。高压浮筒为某公司产品。

二、事故事件经过

高压浮筒液位计（图 3-27）参与 SIS 或 CCS 联锁，某高压浮筒用于塔液位低低联锁，当塔满罐时该浮筒处于超量程状态。浮筒变动器保持 180s 满量程后，输出为零，导致低低联锁触发。

图 3-27　浮筒液位计

三、原因分析

（一）直接原因

该浮筒变送器输出为零，导致低低联锁触发。

（二）间接原因

（1）塔经常满量程使用，浮筒变送器保持 180s 满量程后跳入故障安全模式。

（2）该浮筒变送器参数设置有故障安全模式，触发后变送器输出为零；变送器保持 180s 满量程或低限后跳入故障安全模式。

（三）管理原因

（1）设备管理人员培训不到位，不了解该浮筒液位计的相应特征参数。
（2）设备投用前未进行参数设置。

四、整改措施

通过技术交流，将故障安全模式参数进行修改，根据联锁参数，设置为零或者满量程。

五、经验教训

（1）对现场智能变动器参数设置加强培训学习。

(2) 对于智能变送器的使用，掌握及解读仪表产品的使用手册是至关重要的。

案例三　误操作 SIS 停运

一、装置（设备）概况

某公司天然气减压橇对进厂天然气进行减压，前端设置一台天然气紧急切断阀 XV00001，用于紧急状态下关闭进厂天然气，天然气紧急切断在中心控制室副操台设置紧急停车按钮，减压后的天然气分多路进裂解炉、开工锅炉、高架火炬等用户。天然气减压橇和乙烯丙烯罐区的联锁由同一 SIS 系统控制。

二、事故事件经过

2021 年 5 月 9 日 14 时，仪表人员在配合乙烯丙烯罐区吹扫，强制打开罐根阀门时，误操作导致罐区 SIS 系统停运，使天然气减压橇的入厂天然气紧急切断阀 XV00001 关闭，开工锅炉联锁停炉。

三、原因分析

（一）直接原因

仪表人员误操作停运 SIS 系统控制器并重新启动，触发天然气减压橇紧急停车，切断阀 XV00001 联锁关闭，造成天然气压力降低，开工锅炉联锁停炉。

（二）间接原因

乙烯裂解装置处于开工阶段，由于中心控制室辅助操作台上天然气减压橇紧急停车按钮施工未完，联锁信号在 SIS 系统中处于强制状态。SIS 控制器重启后，天然气减压器紧急停车强制信号恢复，触发联锁动作。

（三）管理原因

（1）培训不到位，仪表员工未进行控制系统现场培训，现场模拟培训效果不佳，控制系统操作不熟悉。

（2）作业风险辨识和管控不到位，已开工装置与调试装置共用一个控制系统，未充分认识到相关风险，作业不受控。

（3）保运力量不足，已投运装置安排仪表值班后，仪表调试人员严重不足，现场服务的 SIS 系统厂家工程师也只有一人，不满足现场多处调试需求。

（4）培训材料编制有缺陷，SIS 系统培训课件中 SIS 的强制操作与控制器启停放在同一个篇幅，员工错误地理解为联锁强制前需要把控制器再重启。

四、整改措施

（1）重新开展 SIS 系统操作培训，提高仪表人员操作技能。
（2）加快中心控制室控制系统安装，仪表人员尽快集中在中心控制室进行调试，便于作业沟通和管理。
（3）对已投用装置、边调试边试运装置加强作业管控。

五、经验教训

新员工从事控制系统的运维，非常有必要参加系统厂家的培训学习。

案例四　空分装置下装错误控制程序导致停车

一、装置（设备）概况

某公司空分装置是乙烯项目配套公用工程，主要向全厂提供低压氮气及高压氮气，装置设计规模：0.8MPa 低压氮气 8000Nm³/h，2.6MPa 高压氮气 5000Nm³/h。

二、事故事件经过

2021 年 9 月 26 日 19 时 21 分，接空分空压装置内操通知，3100 液氮后备系统低压画面中，31-P-1001A/B 中画面点开描述错误，原描述为：31MP10001A/B，注释为：液氨泵 31P10001A/B，请仪表修改。20 时 7 分仪表人员完成画面组态修改和发布，发现画面更新后描述仍有错误，便对程序功能块 31MP10001A/B 号描述进行修改，20 时 15 分程序在线下装，20 时 27 分工艺反映 31HV10101B 关闭，手动、自动都无法操作，仪表值班人员检查 31HV10101B 程序，分程控制程序输出块显示 BRKOUTERR 为 ON，判断为调节阀被锁定，复位后该阀动作。但工艺人员操作该阀时发现仍然有问题，工艺处置过程中膨胀机 B 跳机。

三、原因分析

（一）直接原因

仪表人员实施 DCS 程序在线下装，冷箱联锁信号 31US-10101-1 误动作，膨胀机 B 入口阀关闭，膨胀机 B 停机。

（二）间接原因

（1）9 月 7 日对 31HIC10102B 跟踪模式块组态修改后，程序未下装，9 月 26 日仪表当班人员修改仪表功能块描述后下装程序，31HIC10102B 的跟踪模式块（TR）启动，造成 31HIC10102B 关闭。

（2）空分空压 DCS 系统程序多次组态修改后未及时下装，仪表人员下装程序时，未能发现其他不是自己修改的程序和功能块也在下装列表内。

（3）调节阀 31HV10101B 联锁复位按钮未组态 DCS 画面，只能在逻辑中进行复位，容易误操作。

（三）管理原因

制度缺失，未建立 DCS 系统程序下装管理要求，风险管控有漏洞。

四、整改措施

（1）规范 DCS 程序下装管理要求，对 DCS 程序下装分级管控，评估高风险的下装作业需编制作业方案。

（2）规范操作变更管理，涉及控制系统或现场仪表的重大变更作业，生产调度统一组织，工艺做好应急处置措施。

（3）对各装置控制系统程序开展全面检查，确保已修改未下装的程序得到全面确认。

五、经验教训

在运行装置的各类控制系统下载需严格管控。

案例五　重油催化装置分馏塔底液位仪表作业泄漏

一、装置（设备）概况

某公司催化裂化装置由某院总包，某设计院设计，某建设公司施工，装置于 2017 年 8 月开工投产。催化分馏塔塔底压力 0.28~0.32MPa，温度 350℃，分馏塔底液位计采用双法兰变送器过程连接 2in、法兰为 ANSI 300 RF。

二、事故事件经过

2017 年 8 月 15 日 9 时，仪表人员在分馏塔 LT-21001A 准备进行仪表检查校准。当关闭取压阀，打开放空阀，发现极少量热油滴出，用蒸汽吹扫放空阀，仍然没有热油流出迹象，怀疑正压侧法兰膜盒被重油糊住，影响了仪表测量。仪表人员在设备外部进行喷水降温冷却后，开始拆除法兰作业，刚松动法兰螺栓时仍是少量冷油漏出，在继续缓慢松动螺栓后，热油突然从法兰螺栓松动处漏出，在附近巡检的工艺班长发现分馏塔冒烟，立即赶到用 F 形扳手关闭取压阀，高温热油停止流出。现场压力膜盒和法兰如图 3-28 所示。

三、原因分析

(一) 直接原因

一次阀关闭不严,拆卸仪表造成油品泄漏事故。

(二) 间接原因

仪表维护人员作业前进行风险识别不到位。放空阀排放不畅,压力未泄压,不具备作业条件就进行法兰拆卸作业。

(三) 管理原因

图 3-28 现场压力膜盒和法兰

管理要求落实不到位,部门工作例会上已经多次要求:仪表测量管路没有有效泄压,不能进行仪表拆装维护作业;要求高温、高压、有毒仪表维护作业,班长、技术员现场确认落实隔离措施后再进行作业。此次作业没有落实管理要求。

四、整改措施

(1) 对高温、高压、有毒仪表维护作业进行全面风险辨识。
(2) 重要风险作业必须升级管理,风险作业必须逐级上报。
(3) 严格履行检修交接界面,通过这次事故教育全体仪表维护人员严格执行相关制度。增强安全意识,作业前全面辨识风险,确保作业安全受控。

五、经验教训

增强作业人员安全意识,紧抓现场作业安全管理。危险作业必要时要升级管控,需要相关人员全部到场,辨识并签字确认。

案例六 高密度聚乙烯装置在线分析仪表校准造成风机停机

一、装置(设备)概况

某公司高密度聚乙烯装置粉料输送风机 13-C2203A/B 入口循环氮气中的氧含量、烃含量、水含量测量,配置在线碳氢分析仪 13AT-22302,测量数据进入 DCS 系统用于监测;配置在线碳氢分析仪 13AT-22301 进入 SIS 系统,用于联锁停粉料输送线。

二、事故事件经过

2021年10月23日17时34分，维护单位分析仪表维护人员接高密度聚乙烯内操通知，碳烃含量分析表AT-22302需要校准。17时40分分析人员到达外操间，拨打内操电话询问开票及联锁摘除情况。17时44分内操答复联锁已旁路，工作票暂不开，由一名外操人员随同到现场确认，然后再开始校准。17时57分分析仪表人员随同外操人员到达现场，开始分析仪表校准。AT-22302通入高纯氮气N_2（99.999%）确认无零点漂移，通入正己烷（0.99%）确认无量程漂移。通气过程中发现AT-22301远超出零点漂移误差范围。作业人员认为AT-22301零点漂移大需要调整，18时20分通入O_2量程气4.94%（体积分数），氧表AT-22301（联锁值3%）高高触发联锁，导致风机C-2203A跳车。

三、原因分析

（一）直接原因

分析仪表维护人员擅自扩大作业范围，对AT-22301通入氧气进行标定，触发氧含量高高联锁，导致风机C-2202A跳车。

（二）间接原因

仪表维护人员对碳烃含量分析表AT-22302校准后，发现AT-22301回路零点有较大漂移，未进行联锁摘除后对AT-22301进行标定。

（三）管理原因

（1）制度不落实，工艺人员未按制度要求安排作业，分析仪表维护人员无票证作业，相关风险辨识不到位，管理措施不完善。

（2）在线分析仪表标识管理有缺失，DCS系统和现场未对参与联锁、控制和常规分析回路进行标记。

四、整改措施

（1）开展作业规程培训，严肃作业纪律，规范作业。

（2）组织编制在线分析仪表预防性维护计划，定期开展零点、量程标定。

（3）完善在线分析仪目视化，定制目视化标签，区分联锁、控制和普通检测回路，DCS系统中，对联锁、控制和普通检测回路进行标识。

（4）定期安排在线分析专项培训，提高维护技能。

五、经验教训

（1）非工作时段安排作业需升级管控。

（2）涉及联锁和控制在线分析仪表，需全面辨识作业风险。

案例七　蜡油加氢装置高压角阀操作不当

一、装置（设备）概况

某公司 210×10⁴t/a 蜡油加氢裂化装置采用美国 UOP 公司的 Unicracking 加氢裂化工艺技术，并由美国 UOP 公司提供工艺包，其基础设计部分、详细设计部分由某公司完成，某建设公司施工，装置于 2017 年 8 月开工投产。装置以减压蜡油为原料，可掺炼一定比例催化柴油、直馏柴油，主要产品为石脑油、航空煤油、柴油及未转化油。轻石脑油去罐区作为汽油调和组分，重石脑油去重整作原料；航煤、柴油作为产品去产品罐区；少量的加氢裂化未转化油去重油催化裂化作为原料。

高压角阀 0800-LV-01004C 为某公司品牌，口径 6in×8in，为多级降压调节角阀。

二、事故事件经过

2017 年 9 月 3 日，蜡油装置工艺人员反映高压角阀 0800-LV-01004C 不能打开，仪表人员到现场检查，发现阀门行程关到 0% 以下，提高风压、使用手轮均无法打开。9 月 4 日，工艺人员处理管线，将阀门下线送至综合维修厂房进行处理，阀门解体后发现阀杆与定位套卡死，无法脱开，用千斤顶、升温加热等方式均无法打开。9 月 5 日，将阀门送至某自动化公司进行检修，阀门维修人员在定位套上焊接钢板，使用千斤顶打开，打开后发现，阀芯已经进入定位套 20mm，定位套已经出现裂纹，将裂纹部分车掉，重新补焊，硬度处理后返厂。9 月 7 日，阀门在综合维修厂房组装后，回装投用正常。

三、原因分析

（一）直接原因

高压角阀 0800-LV-01004C 阀杆与定位套卡死，阀门无法打开。

（二）间接原因

（1）该高压角阀在装置生产过程中，曾发生飞温，管线剧烈振动（怀疑气液共存，有气阻），在此过程中阀门的上阀盖泄漏，定位套变形，阀芯错位，造成阀门关闭后无法打开。

（2）该阀的阀芯、阀座的密封面非常小，阀座环壁薄、受高温影响结构易发生变化导致阀门卡涩。

（三）管理原因

投用该阀时没注意投用顺序。

四、整改措施

（1）为避免类似问题的出现，将阀座的外环进行加厚处理，阀芯、阀座的密封面进行加宽。

（2）将定位器的输出做了限位，将位置限制在1%~100%，同时在DCS系统内做了限位，在自动控制时，限制阀门动作的范围为2%~100%，防止阀门全关。在手轮操作时可强行将阀门完全关闭，可避免无液体介质时，高压系统窜入低压系统。

（3）通知工艺，不能将该降压调节阀当作截止阀使用，投用时将分离器侧的电动阀关闭，同时将该阀门关至5%，液位建立后，打开电动阀再用降压调节阀控制。

五、经验教训

使用高压工况的调节阀，不能当作截止阀使用，并且要注意调节阀的投用顺序，确保阀门不受损坏。

案例八　蜡油加氢装置分馏塔底进料泵切断阀减压阀油杯破裂

一、装置（设备）概况

某公司 $200×10^4 t/a$ 蜡油加氢装置分馏塔底进料泵将反应产物输送至分馏塔进行分馏处理，泵入口设罐泵隔离联锁切断阀。

二、事故事件经过

2019年5月1日14点16分蜡油加氢分馏塔底进料泵入口切断阀 120-EIV2061 突然关闭，引起分馏塔底泵 P203A 汽轮机驱动蒸汽切断阀 120-XCV2064 联锁停分馏塔底进料泵 120-P203A。操作人员复位 120-EIV2061 时阀门无法动作，现场用手轮将切断阀打开重新启动分馏塔底泵。

仪表人员现场检查发现切断阀 120-EIV2061 减压过滤器塑料杯破裂（图3-29），仪表风泄漏导致阀门供风不足而误动作，需要对减压过滤阀过滤杯进行更换。

图3-29　减压过滤阀过滤杯裂开现场图

三、原因分析

（一）直接原因

分馏塔底进料泵入口切断阀 120-EIV2061 关闭，引起分馏塔底泵 P203A 汽轮机驱动蒸汽切断阀 120-XCV2064 联锁停分馏塔底进料泵 120-P203A。

（二）间接原因

分馏塔底进料泵入口切断阀 120-EIV2061 减压过滤阀过滤杯破裂，造成仪表风失压，120-EIV2061 关闭。

（三）管理原因

设备管理人员对于质量监管不严，对班组员工检查监督不到位，未及时发现分馏塔底进料泵入口切断阀 120-EIV2061 减压过滤阀过滤杯损坏。

四、整改措施

对装置所有调节阀减压过滤器进行检查，通过目测和试密办法排查隐患，对查出的减压阀漏制定措施，消除隐患。

五、经验教训

减压过滤阀应全部采用金属元器件，杜绝使用塑料元件，已使用的应择机更换或根据塑料元件老化期（建议在两个检修周期）提前更换。

案例九　渣油加氢装置阀位回讯故障

一、装置（设备）概况

某公司渣油加氢装置由美国 UOP 公司提供工艺包，某工程公司负责基础设计和详细设计，某建设公司现场施工。装置设计规模为 $400×10^4$ t/a，设计能耗为 22.220kg 标油/t 原料。装置由反应部分、分馏部分、公用工程部分组成。

二、事故事件经过

2015 年 1 月 19 日 20 时 49 分渣油加氢装置二系列原料油缓冲罐出口切断阀 XCV20501 回讯出现关闭假指示，造成二系列反应进料泵 P201 联锁停泵，二系列反应加热炉 F201 联锁停炉；20 时 58 分由于进料泵停泵，进料切断，造成循环氢压缩机出入口差压变小，二系列循环氢流量出现高高值（坏值）联锁停运二系列高压贫胺液泵 P202 和二系列反应注水泵 P205。在及时汇报值班领导，并查明原因后，21 时 40 分开启备用反应进料泵 P101S，渣油加氢装置二系列恢复进料，21 时 55 分高压贫胺液泵 P202 启动，脱硫系统恢复，22 时 8 分启动注水泵 P205 恢复注水，装置及时恢复生产，影响未扩大。

三、原因分析

（一）直接原因

二系列原料油缓冲罐出口切断阀 XCV20501 回讯关闭，造成二系列反应进料泵 P201 联锁停泵。

（二）间接原因

(1) 切断阀 XCV20501 回讯故障，SIS 系统接收到回讯关闭信号（实际阀位未关）。

(2) 由于进料泵停泵，进料切断，造成循环氢压缩机出入口差压变小，循环氢流量出现高高值（坏值）联锁停运泵 P202 和泵 P205。

（三）管理原因

(1) 由于进料泵入口切断阀阀位开关信号参与联锁，回讯开关选型时应考虑可靠性，根据 SIF 回路 SIL 评估情况可选择 SIL1 及以上产品。

(2) 对于关键部件配件的产品质量把关不到位。

四、整改措施

(1) 在线更换切断阀回讯开关，保证切断阀回讯开关的完好性。

(2) 排查同类部位的联锁设置情况，与设计院沟通，通过联锁逻辑变更方式对关键的单点联锁部位进行改造，消除隐患。

五、经验教训

(1) 对于关键部件需要把控产品质量。

(2) 在设计阶段，对关键联锁需要考虑采用"二取二"或"三取二"，保证联锁可靠性。

案例十　柴油加氢精制装置循环氢压缩机轴瓦温度探头故障

一、装置（设备）概况

某公司柴油加氢精制装置采用美国 UOP 公司的 Unionfining 加氢精制工艺技术，由美国 UOP 公司提供工艺包，催化剂及保护剂分别选用 UOP 公司推荐的加氢精制催化剂 UF-

210-1.3Q START、保护剂 TK-10 和 TK-711。

本装置所加工的催化裂化柴油和直馏柴油均分冷、热进料，设计冷热进料比为 2∶8。冷进料通过罐区进装置，设液位流量串级调节系统。热进料由上游装置直供，设流量调节系统。本装置主要产品为精制柴油，副产少量石脑油和干气。

二、事故事件经过

柴油加氢精制装置循环氢压缩机 K102 因高压缸止推轴承 TISA2131 假指示（150℃）联锁停机，将此温度点旁路后紧急恢复生产，K102 低压缸支撑轴承温度 TISA2128 假指示（150℃）联锁再次停机，两次均引起装置混氢流量低低联锁，直接造成装置停工。

三、原因分析

（一）直接原因

循环氢压缩机 K102 高压缸止推轴承温度 TISA2131、低压缸支撑轴承温度 TISA2128 仪表探头坏，造成装置联锁停车。

（二）间接原因

装置循环氢压缩机各温度测点热电偶质量差，并且设计各温度联锁点均为一取一联锁停机，若有一点温度故障，压缩机将会联锁停机。

（三）管理原因

（1）仪表维护对机组联锁保护系统管理不到位，对于关键部件配件的产品质量把关不严，关键温度联锁仪表未进行冗余设置。

（2）仪表专业针对单点联锁仪表风险评价执行不到位，未列入单点联锁改造计划。

四、整改措施

（1）及时更换故障仪表探头，保证压缩机温度探头的完好性。

（2）排查同类设备的联锁设置情况，与设计院沟通，将相关同一温度测量点联锁进行冗余设置，避免因单点温度联锁仪表故障造成停机。

五、经验教训

（1）对于关键部件与多方进行技术交流，根据产品业绩，选择高可靠性的产品。

（2）在设计阶段，需要综合考虑联锁保护条件，对关键联锁需要考虑设置"二取二"或"三取二"联锁，保证联锁可靠性。

第四节　生产准备和开车阶段总结与提升

一、生产准备和开车阶段好的经验和做法

企业生存的根本在于质量和效益，严格执行集团公司及炼油化工和新材料分公司的相关制度要求，严走精细化的发展管理道路，在项目工程质量、工程成本上的有效控制，项目施工管理水平的提高是工程项目精细化管理提升的根本，提炼集团公司近十余年来新建项目在生产准备和开车阶段好的经验和做法总结如下。

（一）以生产准备为主线、打牢基础管理

1. 人员组织及方案编制方面

（1）根据总体规划提前完成仪表专业总体试车方案编写工作；包括在系统吹扫、气密、烘炉、三剂装填、联动试车、投料试车阶段涉及仪表专业的配合事项。

（2）提前编制仪表单校、联校、联锁试验、设备单试、装置试压等各阶段试验方案，同时编制出各阶段试验暴露问题整改清单，以定时间、定整改措施、定责任人"三定"为抓手。

（3）提前聘请中国石油其他地区公司专家，成立仪表专业开工团队，针对中国石油工程建设项目100条查出的三查四定问题，制定有针对性措施，逐一解决开工前遗留的仪表问题，为装置顺利开工做足人员储备。

（4）提前完成同类装置仪表专业故障案例及处置方案培训。

（5）提前编制仪表及控制系统巡检记录、技术台账、仪表及控制系统交工及竣工资料，控制系统程序备份、控制系统密码等资料的归档工作。

（6）由工艺专业牵头，机、电、仪各专业协调配合，完成联锁联调方案编制，确定联调措施及记录的规范填写，落实各专业责任人。

（7）仪表专业配合各专业对照联锁台账，全面推进联锁联调试验工作，确保联调内容无遗漏、无缺项。

（8）仪表专业对联调过程中发现的问题落实整改，确保联锁系统正常投用。

2. 仪表设计选型方面

仪表设计选型是一项综合考虑多种因素的过程，旨在选择最适合特定应用需求的仪表类型和规格。这个过程涉及对工艺条件、被测介质的性质、控制系统的要求进行深入了解，以便对仪表的技术性能和经济效果作出充分评价，从需求评估、价格和预算、品牌信誉和售后服务各方面确保仪表在特定应用中发挥最佳性能，同时满足经济性和安全性要求。

1）仪表选型统一

在设计初期统一要求，制定仪表选型原则。在一个较大的工程项目，可能会有多个不

同的子项目，多个子项目又有多个设计人员共同完成，可能出现选用不同厂家同一类型仪表的问题，给工程本身以及投产后的管理带来麻烦。根据检测点的使用重要程度不同，比如用于控制联锁的仪表选用具有 SIL 等级的产品；建议用于单测量的仪表选用统一品牌，可给技术掌握应用、技术服务及培训、备品备件的储备带来便利。

2）焚烧炉热电偶选型应考虑实际温度偏离情况

焚烧炉装置热电偶设计选型为 S 型热电偶，热电偶保护套管材质选用耐高温和抗氧化性强的刚玉材质，涂层采用搪瓷涂层或蓝宝石涂层，能较好地解决保护套管腐蚀断裂的问题。

3）浮筒选型应考虑高频振动的环境

为了预防高频振动造成浮筒内扭力杆与浮筒连接脱落，浮筒与连杆间锁紧螺母增加双面齿碟形防滑垫圈，防止锁紧螺母松脱、导致浮筒呈现虚假液位。

4）测量深冷介质双法兰差压变送器的选型

引压管式差压变送器测量乙烯、丙烯等深冷介质式的凝液不同，容易造成测量误差，采用双法兰差压变送器，变送器毛细管充入用于深冷环境下的硅油，能较好解决该类问题。

5）调节阀选型

为了避免调节阀阀门前后压差在实际应用过程中偏离设计工况，应进行同类装置的调研。根据工艺介质、工艺工况选择满足现场实际需求的调节阀，杜绝调节阀偏离工况长期在小开度运行，从而导致阀内件磨损严重；杜绝阀门前后压差远远偏离设计值，阀门执行器推力不足造成卡滞现象。

调节阀阀门定位器等附件选型根据调研同类装置使用情况，选择故障率较低的品牌。

3. 橇装设备中仪表选型经验

橇装设备中仪表选型应严格执行项目设计统一规定，橇装设备建议由 DCS 和 SIS 系统实现控制，不采用独立的控制系统。如果选择独立的控制系统，建议严格要求软硬件配置（包含是否设置操作站、工程师站、控制器及卡件冗余配置、供电规范设计等），并对相关控制方案、联锁逻辑等进行审核。要求供应商提供控制器组态软件、密码等便于后期维护的各类资料，避免控制器成为"黑匣子"。

4. 参与控制和联锁信号要求

参与联锁及控制的信号电缆采用硬线（模拟量或开关量）连接，仅作为显示的信号电缆可以采用光纤或通信电缆传输。

5. 优化压缩机联锁方式

1）压缩机轴瓦温度

压缩机轴瓦温度建议进行 SIL 评估，根据 SIL 定级决定是否参与联锁，对于不具有 SIL 等级的应设置高报、高高报，避免因温度探头故障引起误报。

2）轴振动联锁方式

根据实际应用经验，建议轴振动联锁方式采用"四取二"方式联锁，即单个转子两端四个轴振动探头有两个高高报即联锁停机。这样既减少了"一取一"方式振动探头损坏产生的误报，又避免"二取二"方式因两个探头测量方向不同产生的漏报。

3）机组联锁延时

根据实际经验，对关键机（泵）组"油压低低"联锁停机可设置延时，"油压低低"联锁停机延时建议设置 2~5s 不等，具体时间应进行实际测试论证。

6. 成套设备的联锁优化

对于成套设备控制系统中的联锁建议开展联锁优化工作，各专业共同参与对每条联锁逻辑及联锁值逐条开展优化评估工作，经评估将不具有安全保护功能的联锁取消，避免过保护导致机组停机。对于安全保护功能不足的联锁回路，建议增加保护措施或列入隐患整改。

7. 优化装置联锁方式

（1）装置内联锁根据 SIL 评估情况，充分与设计方沟通，建议将联锁方式设置为"三取二"，尽量不出现"一取一"或"二取二"联锁。

（2）装置内联锁根据 SIL 评估情况，充分与设计方沟通，建议将电磁阀设置为双电磁阀。

（二）细化工程项目过程管控，规范施工安装

规范仪表安装，施工方必须遵循 GB 50093—2013《自动化仪表工程施工及质量验收规范》编制施工方案，质量验收计划及必检点，仪表监理应做好施工过程质量把关工作，消除仪表开工过程中的各类隐患，为装置的正常中交和开工提供保障。生产准备阶段开展各类专项排查工作是消除此类隐患的有效手段，所有排查出的问题列入三查四定销项管理。

1. 仪表测量取压点及引压管路安装

排查仪表测量取压点及引压管路。根据工艺流程及介质，判断是否出现取压点相对工艺管道水平中心线上下安装位置和正负引压管连接错误的问题。

2. 流量计的安装

根据不同流量计的特点，制定检查内容并进行记录。针对节流孔板，主要检查孔板的孔径是否正确、安装位置的前后直管段是否满足规范、孔板安装的方向是否正确等；电磁流量计的接地线是否连接、流向是否正确；靶式流量计靶片安装是否正确等，并列表要求检查人签字确认，确保每一块流量计落实到责任人。

3. 阿牛巴流量计安装

现场的阿牛巴流量计一般采用一体化集成安装。但是实际安装使用过程中，变送器随检测元件安装在管道上，位置不利于就地观察、检查和调试等维护工作。通过引压管路将变送器安装于操作平台，能解决维护困难的问题。在引压管线铺设过程中，应注意正负压管路的铺设必须保持高度一致，避免测量偏差。

4. 仪表引压管及配套阀门的安装

卡套采用定力矩扳手进行紧固；建议高压（压力等级 900lb 及以上）及振动大的部位不使用卡套连接方式，应采用焊接方式，并采取减振措施。

5. 电磁阀防水措施

电磁阀外壳防水主要涉及外壳的材质和结构。在具体应用中可以根据需要选择不同的

防水等级；电磁阀连接器防水措施取决于连接器类型，一般采用密封垫圈和密封胶来增加连接处的密封性，并选用带有防水和防腐蚀性能的连接器；电磁线圈是电磁阀的核心部件之一，一般采用环氧树脂浇注或注塑成型来实现防水性能，同时还可以在线圈外部增加密封罩等措施。

6. 仪表保温伴热施工

提前做好仪表保温伴热相关工作。在设计阶段，仪表专业安排专人对接，对标同类装置仪表伴热设置情况，从工艺介质、当地环境状况等对仪表伴热进行选型，确保仪表伴热选型正确无遗漏。在施工阶段，紧盯施工作业全过程，对伴热管安装、保温情况进行监督检查，逐一核对仪表保温伴热情况，确保仪表保温伴热准确无死角。

7. 调节阀（切断阀）检查

制定调节阀（切断阀）的检查内容并进行记录，主要检查调节阀（切断阀）的安装方向是否正确、膜头的排气孔是否有防护、定位器反馈杆安装得是否合理、阀门的事故状态（FC、FO、FL）是否满足工艺安全要求等。

（三）做好控制系统组态和智能仪表组态检查

1. DCS 控制系统组态设置

在 DCS 通道组态时设置通道断路检测功能，对于每个模拟量输入通道都有效。当仪表输入电流异常时，该仪表在 DCS 操作站出现相关报警信息，提醒操作人员该仪表输入信号不正常，需检修。对于参与 DCS 联锁的仪表，应组态为仪表指示故障发生前的测量值。

2. SIS 系统组态设置

在 SIS 通道组态时设置通道断路检测功能，对于每个模拟量输入通道都有效。当仪表输入电流异常时，会认为该仪表信号错误，会产生仪表故障报警同时该仪表测量值跳变为量程的最大或最小值。根据该仪表参与高高或低低联锁的情况，组态时应设置为避免联锁触发的最小或最大值。开工前，逐台检查联锁仪表通道组态情况。

3. 温度安全栅组态设置

温度安全栅在传感器输入开路时，安全栅输出可以设置为最大或最小输出的电流值。温度安全栅出厂设置时，参与联锁的热电阻或热电偶在故障开路时可能触发联锁。根据该温度参与高高或低低联锁情况，作出避免误联锁的相应修改。开工前，逐台检查参与联锁的温度安全栅设置情况。

4. 智能仪表参数设置

差压变送器出厂默认测量范围为输出电流值 3.2~21.6mA，即变送器量程为 -5%~110%。在 SIS 系统中，通道具有开路检测功能，当变送器电流低于 3.6mA 时，会认为变送器故障，可能触发联锁。为保证联锁的可靠性及安全性，建议将变送器正常输出电流值改为 4~20mA。

5. 控制系统报警配置

1）控制系统报警配置要求

按照炼油化工和新材料分公司加强报警管理指导意见要求，对报警进行分类分专业管理，对 DCS 操作站报警进行分区、分级、分颜色、分声音管理，装置的报警做到该报必报，报警合理规范，为生产装置安全运行起到良好的预警作用。

2）控制系统报警设置

建议一级报警为特别重要报警（带安全联锁的工艺参数、作为独立保护层的 SIF 回路等），二级报警为一般报警，三级报警为提示性报警。一级报警使用红色，报警声音急促；二级报警使用黄色，报警声音稍缓；三级报警使用紫色，报警声音缓慢。

（四）精心组织仪表调试，消除运行安全隐患

1. 规范控制系统测试

1）模拟量输入通道测试

从现场仪表接线端子加信号逐点测试，使用调试工具依次按 4mA、8mA、12mA、16mA、20mA 增加信号；结合 PID 流程图、控制面板查看仪表指示，保证测试通道和画面的一致性、准确性。

2）模拟量输出通道测试

从 PID 流程图、DCS 画面中控制面板依次按 0%、25%、50%、75%、100%增加信号，查看现场调节阀开度是否正确。

3）数字量输入通道测试

从现场仪表处使用短接线将输入信号短接，查看 PID 流程图画面、控制面板、事件记录是否正确。

4）数字量输出通道测试

在控制系统画面手动强制输出信号，查看电磁阀带电后动作情况及现场盘指示等。

5）逻辑测试

使用调试工具及控制系统强制组合方式，查看联锁动作情况，确保联锁逻辑的正确性。

6）供电冗余测试

测试前查看控制器、电源卡、I/O 卡、安全栅等状态，确保各元件状态正常，将两路 UPS 分别单独供电，查看各元件上电状态是否正常；测量 24V DC 电源输出电压，调整电压满足输出电压指标，同时冗余电源输出电压无偏差。

7）控制系统接地测试

依据 SH/T 3081—2019《石油化工仪表接地设计规范》，控制系统的接地完好，对接地电阻进行测试，接地电阻不大于 4Ω。

2. 机组轴系检测系统测试

使用调试工具从机组探头加信号测试，测量间隙电压，在本特利 3500 轴隙检测系统监控软件、DCS 系统软件同时监控通道的准确性，防止本特利 3500 系统组态通道与 DCS 通信组态错误；通道调试过程中对本特利 3500 系统卡件参数设置进行检查。

3. 联锁联调测试

1）SOE 功能组态检查

联锁联调测试由工艺人员主导，按装置联锁逻辑图及联锁台账逐项进行核对，确保 SOE 信息与组态逻辑的一致性。

2）逻辑图显示画面测试

DCS联锁逻辑、SIS联锁逻辑在DCS系统显示联锁条件和动作结果，在流程画面显示联锁相关信息。联锁逻辑图号做色变，联锁触发或条件不满足时，联锁逻辑图号变色，可查看逻辑状况，可视化的联锁逻辑画面有利于工艺的操作和维护。

4. 电动机启停测试

电动机的启停调试应由电气专业将MCC电动机综保控制在试验位置，逐项试验电动机与控制相关启停信号、运行和故障信号以及变频信号等，所有联锁调试完成后，相关专业签字确认。

5. 双法兰液位仪表调试

设计院在规格书中只给了计算量程，在安装调试过程中确认被测量设备无液位和压力的情况下，将液位迁移至零；在双法兰液位计测界位的仪表调试时，将轻介质充满或重介质充满，将界位迁移到0%或100%。

6. 特殊仪表安装调试

超声波流量计、热值流量计、质量流量计、涡街流量计、雷达液位计、伺服液位计等仪表安装调试有具体要求，安装调试前必须研读每类仪表的安装说明，必要时在厂家的指导下完成安装调试，保证安装的规范性、调试方法的正确性，确保仪表正常运行。

7. 核子仪表调试

核子料位计调试必须在设备安装结束后，在厂家的指导下安装核子仪表，厂家调试时，核子仪表维护单位（取得核子仪表维护资质人员）与厂家共同调试。调试完成后，由相关单位共同确认正确后投用。

8. 调节阀调试

调节阀、切断阀的测试必须与调节阀、切断阀同时联动测试，确认现场阀门动作准确性及阀门使用安全特性（FO阀、FC阀、FL阀等）。

（五）规范投用

1. 高压滴注及反吹仪表投用

对初次使用的高压滴注要进行系统学习与培训，制定操作手册及应急预案，保证高压滴注系统平稳运行；做好反吹仪表的气密工作。制定详细气密方案，保证气密压力满足系统要求，发现泄漏后及时消除，保证仪表正确指示。

2. 调节阀仪表风投用

仪表风引入装置后，在装置仪表风低点的排放口进行排放，露点分析合格后，逐个送到仪表风阀前，在仪表风阀前排放后，再打开仪表风阀门，防止因仪表风管线带液导致定位器、阀门执行机构进水影响阀门的运行。

二、生产准备和开车阶段的不足

在生产准备阶段和开车阶段往往面临诸多挑战，这些挑战可能源于设备本身的性能、安装过程的质量,以及操作人员的技能水平等多个方面。因此,必须深入分析这些不足,以确保炼化装置的安全、稳定、高效运行。

(一)人员管理及培训方面

(1)技术人员培训不到位。项目初期建设阶段及工艺人员培训阶段,仪表人员没有及早地介入,在某些问题判断、处理上不能充分结合工艺情况再进行考虑,处理问题的切入点不准确,解决问题时间比较长。大部分仪表人员未参加 DCS、SIS、CCS 等系统组态,工厂培训、FAT 等工作,主要通过仪表专业组织的内部培训提高技能,未能系统地掌握相关技能知识。

(2)仪表运行维保人员不足,特别是有经验的人员较少,解决问题能力有限,在某些问题判断、处理上不能充分结合工艺情况再考虑,处理问题时间比较长。

(3)通过开工,体现出主要参与人员责任心不强,对各项规章制度未严格执行,作业不规范。

(4)设计人员对工艺包消化深度不够,经验较少,开工前工艺包符合性检查时发现问题较多,整改时间长,影响装置中交和开工。

(5)与其他兄弟单位的沟通不足,对类似装置的企业调研较少,对其他单位在类似装置上相关仪表使用情况了解较少,导致同类故障重复发生。例如高压调节阀偏离工况导致磨损严重,高压滴注设备使用过程中发生堵塞等。

(6)成套供货橇装设备和机泵厂商的技术服务人员,仪表专业知识不足,设备调试阶段发现和解决仪表问题的能力有限,有些问题在生产运行中才逐渐暴露。

(二)设计方面

(1)安装的测量热电阻为单点,没有备用,对关键的测量点、联锁点应该设置为单点双支式,做到一用一备,减少热电阻损坏、不能投用对机组运行的影响。

(2)设备处于高振动高噪声环境未采取有效措施,如高差压、频繁动作、低泄漏等苛刻工况,阀门未考虑特殊设计;调节阀未配有防雨、防尘和防砸措施。

(3)施工前期系统审查不仔细,在控制系统卡件通道的分配中 I/O 点配置不合理,备用通道不满足 20% 要求。冗余测量点未分配在不同的卡件中,存在共因失效等风险。在设计过程中控制系统与电气设备、橇装设备之间 I/O 点配置不足,实际调试过程变更较多。橇装设备控制系统供电设计不规范。

(4)在项目前期技术审查阶段,未对设计院明确提出对橇装设备不独立设置控制系统的原则,橇装设备的控制系统易导致后期维护困难。

(三)仪表选型及到货验收方面

(1)仪表设备到货验收、三查四定等阶段,未能仔细核对技术协议相关内容,包括供货范围、主要的技术参数材质要求、防尘防爆等级,造成仪表安装后才发现厂家供货产品与技术协议存在偏差,无法满足现场使用要求。低温、黏稠、腐蚀、富氢等特殊介质的仪表探头、测量膜盒、引压管、阀内件等是否采取特殊材质未能引起重视。

(2)对部分重要装置的重要程度认识不足,设备品质控制选择不慎重。例如制氢装置负责生产氢气提供给渣油加氢、蜡油加氢等装置,如制氢装置出现问题,直接影响几套加氢装置的平稳运行。关键部位调节阀选型和质量把关不严，阀门过质保期后，调节阀频繁出现故障，就会对这些关键部位产生重大影响。

（3）技术选型不细致。采购过程中框架招标覆盖范围较小，大量物资没有实施全厂统一框架招标，导致仪表选型统一性不足，给维护带来较大难度。

（4）成套设备和橇装设备从源头询价文件及技术协议、到货验收等把关不到位。橇装设备里的压力管道、压力容器、阀门、小接管、仪表类从源头要求不严，出现一系列质量事件。成套设备和橇装设备制造图纸资料提交设计院的工作不到位，造成装置的竣工资料相关控制和联锁逻辑说明不详细。

（5）对阀门附件供货标准缺少明确要求，检查发现设备选型不满足现场使用环境的要求。现场阀门定位器配套的仪表风压力表为碳钢外壳、黄铜内件的轴向压力表，碳钢外壳与沿海腐蚀环境不匹配，腐蚀后造成泄漏。

（6）色谱分析间投用蒸汽时，厂家配置的蒸汽管线多处泄漏，后期需要重新紧固，蒸汽管线的连接处建议采用焊接形式。

（四）规范施工方面

（1）交叉施工多，未严格做到土建交安装；设备电仪安装过程中出现土建施工、钢结构防火防腐施工等，施工过程中设备保护不到位导致仪表设备损坏。

（2）卡套施工不规范。用切割机切割引压管，不使用专用的割管刀，卡套有金属屑；紧固力量不足，引压管末端形变不足，在振动增大或外力的情况下，容易造成脱落；引压管末端插入深度不足，容易造成脱落；引压管直径与卡套不匹配，主要是1/2in和12mm的管子卡套窜用。

（3）端子松动典型问题。端子松动易造成电源回路接线处温度升高，最终打火短路；信号回路电阻增大，信号不稳。产生端子松动的原因有：多芯电缆未使用线鼻子；线鼻子不匹配，偏大偏小、形状不合适、未使用合适压紧工具；仪表厂家和设备厂家的接线，机柜、辅操台、现场接线箱等接线端子重视程度不够，未对接线端子二次紧固并检查确认。

（4）电缆密封典型问题。电缆直径和密封格兰不匹配、密封不严；接线箱空闲的出线孔未封堵、密封格兰未紧固；电缆进入仪表无低点，雨水自高处的保护管汇集进入；仪表箱非防爆、未密封等。

（5）保温伴热典型问题。部分保温伴热未设计或设计有缺失。未能根据介质特性充分论证配置仪表保温必要性及规范性，流量计、液位计投用后，因未设计保温，使得仪表因保温效果不好导致介质结晶、冷凝等异常状态，从而影响数据测量；施工不规范，部分仪表伴热和工艺强制伴热串在一起，容易导致仪表伴热无法停用；利用设备热辐射或热对流的仪表未采取保温，保温时电缆应采取隔热措施；部分低温仪表阀门未进行保冷施工。

（6）装置中交标准低，中交甩项多，中交后仍有大量未完工程和整改项目。

（7）调节阀气源吹扫不干净，仪表风含尘量不达标，造成定位器堵塞。

（8）控制阀未下线进行管道吹扫，异物卡在阀内，导致关闭不严或动作卡涩，严重的可能导致物料互窜发生事故。

（9）阀门反馈连接不紧固，导致控制波动；阀门风压调整不合适，偏大或偏小，容易造成气缸磨损或调节异常。

(10) 阀门安装不规范，如水平或倾斜安装不符合规范要求，大口径阀门无支撑或无吊环，容易发生阀门故障。

（五）仪表调试方面

（1）仪表单回路调试执行不到位，未能利用单调发现现场仪表量程设置不准确，造成调试过程中部分仪表测量不准确，进行二次修改。

（2）对分析仪表安装、调试及投用重视不够，仪表人员不能有效把控分析仪表原理。

（3）阀门调校时除 5 点调校外，未对小信号动作情况、控制灵敏度、稳定性进行检查。

（4）控制逻辑典型问题。控制逻辑无注释、位号无描述或描述不准确，不易解读，维护困难；厂家提供的逻辑样式多样，组态转化后理解不一致，造成逻辑执行有误；涉及联锁的控制逻辑没有在 SIS 操作站画面上做旁路点，必须进入 SIS 系统进行强制；参与联锁的可燃有毒气体报警器和分析仪表调试时未引起重视，特别是安全环保设施，如雨淋阀室、事故风机、室内消防喷淋系统未安排调试；控制逻辑修改后竣工资料未更新。

（六）维护作业管控方面

控制系统在线下载管理不规范，在系统调试过程中，特别是公用工程装置开工后，DCS 主控室尚未交工，SIS 辅操台未安装，DCS 和 SIS 系统运行维护和调试作业交叉较多，人员对全厂各系统之间的关系不熟悉，各装置生产运行状况不熟悉。虽然知晓系统程序下载风险，但是在调试过程中，由于 DCS、SIS 在线下载需求较多，管控难度大，误动作情况时有发生。

三、生产准备和开车阶段管控要点

新建炼化装置在生产准备阶段和开车阶段，机电仪专业必须严格执行中国石油天然气股份有限公司炼油化工和新材料分公司《炼油化工建设项目生产准备及试车工作指导意见》（2017 年 7 月），中国石油天然气股份有限公司炼油化工和新材料分公司《建设项目预试车及工程中间交接、工程交接管理规定》（油炼化〔2015〕207 号）的管控要求，坚持"四个明确"，做到"三个同时"，掌握"两个平衡"（即试车指导思想明确、试车指挥系统明确、试车进度及关键控制点明确，试车目标明确；安全、消防、环保工作达到"三同时"；掌握好全厂的物料平衡和燃料及动力平衡）。总体试车方案遵循"单机试车要早，吹扫气密要严，联动试车要全，投料试车要稳，经济效益要好"的原则。先公用工程和辅助系统，后主体装置；先上游，后下游；先外围，后核心。提前安排公用工程以及辅助设施的试车，环保设施同步投入使用，为主体装置试车创造条件。科学统筹试车程序，试车步骤衔接紧密，优化全厂开工步骤，既强调正点，又切实坚持安全稳妥，做到投料试车一次成功、产品一次合格、环保指标一次达标、考核一次通过。

（一）人员准备方面

（1）应建立团队组织架构，明确架构中每个人员所负责的工作范围，确保全过程工作均由专人负责。

(2) 安排专人全程参与橇装设备的技术协议审核，规范橇装设备自带仪表设备及控制系统的选型。

(3) 人员应熟悉 PID 流程，掌握联锁回路涉及的现场仪表安装位置。

(4) 做好人员培训工作，应参加 DCS、SIS、CCS 等系统组态，工厂培训，FAT 等工作。

(5) 确定稳定可靠维保人员队伍，维保队伍由专业技术人员及骨干力量人员组成，有发现问题、解决问题的能力。

(6) 通过协调兄弟单位，选派人员及技术专家进行技术支持。

(二) 基础资料准备方面

(1) 收集完善仪表基础资料，建立相关维护台账工作。例如"仪表设备检查项目列表""现场仪表安装分类表""现场仪表位置图""机柜间仪表点位置表""接线箱、点数及位置表""冲洗油及隔离液表单""冲洗油+隔离液布置图""仪表伴热布置图""仪表风布置走向图""伴热站安装位置及检查表"等。

(2) 开工前梳理所有涉及仪表专业设计变更，确认相关变更手续已按要求完成。

(3) 所有计量仪表检定合格，所有仪表应校验完毕，仪表设备符合投用标准。

(4) 开工前统计仪表备品备件台账，备件台账应包含开工及试车备件。

(三) 验收管控方面

(1) 做好装置验收质量管控工作，在装置仪表安装阶段进行质量管控检查。仪表施工质量管控重点为机柜间控制系统、控制阀门打压质量、环保分析仪表和罐区仪表规范安装、计量仪表检定等。

(2) 开展各类仪表接地检查，重点为机柜间内接地汇流排、仪表信号电缆分屏、总屏接地，控制系统接地，防雷接地等，以及罐区仪表接地检查等。

(3) 安排专人全程参与大机组、橇装设备及关键控制系统的安装、调试等工作，熟悉各类故障处理及操作，便于开车过程中问题的及时处理。

(4) 安排专人负责仪表阀门打压试验工作，确保关键阀门安装前无泄漏。所有阀门转运至现场后均需要打压试验，对于高压加氢阀门（900lb 以上），现场不具备打压条件的可进行工厂监造。

(5) 针对部分双法兰冲洗环放空丝堵存在泄漏的风险，介质为高温高压的情况下，建议取消放空丝堵或直接焊死。

(6) 加强施工过程中仪表设备保护，如单双法兰膜盒保护、控制阀门的法兰面保护、仪表设备电气接口的防水保护等。

(7) 做好分析仪表的采样管路、载气管路、风线、预处理系统等吹扫和置换，需要保证采样管线畅通。

(8) 在多雨或地处海边区域的装置，设备易受到雨水和雾气影响出现进水现象，建议增设仪表设备防雨措施。例如制作大量防雨罩用于变送器、电磁阀和过滤减压阀。

(9) 做好风线及引压管线的吹扫管理工作，达到可投用标准后与仪表设备进行连接。

(四) 仪表调试方面

仪表调试管控重点为单体调试、回路调试和控制联锁调试，通过对调试方案的检查，确保调试记录的规范性。

（1）建议工艺牵头组织各专业按要求完成联锁测试，保证联锁准确性。

（2）在仪表联校和联锁试验阶段，组织仪表运行维护人员全员参与。工艺人员全程参与联锁试验并签字确认，全面掌握装置联锁，设备人员全程参与设备联锁试验，全面掌握机泵联锁。

（3）应充分利用仪表单校、联校、联锁试验、设备单试、装置试压，消除施工质量，设计缺陷及仪表设备问题。

（4）做好控制系统、智能仪表设备中出厂默认参数的修改工作，满足使用要求。

（5）做好 DCS 控制画面中联锁功能显示与 SIS 系统中联锁动作一致性的检查确认工作。

（6）装置和设备非计划停车时故障的查询工作非常重要，联锁调试过程中必须逐条检查 SOE 信息是否与报警信息对应。

（7）参与联锁及控制的信号不宜采用通信信号，包括采用 HART、FF、PROFIBUS-PA、MODBUS RTU、TCP/IP 等通信协议的通信信号，应采用硬线连接。联锁和控制测量仪表设置原则，SIL2 等级以上联锁回路，控制仪表与联锁仪表必须分开设置。

（8）建议仪表与电气接口信号应统一规定，仪表原则为故障安全型，带电正常、断电动作；脉冲及两位式信号应统一。

（五）关键仪表备件准备方面

（1）针对加氢高压角阀、V 型球阀、减温减压器中调温水阀和高压特殊阀门，按类型采购阀杆等备件；PSA 等高频阀按类型整阀备件。

（2）针对蒸汽管网高温高压阀门和锅炉给水阀应考虑一定的备件储备。

（3）对控制系统、大型机组仪表，参与联锁及控制的仪表要进行梳理，根据重要程度和现场数量统筹备件。

（六）投料前重点检查仪表设备设施完好性

（1）开展仪表接线紧固检查，防水、防尘、防爆检查，伴热保冷等专项检查。

（2）检查仪表风罐排凝情况，定期排凝检查，防止仪表风带液进入仪表系统。

（3）检查现场安装的测量仪表设备周围是否存在强电磁辐射、高温辐射的情况。

（4）定期检查现场仪表执行机构是否有漏风情况。

（5）关注高压滴注的运行情况，及时根据工艺原料中的胶质含量调整滴注注油量，防止因原料胶质含量上升导致引压管线堵塞。

（6）对所有变送器引压管、浮筒等液位计高低点放空进行检查，确保高低点放空管帽或丝堵齐全，手阀处于全关状态。

（七）做好控制系统管理

（1）在装置投料前，仪表人员要对 DCS、SIS、CCS 等系统进行全面检查，取消调试过程中的各系统所有强制点。

（2）对工程师站严格管理，工程师站专人负责，工程师站严禁使用 U 盘进行拷贝；做好系统程序备份工作，建立系统软件备份清单，专人保管；做好控制系统的密码管理工作，密码统一保管。

（3）机柜间维持合适的温湿度，做好防水、防尘、防腐蚀、防干扰、防鼠防虫、避免机械振动等工作，保证控制系统可靠运行。

（八）阀门调试

开车前对所有的调节阀、控制阀行程、控制器正反作用进行确认。对简单和复杂控制回路离线调试正常后，必须在线调试确认，保证在开车过程中控制、阀门动作的准确。

（九）重视分析仪表投用管理

（1）明确环保及在线分析仪表投停要求，严控仪表投用条件，避免相关仪表损坏事件的发生。

（2）做好环保及在线分析仪表的技术准备工作。对已投用的仪表做到巡检和维护保养到位。做好备品备件、标准气、标准液、试剂药剂准备工作。

（十）建立仪表智能管理

重视仪表失效数据库的建立，利用仪表故障管理系统对仪表出现的故障进行分类统计，并结合炼化系统的统计情况，对开工期间及日常运行期间发生的仪表故障进行统计，列出仪表故障原因排序，根据统计结果制定针对性的主动维护策略，并为后续项目仪表选型、维修、检修提供依据，提升管理水平。

（十一）强化仪表作业管控

（1）仪表作业依据误动作或故障对生产波动的影响分级管控，规范作业步骤，对于最高级的仪表一级作业，应编制作业方案，审批执行。关键联锁及控制回路仪表作业建议纳入仪表一级作业。

（2）运行区域与调试区域共用控制器的仪表作业建议升级管控。

（3）运行控制系统的在线下装作业建议升级管控。

（4）涉及联锁、控制的环保及在线分析仪表，作业需全面管控。

（5）对高温、高压、有毒介质的仪表，维护作业前需辨别风险，重要风险作业必须升级管控。

（6）非工作时段（夜间及节假日）尽量不要安排作业，必要时升级管控。

第四章　电气

第一节　设计及设备选型阶段典型案例

案例一　干式变压器人为误动柜门限位开关引起跳闸

一、装置（设备）概况

某公司中央控制室变电所两回 6kV 电源引自 35kV 循环水厂变电所，变电所内设两台 6/0.4kV 干式变压器，分别为 380V Ⅰ、Ⅱ段母线供电。

二、事故事件经过

2011 年 9 月 19 日，电气人员在对中央控制室变电所进行定期巡检过程中，为检查确认 2#干式变压器防护门是否锁好，在拉动门把手时，引起微动限位开关动作，导致 2#干式变压器联锁跳闸。

三、原因分析

（一）直接原因

电气人员在检查干式变压器防护门是否锁好时，轻微拉动门把手，造成限位开关触点打开，导致联锁动作，跳开变压器电源侧断路器。

（二）间接原因

（1）干式变压器自带微动限位开关与门的安装位置不合理，运行中容易造成误动，引起变压器跳闸。

（2）对电气岗位人员培训不到位，岗位人员未掌握干式变压器相关联锁设置。

（三）管理原因

（1）现场设备目视化管理不到位，重点部位未安装禁止或警告类标识。

（2）对柜门打开会导致干式变压器跳闸运行的风险识别不到位，未及时采取技术措施进行削减。

四、整改措施

（1）在变压器前后门贴"禁止开门，联锁跳闸""禁止开门，高压危险"等警示标志。

（2）开展专项培训，使岗位员工熟悉现场、了解设备，掌握设备巡检的关键环节和注意事项。

（3）对门锁限位开关可靠性进行评估，优化柜门联锁，必要时可采用"五防"锁代替。

五、经验教训

（1）完善现场目视化管理，易触电部位、设有联锁部位、易受电磁干扰场所设置标志牌。

（2）严格遵守电气巡检制度，结合现场实际的注意事项和巡检要点，加强对岗位员工的培训，提高员工安全意识和技能水平。

（3）完善变电所管理及设备检查制度。

案例二　干式变压器柜门限位开关误动跳闸

一、装置（设备）概况

某公司高密包装变电所设两台 6/0.4kV 干式变压器，分别为 380V Ⅰ、Ⅱ段母线供电。干式变压器设有防护门限位开关联锁跳闸功能。在运行时若防护门被打开会联锁引起变压器跳闸。干式变压器二次回路原理图见图 4-1。

二、事故事件经过

2012 年 11 月 14 日 8 时 9 分，高密包装变电所 2#变压器柜断路器跳闸，保护动作信息显示为"柜门打开"。

三、原因分析

（一）直接原因

变压器限位开关下压深度不够，误动变位触发联锁跳闸。

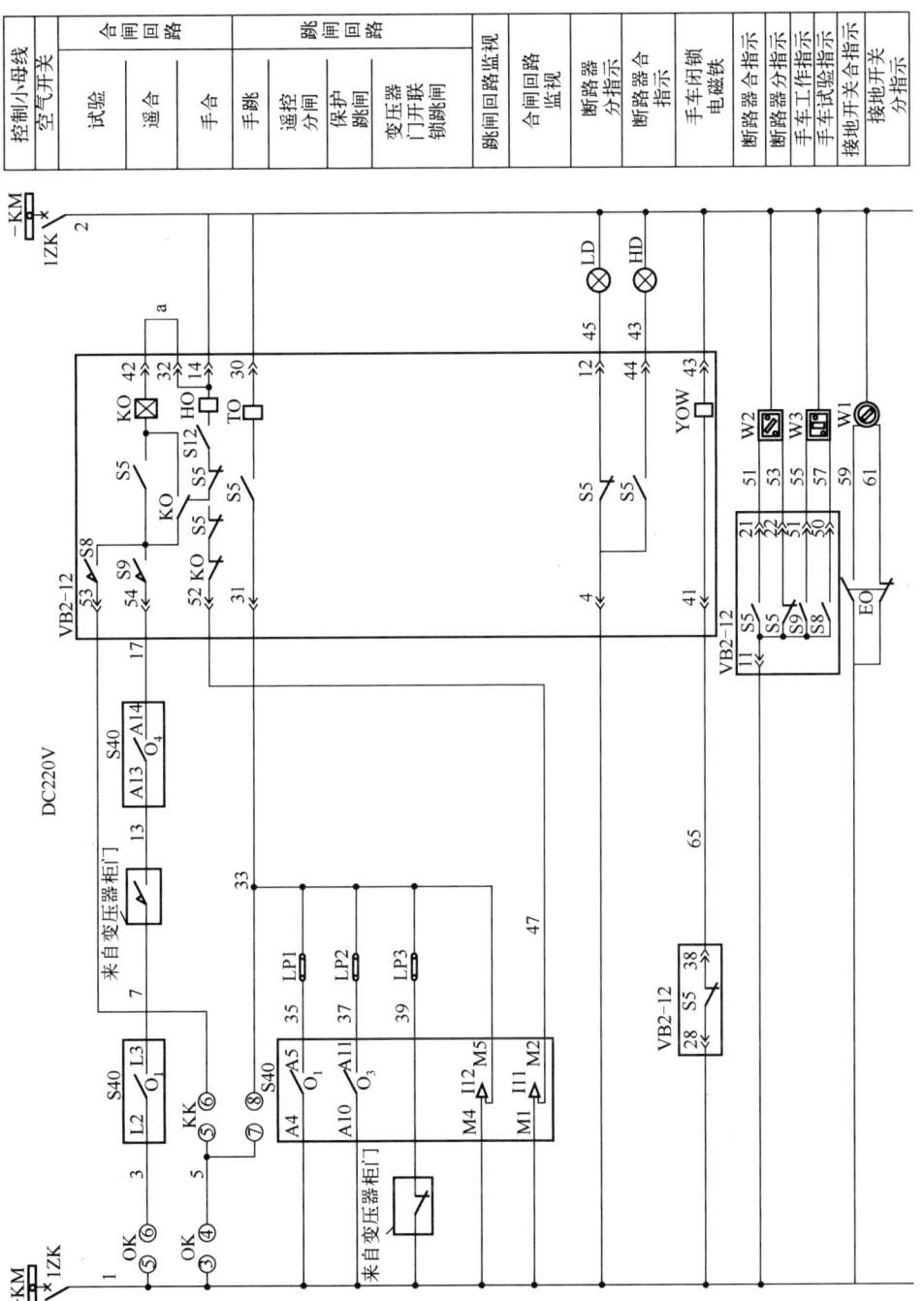

图 4-1 干式变压器二次回路原理图

（二）间接原因

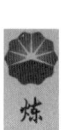

干式变压器防护门松动、无法关严，且限位开关安装存在缺陷，造成防护门与限位开关位置配合不好。

（三）管理原因

(1) 变压器安装后的验收管理不严，造成防护门关闭不牢。
(2) 对防护门跳闸联锁存在的风险识别不到位，未及时采取技术措施进行削减。

四、整改措施

(1) 将限位开关改为"五防"锁。
(2) 检查防护门紧闭程度，防止松动。

五、经验教训

(1) 干式变压器加装"五防"锁具，并纳入"五防"操作管理。
(2) 加强施工验收管理，保证变压器安装后防护门与限位开关的可靠性。

案例三 220kV 线路遭雷击

一、装置（设备）概况

某公司配电网含 220kV 总变电站 1 座、35kV 升压站 1 座、35kV 变电所 12 座、10kV 码头变 3 座、6kV 变电所 21 座、6kV 配电所 6 座、0.4kV 配电室 10 座；通过两回 220kV 架空线路与外电网相连。

二、事故事件经过

2010 年 7 月 19 日联动试车阶段，某公司所在地遭遇强雷暴，220kV 总变电站 2#电源线路遭受雷击，导致线路差动保护动作跳闸。

三、原因分析

（一）直接原因

公司 220kV 2#电源线路遭受雷击，导致线路差动保护动作跳闸。

（二）间接原因

对雷击危害程度和发生概率认识不足，未对线路采取完善的防雷措施。

（三）管理原因

新项目在设计时未充分考虑到该地区的雷暴强度，以及雷击对线路的危害程度，因此未对 220kV 电源线路采取完善的防雷措施。

四、整改措施

（1）对两回自建 220kV 线路全线加装带串联间隙的线路避雷器。

（2）合理优化系统运行方式，采取有效手段，限制电压降落幅度，稳定系统电压水平。

五、经验教训

（1）多雷地区的架空线路应重视雷击带来的风险，宜全线加装避雷器，提高耐雷水平。

（2）项目前期建设单位应深度介入防雷设计和选型，提高负载侧电气设备抗雷击能力。

案例四　110kV 电源改造项目手续不全导致系统接入方案发生变更

一、装置（设备）概况

某公司千万吨炼油扩建项目配套新建一座 110kV 变电站，该站始建于 2015 年 7 月 27 日，2018 年 4 月 19 日完成送电投运。

二、事故事件经过

2016 年 8 月 29 日，国网某电力公司下发"国家电网某电力公司经济技术研究院关于某公司新建 110kV 变电站接入系统审查意见的报告"，在项目实施过程中发现其中一回线路需经过钢材市场，架空出线的路由受阻，且该方向没有可用的电缆通道，导致该线路无法施工，需要变更接入方案。

三、原因分析

（一）直接原因

在编制系统接入方案阶段，设计单位和建设单位对现场线路走廊勘查不到位，造成方案错误。

（二）间接原因

在系统接入方案论证阶段，建设单位没有拿到本市规划局等相关政府部门的批复文件，便直接通过了国家电网某电力公司的审查审批流程，导致其中一路线路无法施工。

（三）管理原因

（1）在系统接入方案论证阶段，建设单位重视程度不够，导致方案报审手续资料不全。

（2）建设单位与设计单位对线路走廊勘查工作重视不足，对走廊内存在影响线路施工的因素不清楚。

四、整改措施

建设单位与设计单位重新勘查现场，落实线路走廊，申请变更电源接入方案。

五、经验教训

在电网系统接入方案论证阶段，要认真做好线路走廊实地勘查，积极协调电网公司、地方政府等多部门联合开展审查，保证方案的准确性和可实施性。

案例五 裂解炉顶引风机变频器故障

一、装置（设备）概况

某公司乙烷制乙烯项目乙烯裂解装置共设有5台裂解炉，每台裂解炉配置一台炉顶引风机，引风机采用变频控制，电动机功率为250kW，电压为0.66kV。

二、事故事件经过

2021年11月04日23时20分，乙烯裂解装置5#裂解炉在烧焦过程中，炉顶引风机11-C-1500变频器意外停机。电气人员检查发现，变频器柜故障灯亮，面板显示故障代码为"FB11"，即存储单元丢失。经厂家技术人员远程指导，对存储单元（ZMU）进行了更换，但故障未消除。厂家技术人员携带控制单元主板备件到达现场，更换后故障消失，变频器启动正常。

控制单元主板返厂检测后未发现异常，但对存储单元（ZMU）进行插拔试验时，发现如果ZMU未插紧，也会报FB11（即存储单元丢失）故障。

变频器故障控制单元见图4-2，厂家分析报告见图4-3。

图 4-2　变频器故障控制单元

Page 3 of 3　ABB Beijing Drive Systems Co., Ltd.

3) 将外壳去掉（方便观察），未插紧 ZMU，故障复现，如 figure3 所示；

Figure 3

4) 插紧 ZMU 再次检测，故障未复现，可正常启动，如图 figure4 所示；

Figure 4

二、结论

综上分析过程，推测现场应用中可能存在 ZMU 未插紧的情况，导致 ZMU 存储单元读取失败。

ABB

失效分析报告

Failure Analysis Report

报告编号 Report No.	FBT1549983-3203701380		产品型号 Product Type	ACS880-04-330A-7+E200	
客户名称 Customer	塔里木乙烷制乙烯项目		样品名称 Sample	□整机 ☑备件	
完成日期 Report Date	2022-01-27		样品数量 Units Returned	1	
分析人员 Analyst	Yonghui Zhao	审核人员 Reviewer	RuiPing Zhang	批准人员 Approval	Allen-Yan Wang

客诉/背景：

Complaint/Background:

1台ACS880-04模块在客户现场上电报FB11故障，客户要求分析故障原因。

1 ACS880-04 module at customer site telegram FB11 fault , and the customer requested analysis of the cause of the failure.

分析结果：

Conclusion:

故障未复现；

样品总结表

样品编号	样品名称	SN	FBT	失效现象（客户描述）	失效现象（实验室测试）
1#	ACS880-04	3203701380	FBT1549983	FB11	

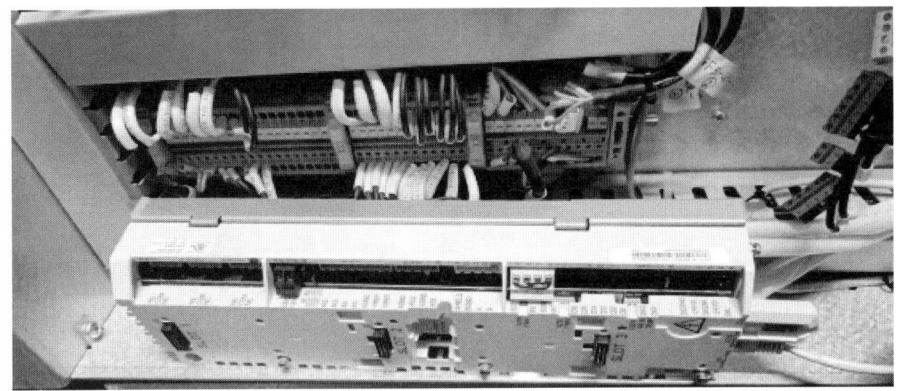

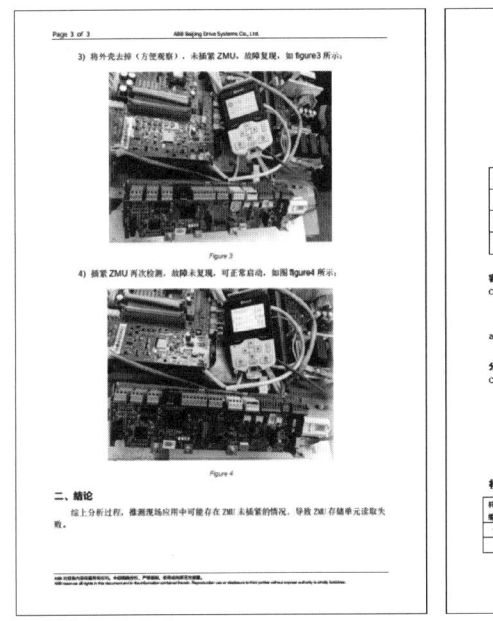

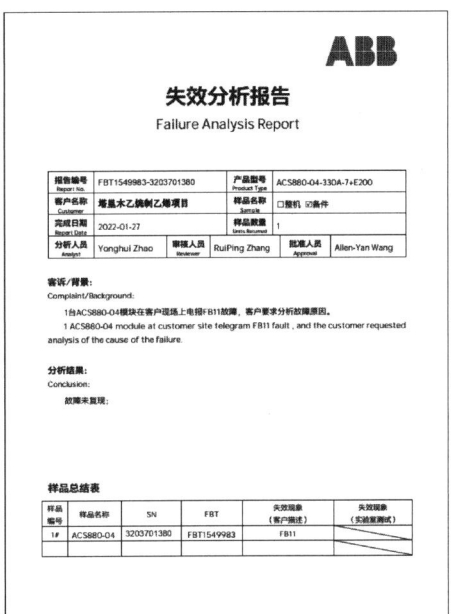

图 4-3　厂家分析报告图

三、原因分析

（一）直接原因

炉顶引风机 11-C-1500 变频器出现 FB11（存储单元丢失）故障，导致变频器停机。

（二）间接原因

（1）变频器存储单元（ZMU）插头接触不良。

（2）电气人员对变频器设备内部元器件不熟悉，对卡件更换作业标准和流程不了解，导致变频器故障无法及时消除。

（3）现场无控制单元主板备件，延长了故障处理时间。

（三）管理原因

（1）重要变频器首次上电前检查不到位，未组织对内部接线情况进行检查，导致隐患带入正式生产阶段。

（2）对重要设备重要备件储备工作不重视，致使备件不齐全，延长了故障处理时间。

四、整改措施

（1）本次炉顶引风机 11-C-1500 变频器故障的原因为存储单元（ZMU）连接松动，应全员传达学习。

（2）组织梳理全厂变频器相关备品备件，形成储备定额，并进行采购。

（3）组织制定发布变频器参数设置原则、日常运行维护标准等文件，并开展培训和应用。

五、经验教训

（1）重要变频器在上电前应组织厂家技术人员对内部板件连接情况进行检查确认，及时发现接线及板卡松动等隐患；同时与培训工作相结合，电气人员深度参与，掌握变频器原理、结构和维护要点。

（2）重要变频器应结合设备故障影响程度、易损坏元件、备件采购时间等综合因素同步采购随机备件。

案例六　柴油加氢精制装置仪表 UPS 旁路电源失电报警

一、装置（设备）概况

某公司柴油加氢精制装置由反应、原料与分馏、公用工程等三部分组成。原料由常减压装置和催化裂化装置提供，主要产品为精制柴油，副产品为粗汽油和燃料气。装置仪表系统通过 UPS 供电。

二、事故事件经过

2018 年新建项目各装置陆续投入运行，柴油加氢装置仪表 UPS 电源柜突发旁路电源报警，到现场后检查发现 UPS 旁路电源交流接触器释放。

三、原因分析

（一）直接原因

UPS 旁路电源前端设有交流接触器，旁路电源电压波动导致接触器自动释放，引发旁路电源失电报警。

（二）间接原因

UPS 设计方案存在缺陷，旁路电源前端设置接触器，且控制回路无法实现来电自动吸合，导致旁路电源由短暂电压波动变成长时间失电，进而影响 UPS 供电的可靠性。

（三）管理原因

(1) 建设单位对 UPS 供电方案和图纸审查不重视，没有识别出旁路电源前端设置接触器带来的失电风险。

(2) UPS 投入运行之前，针对旁路电源控制方案开展的相应切换试验不全面。

四、整改措施

取消旁路电源前端设置的接触器，改为上级旁路电源与 UPS 直接相连。

五、经验教训

项目初步设计阶段，设计院应发布设计统一规定，明确典型的仪表 UPS 系统接线图。

案例七 仪表 UPS 电源故障停机

一、装置（设备）概况

某公司炼油中央控制楼设有仪表机柜间，仪表机柜间 DCS、SIS 系统负荷采用双套交流 UPS 装置并列冗余供电方式，系统图见图 4-4。

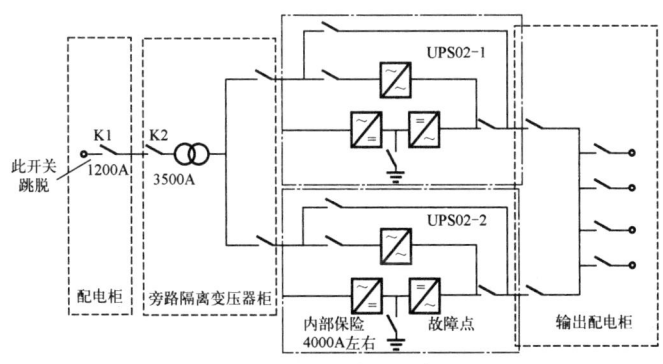

图 4-4 UPS 并机系统图

二、事故事件经过

2014 年 4 月 22 日，炼油中央控制楼机柜间 UPS02-1 和 UPS02-2 同时停机，致使 UPS

系统电源输出中断，炼油中控室 DCS 操作站黑屏。

三、原因分析

（一）直接原因

炼油中央控制楼机柜间 UPS02-2 主机电源板故障，错误触发逆变器 IGBT，造成 IGBT 短路击穿，因两台 UPS 并列冗余运行，导致 UPS02-1 和 UPS02-2 主回路同时停机，且静态旁路切换失败，造成整套 UPS 电源输出中断。

UPS 故障器件见图 4-5。

 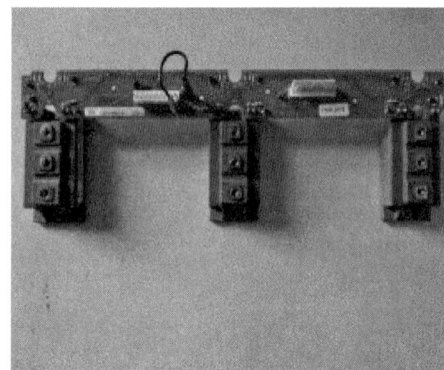

图 4-5　UPS 故障器件现场图

（二）间接原因

（1）解体检查 UPS，发现板卡灰尘较大，造成散热不良、绝缘下降，加之工程建设期间 UPS 先于空调投用，室内温度较高，加速了卡件老化，增加了故障概率。

（2）切换开关主回路部分由接触器+熔断器组成，静态旁路部分由 IGBT 组成。主回路停机后，UPS02-2 和 UPS02-1 同时执行切静态旁路供电命令，但切换过程中主回路接触器动作速度较静态旁路 IGBT 慢，输出侧熔断器配置不合理，未能及时熔断隔离故障点，引起两台 UPS 静态旁路电源开关 K1 瞬时脱扣跳闸，旁路失电。

（3）并联冗余运行方式不合理，单机故障引发两台 UPS 输出中断。

（三）管理原因

（1）工程建设期间对炼油中央控制楼机柜间 UPS 管理不到位，在空调未投用、土建工作未结束的情况下投用 UPS，室内温度高、灰尘大，因此埋下了卡件故障的隐患。

（2）UPS 设计方案审核把关不严，未能辨识并联冗余运行方式存在的风险，且未能发现电源开关上下级及熔断器配置不合理的隐患。

四、整改措施

（1）更换故障元件，清理 UPS 卡件灰尘。

（2）将 UPS 并联冗余方式改为分列运行，系统图见图 4-6，提高 UPS 供电安全可靠性。

第四章 电气

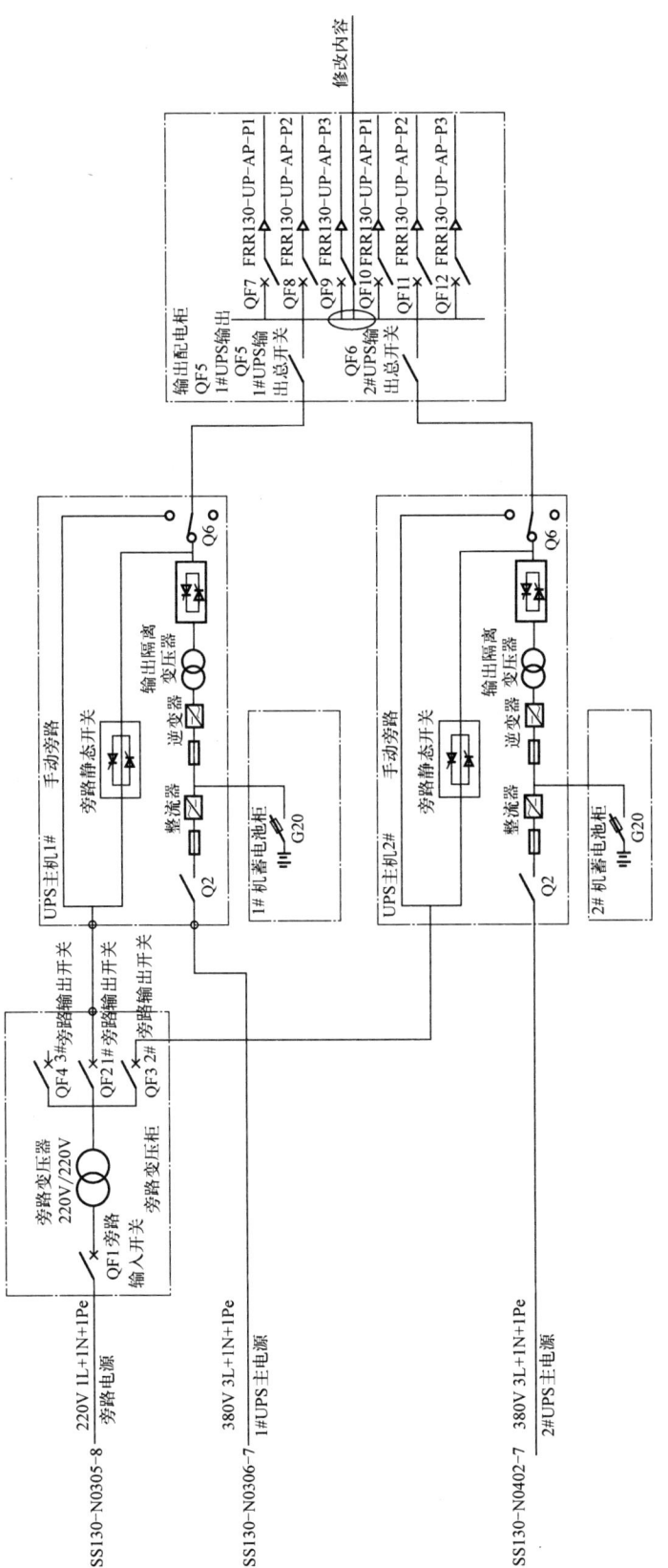

图 4-6 UPS 分列系统图

(3) 重新梳理及整改电源开关上下级及熔断器配置不合理的情况。

五、经验教训

(1) UPS 电源对运行环境有较严格要求，高温、高湿度、灰尘较多的环境会加速元器件老化，增加设备故障概率。应在土建完全结束后再安装 UPS 电源装置，同时 UPS 室应设恒温恒湿空调。

(2) 为仪表控制系统供电的 UPS 电源，应采用双机分列运行方式，禁止采用双机并列冗余运行方式。

(3) 应制定 UPS 维护保养策略，定期检查、清扫内部板件，延长电子器件寿命。

案例八　电力电容器调试过程中合闸后立即跳闸

一、装置（设备）概况

某公司一循变电所位于化工区公用工程部第一循环水场装置西南角，主要为第一循环水场装置负荷供电。变电所两段 6kV 母线分别设无功补偿装置，无功功率补偿装置采用电容器，补偿后功率因数不低于 0.95。电容器柜设低电压、过电压等保护。

二、事故事件经过

2012 年 9 月 20 日，计划将 6kV 1#电容器调试后正式投运。在手动合闸后，开关柜综合保护器发出低电压跳闸命令，电容器未能正常投入运行。

三、原因分析

（一）直接原因

断路器合闸时，微机综合保护装置低电压保护动作跳闸。

（二）间接原因

电容器低电压保护电压取自电容器柜本体电压互感器，在断路器未合闸、真空接触器未吸合之前，低电压保护处于动作状态，所以电容器柜断路器一经合闸立即跳闸。

（三）管理原因

对设计图纸及技术协议审查不细致，未识别出电容器柜原理图和电容器配置中存在的问题。正常情况下，电容器低电压保护电压应取自本段母线 PT 柜，但图纸误取了本体柜电压互感器电压。

四、整改措施

电容器低电压保护电压改由本段母线 PT 柜提供。

五、经验教训

（1）电容器设计审查阶段，应明确电容器柜低电压保护电压取自变电所母线。
（2）开关柜送电前，应对保护装置所有告警和跳闸的逻辑信息进行确认，再进行下一步工作。

案例九 低压系统备自投逻辑存在缺陷

一、装置（设备）概况

某公司常减压变电所内设置 4 台 6/0.4kV 配电变压器，380V 配电装置采用单母线分段接线，正常运行时两段母线分列运行，母联断路器采用电源自动投入装置。当其中一台变压器故障时，备自投装置动作，另一台变压器带供电范围内全部负荷。

二、事故事件经过

2012 年 8 月 15 日，常减压变电所 6kV 3#变压器非电量保护动作，引起高、低压侧断路器跳闸，且低压Ⅲ-Ⅳ段母联备自投装置未正确动作，导致低压Ⅲ段母线失电。

三、原因分析

（一）直接原因

3#变压器非电量保护动作，高低压断路器跳闸，备自投未能启动。

（二）间接原因

备自投逻辑设计存在缺陷，错误增加了进线断路器合闸状态判据，即无压无流且进线断路器在合位才能启动备自投。

（三）管理原因

（1）备自投逻辑图纸审核不严谨，没有发现上下级联跳与备自投的配合关系。
（2）送电调试方案不全面，未能模拟各种故障状态下备自投的动作情况。

四、整改措施

对备自投二次控制原理图进行了修改,完善了变压器高低压断路器联跳启动备自投逻辑。

五、经验教训

(1) 设计图纸要考虑周全,且在设备验收时应测试备自投实际动作逻辑,发现的问题要及时整改。

(2) 备自投逻辑不仅要考虑正常的母线失压动作逻辑,还要考虑进线偷跳的动作逻辑。

(3) 加强电气专业技术培训,提高对图纸和厂家技术资料的学习深度,掌握解决现场问题的手段和方法。

案例十　低压开关柜指示信号灯闪烁

一、装置(设备)概况

某公司芳香烃变电所位于炼油区生产三部芳香烃联合装置西北侧,为芳香烃联合装置负荷供电。芳香烃变电所内设两段 0.4kV 低压开关柜,低压进线柜、母联柜和框架断路器馈线回路均安装有运行、停止、故障指示信号灯。低压开关柜二次原理图见图 4-7。

二、事故事件经过

2012 年 8 月 30 日,芳香烃变电所在送电调试期间,发现低压进线柜、母联柜和框架断路器馈线回路的运行、停止、故障信号灯运行异常,全部处于闪烁状态,断路器运行状态指示不明确。

三、原因分析

(一) 直接原因

低压开关柜指示信号灯采用发光二极管,且未经开关柜辅助接点隔离,控制电源带电时,造成指示信号灯闪烁。

(二) 间接原因

指示信号灯一端直接与火线连接,另一端经开关柜辅助点与零线相连,图纸设计原理不当。

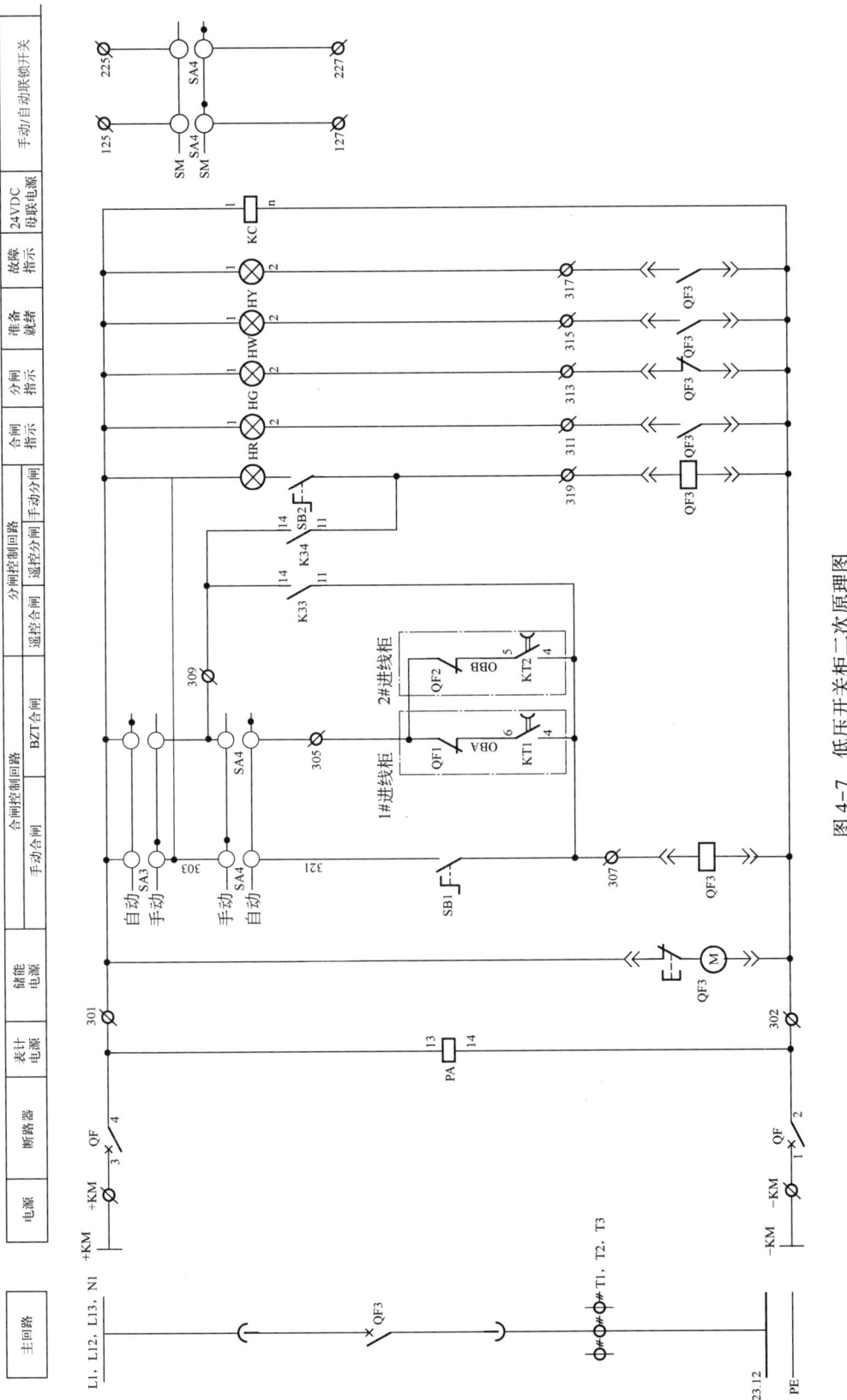

图 4-7 低压开关柜二次原理图

（三）管理原因

低压开关柜二次原理图审查不细致，未能在设计阶段发现图纸存在的问题。

四、整改措施

修改控制回路接线，将低压开关柜指示信号灯通过辅助接点与火线隔离。

五、经验教训

（1）由设计院牵头组织开关柜厂家和建设单位，共同确定开关柜二次典型控制原理图，充分借鉴吸收同类企业成熟经验做法，避免出现设计漏洞。

（2）建设单位专业人员应加强对设备安装调试的监督，及时发现各种异常现象并进行彻底整改，避免隐患带入正式生产运行阶段。

案例十一　电缆沟长期积水损坏电缆

一、装置（设备）概况

某公司全厂变配电室共计54座，其中220kV变电所1座、35kV升压站1座、35kV变电所12座、6kV配电所6座、6kV变电所21座、0.4kV配电室10座、10kV码头变电所3座。部分装置变电所进出电缆采用电缆沟敷设方式。

二、事故事件经过

（1）硫磺回收变电所馈出电缆采用电缆沟敷设方式，变电所电缆沟长期积水，控制电缆受损严重。

（2）燃气回收配电间未设电缆夹层，配电间内电缆沟长期积水。

三、原因分析

（一）直接原因

该公司所在区域雨水较多，电缆沟长期存水。

（二）间接原因

（1）前期设计未考虑电缆沟排水问题。

（2）施工阶段电缆沟防水质量不高。

（3）电缆沟运行维护不到位，未及时采取排水措施。

（三）管理原因

（1）设计审查不严格，没有结合地区特点对电缆进出方式进行合理设计。

（2）施工质量把关不严，工程质量审查管理存在漏洞，未能及时发现电缆沟防水的问题。

（3）建设单位监督检查和管理不到位，未能采取有效措施解决电缆沟长期积水的问题。

四、整改措施

（1）对全厂电缆沟情况进行全面检查，重点对大机组、关键机泵电动机的动力、控制电缆路径及隐患进行排查。

（2）增设排水设施，发现电缆沟积水及时排出。

五、经验教训

（1）对于雨水较多的地区，在变电所设计阶段应充分考虑环境因素，如采用电缆沟敷设方式时，应充分考虑排水设施和防水措施，防止电缆长期浸泡在水中。

（2）装置正常运行期间，应建立定检工作制度，定期对电缆沟积水情况进行排查。

案例十二　直埋电缆故障

一、装置（设备）概况

某公司全厂变配电室共计54座，其中220kV变电所1座、35kV升压站1座、35kV变电所12座、6kV配电所6座、6kV变电所21座、0.4kV配电室10座、10kV码头变电所3座。污水处理场、燃气回收、储运罐区等区域，电缆大多采用直埋敷设方式。

二、事故事件经过

污水处理场、燃气回收、储运罐区等区域开工后直埋电缆故障率较高。电缆故障后接头制作见图4-8。

三、原因分析

（一）直接原因

电缆绝缘损坏导致直埋电缆故障。

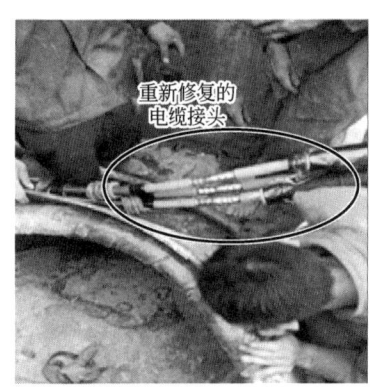

图 4-8 电缆接头制作图

(二) 间接原因

(1) 直埋电缆施工不规范,电缆外绝缘护套受损,且未按要求铺砂盖砖,受雨水、地表水长期浸泡。

(2) 多处电缆检查井被地面覆盖,无法检查电缆沟积水情况。

(三) 管理原因

(1) 施工监管不到位,工程质量审查管理存在漏洞,管理职责未能有效落实。

(2) 建设单位施工验收和专项排查不严谨,未能识别隐蔽工程存在的隐患和风险。

四、整改措施

(1) 清理电缆检查井,定期对电缆沟积水情况进行排查。

(2) 对电缆外绝缘护套受损情况进行排查,及时修复损坏部位,防止电缆进水。

五、经验教训

(1) 加强直埋电缆、电缆头制作等隐蔽工程的质量管控,建设单位应安排专人负责。

(2) 电缆检查井应设固定排水设施。

案例十三 重整装置空冷变频器晃电停机

一、装置(设备)概况

某公司界区内设有 220/35kV 总变电站一座,厂区内设若干 35kV 联合变电所,35kV 联合变电所(五)为连续重整装置供电。重整增压机 1220-K-0202 机组 10 台空冷器均采用变频控制。

二、事故事件经过

2020年5月11日19时16分，因当地森林大火引起外网电压波动，造成公司两回220kV进线电压波动。其中1#进线A相电压跌落至67%、C相电压跌落至61%，持续时间50ms；2#进线A相电压跌落至65%、C相电压跌落至60.8%，持续时间50ms，详见图4-9。电压波动导致重整增压机凝汽系统9台变频空冷电动机停运，触发重整增压机组联锁条件停机。

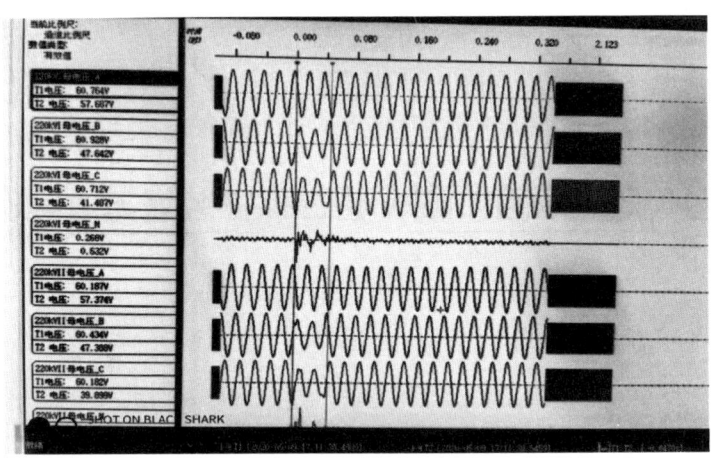

图4-9 故障时录波图

三、原因分析

（一）直接原因

外网电压波动，造成9台空冷器变频器停机。

（二）间接原因

（1）变频器虽已设置了故障自动复位和再启动功能，但本次停机的变频器已触发了直流母线过电压故障，造成故障自动复位再启动功能未发挥作用，导致再启动失败。

（2）重整增压机1220-K-0202机组10台空冷器均采用变频控制，抗晃电能力弱。

（三）管理原因

（1）对重要设备均采用变频器控制方案不合理，未充分评估变频器抗晃电能力弱的风险。

（2）变频器抗晃电参数的设置原则仍需优化提升。

四、整改措施

（1）将重整联合装置增压机组6台空冷器风机改为工频供电。

（2）将渣油装置 4 台空冷风机由变频改为工频供电。
（3）优化变频器抗晃电参数设置原则，对全厂变频器参数重新进行设定。

五、经验教训

（1）变频器属电力电子设备，故障率较高且对电压波动较为敏感，所以在选用时要充分评估变频器故障对工艺生产造成的影响，宜优先选用其他调节手段。
（2）同一位号的重要设备不得全部选用变频器。选型时，应明确变频器低电压和过电压能力。
（3）应设独立变频器室，内设工业空调。
（4）生产部要完善机组应急预案并开展培训和演练，确保异常工况下的应急操作安全受控。

案例十四　改造项目 110kV 进口保护装置无法实现电压切换

一、装置（设备）概况

某公司华炼 110kV 变电站为双母线接线（图 4-10），设有 110kV GIS 开关，由线变组方式配出 8 台变压器，其中两台变压器在本站内，其余 6 台变压器分别设置在新西 110kV 变电站、蜡油 110kV 变电站、渣油 110kV 变电站。该变电站始建于 2015 年 7 月 27 日，于 2018 年 4 月 19 日完成送电投运。

二、事故事件经过

华炼 110kV 变电所为双母线接线，正常情况下两组母线分列运行，为了保证其二次系统和一次系统在电压上保持准确的对应关系，要求双母线系统上所连接的保护、测量、计量等二次电气元件都应有电压自动切换功能。2017 年 7 月 16 日在开展变电站保护装置接线工作时，发现 110kV 变压器差动保护装置电压回路接线与设计图纸不符，保护装置无法同时接入两组母线电压，无法实现二次电压回路可随主接线同步进行切换的功能。

三、原因分析

（一）直接原因

该公司选用的差动保护装置无电压切换插件，导致现场无法实现两组母线电压自动切换功能。

第四章 电气

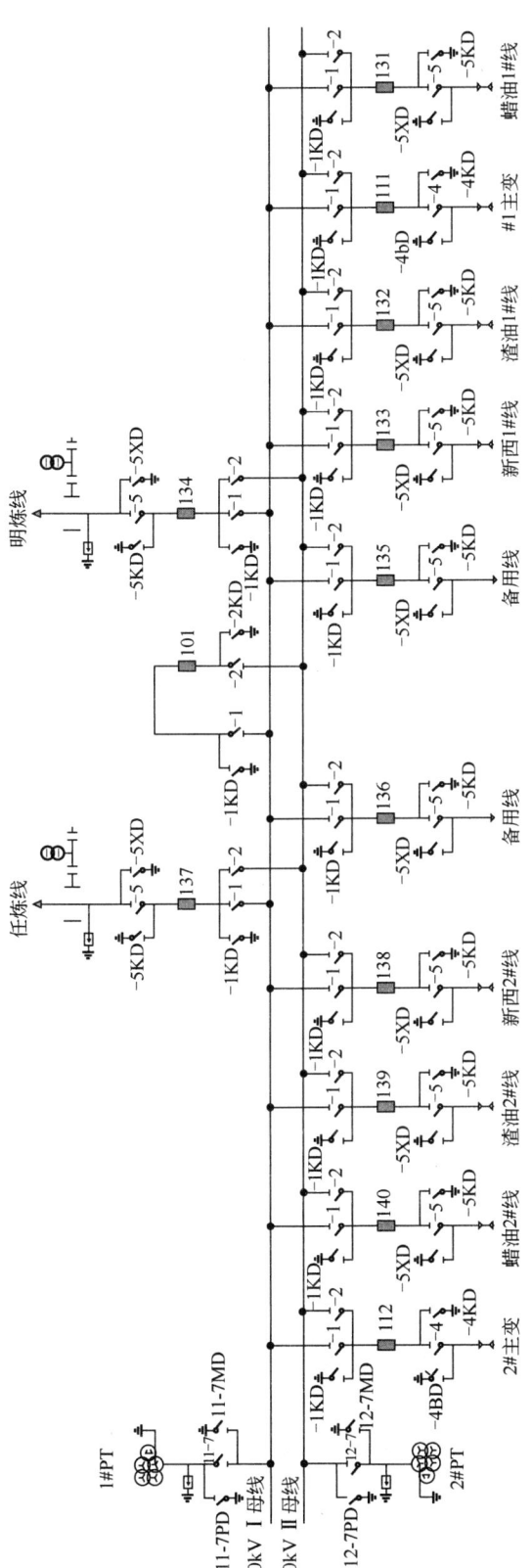

图 4—10 华炼 110kV 变电站系统图

（二）间接原因

设备选型不当，没有结合系统接线方式提出具体要求，采用了不具备两组母线电压自动切换功能的保护装置。

（三）管理原因

（1）技术人员对双母线接线方式下相关设备的技术要求不熟悉，在技术协议签订时考虑不充分，未能提出针对性的技术指标要求。

（2）设计单位、建设单位及厂家三方对图纸资料的审查不严谨，未能及时发现该保护装置存在的双母线电压切换问题。

四、整改措施

针对双母线运行方式下电压切换的要求，增加外部电压切换装置，保证保护装置电压自动切换功能正常。

五、经验教训

（1）新改扩建项目的设备选型和技术协议签订前，应充分开展设备技术交流和同类设备调研工作；重要设备技术协议签订工作应优先安排技术能力较强、具有同类工作经验的人员承担。

（2）在设计选型时，设计单位、建设单位及厂家三方应保证图纸资料交接受控，及时发现问题。

案例十五 变电所 6kV 进线电缆过热

一、装置（设备）概况

某公司空压站变电所位于炼油区公用工程部空压装置，为空压装置设备供电。变电所 6kV 进线采用 500mm² 铝丝铠装单芯电缆，长度约 370m。

二、事故事件经过

2012 年 11 月 16 日 10 时 30 分，电气值班员对空压站变电所进行日常巡检时，发现 1# 进线 6101 开关柜进线电缆头处发热严重、烧焦炭化，并有恶化的趋势（图 4-11）。同时，在检查期间还发现电缆接地线过热导致接地线护套管变色（图 4-12）。

第四章 电气

图 4-11 故障进线电缆头　　　　图 4-12 接地线过热变色

三、原因分析

（一）直接原因

单芯电缆附件的恒力弹簧使用了微磁性材料，且电缆两侧均直接接地，导致运行中电缆发热。

（二）间接原因

(1) 单芯电缆附件的恒力弹簧在安装使用前未进行材质检查确认。

(2) 未按照《电力工程电缆设计标准》（GB 50217—2018）规定正确选择电缆金属护套接地方式，同时未按照要求设置护层电压限制器。

(3) 终端头的接地线与金属护层连接处存在较大接触电阻，使得该区域持续发热，在超出电缆绝缘材料所能承受的温度后发生炭化。

（三）管理原因

(1) 各方人员责任心不强，对单芯电缆附件恒力弹簧的材质未进行检查确认就进行了安装使用。

(2) 设计把关不严，施工质量验收未执行国家标准，未及时发现单芯电缆接地形式存在的问题。

四、整改措施

(1) 拆掉接地线微磁性恒力弹簧，采用不导磁的镀锡铜丝缠绕，既解决了铜铝过渡处理不好导致接触电阻大的问题，又避免了弹簧导磁产生涡流出现严重发热的问题。

(2) 取消两端直接接地方式，按照国家标准在电源端设置护层电压限制器，负载端直接接地。

五、经验教训

(1) 严格按照 GB 50217 等国家规范进行电缆施工作业，严格执行验收标准。

(2) 为强化电缆终端头的检查效果，可结合红外热成像等多种技术手段开展巡检，及时发现隐患并处理。

(3)加强培训,提高施工和技术人员对电缆头制作工艺的技术水平。

第二节 施工安装及调试阶段典型案例

案例一 电动机保护器 CT(电流互感器)模块故障

一、装置（设备）概况

某公司设有220/35kV总变电站一座,35kV联合变电所若干座,35kV联合变电所（四）为渣油加氢联合装置供电。

变电所低压电动机回路采用智能型电动机保护器（图4-13）,分别通过外置互感器采集相电流、零序电流等数据判断故障类型并实现跳闸、告警功能。其中,电流不平衡保护参数设置见图4-14。

图4-13 保护装置现场安装图

电流不平衡保护	电流不平衡保护投退	All、Trip、Alarm、OFF		All
	电流不平衡告警值 Δ%a	10-60	%	15
	电流不平衡跳闸值 Δ%d	10-60	%	20
	电流不平衡延时 tΔ%	1-120	s	1

图4-14 不平衡保护参数设置

二、事故事件经过

2017年5月在装置开工初期阶段,多次出现智能型电动机保护器因不平衡电流告警而造成机泵联锁停车。

三、原因分析

（一）直接原因

智能型电动机保护器不平衡电流告警触发 DCS 联锁停机。

（二）间接原因

（1）智能型电动机保护器本体与 CT 模块连接螺钉松动导致一相或两相电流互感器开路，触发了不平衡电流告警。

（2）智能型电动机保护器告警和跳闸共用输出端子，而 DCS 系统联锁设计中，将电气跳闸输出接点作为联锁停电动机条件。

（三）管理原因

（1）电气专业对于成套设备的验收存在漏洞，对于智能型电动机保护器的 CT 模块紧固情况未组织检查确认。

（2）电气专业对送往 DCS 系统的硬接点信号的作用重视程度不够，未意识到告警和跳闸共用输出端子存在的风险。

（3）电气仪表专业沟通深度不够，DCS 系统将电气保护跳闸信息作为输入条件再次返送电气跳闸，属于无效设计，且增加误动概率。

四、整改措施

（1）组织制定连接螺钉全面紧固计划，对全厂 6685 个回路进行紧固。

（2）对于联锁设计不合理问题，组织工艺、电气、仪表设计人员会商，取消电气故障经 DCS 返跳本回路联锁。

五、经验教训

（1）应组织建设单位、监理单位等多方对成套设备进行入厂验收，对于外连 CT 模块的智能型电动机保护器，应重点检查连接螺钉紧固情况，发现问题及时组织整改。

（2）应避免采用电气故障经 DCS 返跳本回路联锁的设计。

案例二 高压己烷冲洗泵电动机突停、备泵自启未成功

一、装置（设备）概况

某公司高密度聚乙烯装置高压己烷冲洗泵 13-PM-1104A/B 电动机，电压等级为 380V，功率为 110kW。

二、事故事件经过

2021年10月9日18时15分15秒，高密度聚乙烯装置高压己烷冲洗泵13-PM-1104A电动机突停，功率变化见图4-15，备用泵13-PM-1104B电动机自启动未成功，导致高密度聚乙烯装置载液单元停车。

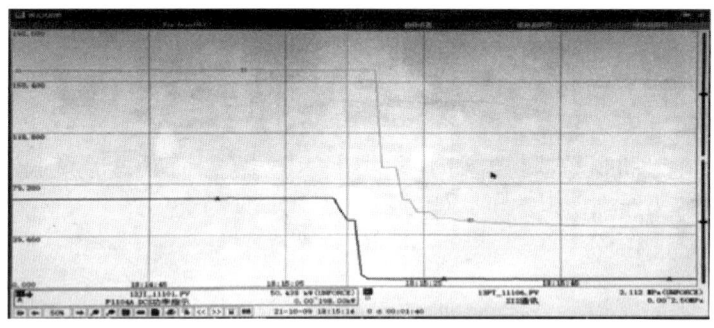

图4-15 电动机功率变化趋势图

电气对配电室电动机开关柜进行检查，发现13-PM-1104A柜电动机保护器显示不平衡跳闸，经电气人员紧固接线，检查电动机本体绝缘、直阻正常后，19时45分联系工艺人员将13-P-1104A泵带载运行，工艺人员同时将13-P-1104B泵正确投用自启动功能（图4-16）。

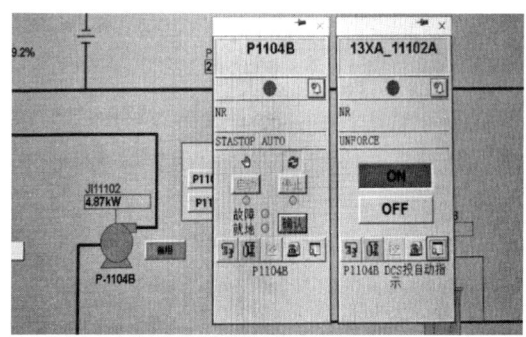

图4-16 自启动功能投用图

三、原因分析

（一）直接原因

高压己烷冲洗泵13-PM-1104A电动机保护器三相不平衡电流超过动作值，跳闸停机，备泵未成功自启。

（二）间接原因

（1）电流互感器回路至电动机保护器本体的电流回路接线松动，导致电动机电流不平衡度达94.2%，触发保护动作。

（2）工艺专业未正确投用备泵自启动功能。

（三）管理原因

（1）电气设备管理不到位，对低压电动机保护器原理和接线掌握不足，风险评估不到位，未对设备进行全面检查和紧固。

（2）主动维护工作不落实，电气管理人员在回路首次送电前未组织对抽屉回路接线进行紧固检查。

（3）备用设备管理有漏洞，备用设备未按照设计要求投入自启动功能，生产部未对机泵的互备自启状态进行检查与确认。

四、整改措施

（1）组织电气维护人员对停运设备的控制回路，尤其是电动机保护器配套的低压电流互感器插头和接线进行紧固检查。

（2）对经研判确需整改但现场不具备停机条件的电动机回路，要求列入隐患台账，相关信息反馈至属地单位，由属地单位组织制定停机整改计划；在整改工作未完成之前，工艺操作人员和电气人员重点对此类电动机进行监控，发现异常，立即汇报处理。

五、经验教训

（1）电气专业组针对此类问题建立销项清单，由属地单位创造条件对电动机主回路和控制回路进行专项检查整改，避免类似事件再次发生。

（2）仪表专业组针对互备自启设备编制操作说明书，属地单位组织岗位操作人员进行培训学习，保证互备自启功能100%正确投用。

（3）对于设有自启动功能的设备，属地单位除正确投入外，还应检查确认密封系统、轴承冷却系统、工艺系统、保温保冷设施、各阀门状态等，确保自启设备处于完好备用自启状态。

案例三　常减压变电所两台35kV变压器动力电缆连接交叉错位

一、装置（设备）概况

某公司常减压装置北靠炼化站、东接催化装置、南邻连续重整装置，主要用于通过高温蒸馏分割原油组分，分别外送至下一加工流程。常减压变电所内设两台35kV变压器，容量为20000kV·A。

二、事故事件经过

常减压变电所在首次受电前检查时，发现35kV 1#变压器与2#变压器动力电缆连接交叉错位，即35kV 1#变压器电源柜电缆与2#变压器连接，35kV 2#变压器电源柜电缆与1#

变压器连接。

三、原因分析

(一) 直接原因

1#、2#变压器电缆进错间隔。

(二) 间接原因

电缆敷设过程中标志贴反。

(三) 管理原因

(1) 施工队伍管理松散，未进行现场安全技术交底，工作程序混乱。
(2) 现场施工单位和监理单位监督不到位，未能及时发现施工过程中的隐患。
(3) 临时目视化管理不到位，开关柜、电缆、变压器标识不清。

四、整改措施

(1) 按照正确的位号重新敷设变压器电缆，对全厂电缆敷设情况开展举一反三排查。
(2) 组织开展施工现场的开关柜、电缆、变压器、电动机等电气设备设施标志准确性的排查。
(3) 组织施工单位、监理单位加强现场监督检查，明确关键施工节点，对于关键施工节点进行一步一确认，确保施工质量。

五、经验教训

(1) 完善施工方案，明确关键施工节点，相关人员对关键施工节点进行停工验收。
(2) 现场监理单位和施工单位在作业前，应进行技术交底和安全交底。
(3) 首次送电前，应检查校验一次、二次电缆接线是否正确。

案例四 高压柜二次回路接线错误导致交直流互窜

一、装置（设备）概况

某公司重整抽提装置联合变电所负责公司三联合装置、三联合现场机柜室、中心控制室、厂区办公的供电任务，变电所4路10kV电源均引自总变（66/10kV）10kV配电系统。

二、事故事件经过

设备调试期间，施工单位正常对3208-K-241B电动机AH116高压柜开展交接试验

(图 4-17）；当在试验位置对断路器进行合闸操作时，同一母线段的 1#中控室干变、2#中控室干变、3#变、7#变高压柜断路器跳闸，造成中控室停电、部分电动机停运。

三、原因分析

（一）直接原因

在 AH116 高压柜断路器合闸时，导致同一母线段的 1#中控室干变、2#中控室干变、3#变、7#变高压柜断路器跳闸。

（二）间接原因

3208-K-241B 现场机组控制柜二次线接线错误，机组控制柜交流电源通过断路器合闸辅助接点窜入直流系统，导致断路器误跳闸。

图 4-17 AH116 柜现场图

（三）管理原因

（1）施工单位在接线过程中，未能严格按照图纸接线，未进行接线校对，导致接线错误，造成交直流互窜。

（2）对施工质量管控不到位，未组织对电气接线验收便盲目上电。

四、整改措施

（1）对该高压柜的二次回路和现场控制柜的接线重新检查和调整，消除交直流互窜的隐患。

（2）举一反三排查其他回路接线是否正确。

五、经验教训

（1）成套控制柜、高低压开关柜在施工完成后，监理单位和总包单位应依据图纸核对接线，特别是外送和外部输入接线的准确性进行验收。

（2）成套控制柜、高低压开关柜在首次上电前后，应测量外送和外部输入端子电压是否正常。

案例五 35kV 管型母线接头对地放电

一、装置（设备）概况

某公司内设 220kV 总变电站一座，两回 220kV 电源分别引自 220kV 亚江变电站、

220kV 港口变电站；正常运行方式下，220kV 分段母联开关在合闸位置，系统合环运行。

220kV 总变电站设 220/35kV 主变压器，主变压器低压侧采用管型母线与 35kV GIS 柜连接。

二、事故事件经过

2009 年 11 月 7 日 17 时 5 分，巡检人员发现管型母线有异响。班组人员随后对开关柜、母线桥进行全面检查，确认 C 相管型母线与变压器低压套管连接处对地放电。

三、原因分析

（一）直接原因

35kV 管型母线套管绝缘夹板（酚醛树脂板）绝缘能力降低对地放电。

（二）间接原因

（1）管型母线接头制作时，未严格遵守施工步骤，未对设备和材料进行干燥处理，导致管型母线本身绝缘未达到要求。

（2）潮湿环境下，套管绝缘夹板表面产生凝露。

（三）管理原因

（1）总包单位、监理单位对施工关键技术掌握不清、施工质量把关不严，对关键施工步骤失于监管。

（2）专业厂家未能结合安装地点空气湿度大的特点对施工人员开展关键技术要点的交底。

四、整改措施

（1）将 35kV 管型母线改为绝缘性能更好的环氧树脂浸渍纸铜管母线。

（2）由厂家编制作业方案并逐级审核把关，规范施工验收程序，填补管理漏洞。

五、经验教训

（1）加强施工作业的前期管理，加强工程质量过程验收管控。

（2）对于关键部位施工作业，应严格落实施工作业人员资质和能力水平审核，提高现场作业质量。

（3）充分汲取同类企业事故事件经验教训，严格落实行业反事故措施，避免同类事故事件重复发生。

案例六　低压开关柜垂直母排短路

一、装置（设备）概况

某公司中间原料罐区变电所内设 4 台 10/0.4kV 变压器（2000kV·A），10kV 电源分别引自 35kV 联合变电所（二）10kV Ⅰ段、Ⅱ段母线，4 台变压器分别组成 2 个母线分段系统。中间原料罐区变电所主要为重油罐区、轻油罐区、中间原料罐区、机柜间等负荷供电。

正常情况下，0.4kV Ⅰ段、Ⅱ段分列运行，母联开关热备用，备自投装置投入运行；0.4kV Ⅲ段、Ⅳ段母线分列运行，母联开关热备用，备自投装置投入运行。

二、事故事件经过

2015 年 11 月 10 日 17 时 21 分 21 秒，中间原料罐区变电所 0.4kV 1#进线速断保护跳闸，Ⅰ-Ⅱ段母联备自投闭锁。中间原料罐区重油污回收泵开关跳闸。

经现场检查，中间原料罐区变电所 AA111 低压配电柜后垂直母排出现短路故障，造成柜内严重烧毁（图 4-18）。

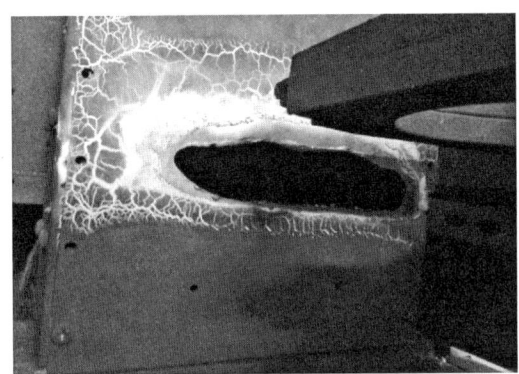

图 4-18　短路故障现场图

三、原因分析

（一）直接原因

低压开关柜（柜号 AA111）垂直母线末端发生三相短路故障，0.4kV Ⅰ段进线开关跳闸，Ⅰ段母线失电。保护装置动作记录见图 4-19。

（二）间接原因

（1）开关柜垂直母排绝缘隔板遗留有金属物，带电运行时金属物掉入垂直母排造成相

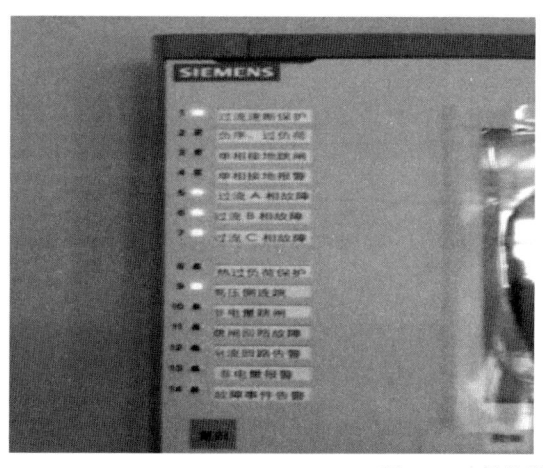

图 4-19 保护装置动作记录图

间短路。

(2) 低压开关柜的柜顶无隔板设计、垂直母排底部无绝缘处理。

(三) 管理原因

(1) 开关柜施工安装时检查把关不严，低压开关柜母排安装完成后，未对现场遗留金属部件进行检查确认。

(2) 开关柜入厂验收把关不严，未发现低压开关柜的柜顶无隔板设计、垂直母排底部无绝缘处理的设备缺陷。

(3) 工程交接内容不详细，未认真汲取经验教训，组织人员对低压开关柜水平、垂直母排进行全面检查确认。

四、整改措施

(1) 将 AA111 馈电柜垂直母线拆除，隔离故障点。

(2) 将 AA111 馈电柜所带负荷转移至其他馈电柜备用回路。

(3) 检查所有低压柜内部情况，有无螺栓松动、脱落等情况。

(4) 对所有低压垂直母线底部加装绝缘护套。

五、经验教训

(1) 为减少施工作业过程中异物掉入垂直母排、提高垂直母排绝缘水平，应在技术协议阶段明确规定垂直母排顶部须密封处理、母排底部须绝缘处理。

(2) 水平母排安装完成后，应由监理单位组织各相关部门进行检查，确认螺栓紧固到位、水平母排和垂直母排均无遗留物后方可封盖板。

(3) 首次送电前，应逐个回路检查确认螺栓是否紧固、有无遗留物等问题。

案例七　干式变压器受潮

一、装置（设备）概况

某公司地处港区沿海，全年平均湿度85%左右，其中3—5月"回南天"湿度达到100%。

某变电所选用2台10kV干式变压器为装置低压负荷供电。

二、事故事件经过

2008年4月，在对变电所进行受电前检查时，发现干式变压器绝缘不合格，进一步检查发现干式变压器铁芯挂满水珠。

三、原因分析

（一）直接原因

该公司地处沿海，"回南天"期间室内空气湿度大，达到饱和状态，导致室内电气设备表面出现凝露。

（二）间接原因

(1) 空调等除湿设备安装较晚未及时投运。

(2) 未考虑"回南天"湿度大等气象条件。

（三）管理原因

(1) 设备安装阶段管理不到位，施工组织不合理，造成空调除湿设备安装投运晚。

(2) 开工准备风险识别不足，未辨识出气象条件可造成电气设备凝露的风险，且没有制定相应的管控措施。

四、整改措施

(1) 采用移动式工业除湿机进行除湿处理。

(2) 立即安装空调除湿设备，变电所受电后，优先送空调除湿电源，对变电所进行除湿。

五、经验教训

(1) 电气设备的存储（存放）应做好防雨、防潮措施。

(2) 沿海等湿度较大的地区，开关柜、干式变压器等设备进入变电所时，应同步启用空调除湿设备。

（3）湿度较大、温度较高的地区，变电所应优先安装投用正式的空调除湿设备。

（4）停运设备，应能自动开启空间加热设备；正压通风设备应始终保持运行。

案例八　10kV 线路差动保护误动作

一、装置（设备）概况

某公司硫磺变电所两路 10kV 电源引自 35kV 联合变电所（八）不同母线段，10kV 系统采用单母线分段接线方式，正常运行时两段 10kV 母线分列运行，10kV 母联开关热备用，无扰动快速切换装置投入运行。变电所计算负荷约 11040.7kW，其中 AH33 柜Ⅰ/Ⅱ系列鼓风机高压电动机（1400kW）由 10kVⅠ段母线供电。主接线系统图见图 4-20。

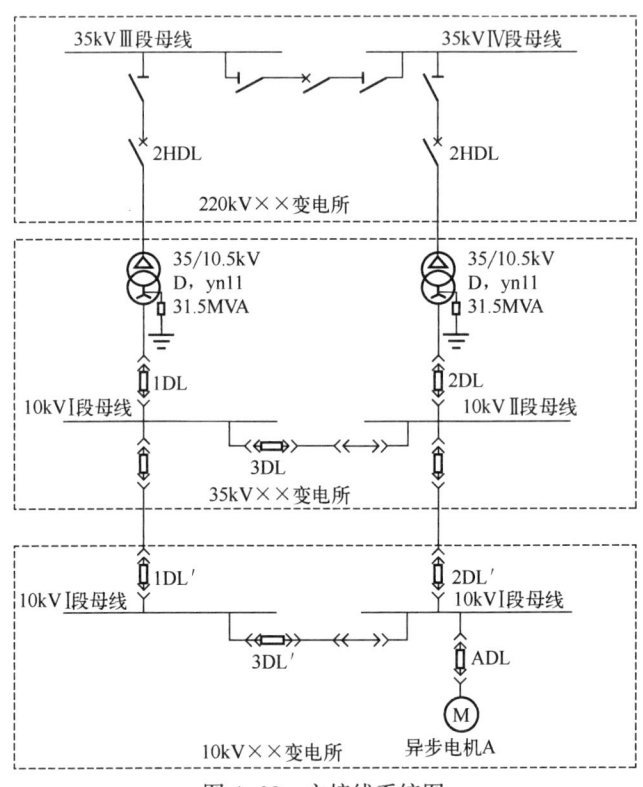

图 4-20　主接线系统图

二、事故事件经过

2017 年 3 月 7 日 9 时 57 分，工艺操作人员现场启动硫磺装置Ⅰ/Ⅱ系列鼓风机电动机时，硫磺变电所 1#进线电源于 9 时 57 分 40 秒 538 毫秒因差动保护动作跳闸，快切装置正确动作，9 时 57 分 40 秒 548 毫秒 10kV 母联开关柜合闸；硫磺变电所 2#进线电源于 9 时

57分40秒699毫秒又因差动保护动作跳闸,从而造成硫磺变电所全所失电。

三、原因分析

(一)直接原因

硫磺变电所10kV 1#、2#电源进线差动保护先后误动作,进线断路器跳闸,造成变电所全所失电。

(二)间接原因

两回电源进线电缆上下两侧CT星形点位置均指向母线,但人为误将下侧差动保护装置内的CT星形点位置设置成"指向线路",导致差流变成两侧电流之和,造成高压电动机启动时差动保护误动作。电流互感器安装朝向见图4-21。

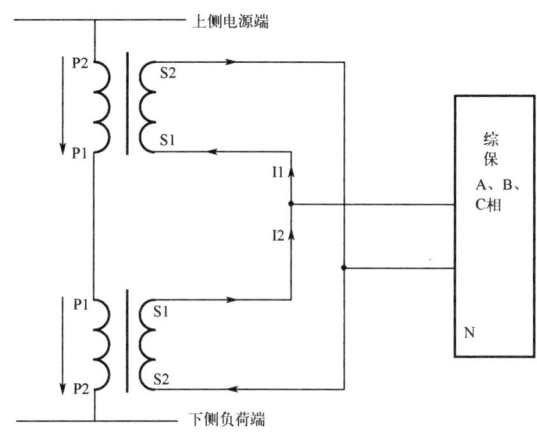

图4-21 上下侧CT安装朝向图

(三)管理原因

(1) 施工单位未按定值通知单要求核对现场CT极性是否与保护装置参数设置一致。
(2) 建设单位技术管理人员对差动保护试验重视不够,没有全过程跟踪差动保护试验,未及时发现现场接线与保护装置设置的不一致。
(3) 继电保护管理存在漏洞,变电所首次送电带负荷后,没有认真检查差动保护装置中差动电流数值是否正确。

四、整改措施

(1) 按照现场实际接线,修改差动保护装置参数设置。
(2) 核对全厂所有电源回路保护接线及保护装置参数设置的合理性。
(3) 今后所有保护试验安排专人跟踪监督,做好试验记录。

五、经验教训

（1）重视保护试验过程管理，应安排专人跟踪，对于设有差动保护的回路在送电后应开展"六角图"测量，发现疑问应及时反馈处理，保护装置不得带病、带故障投运。

（2）加强差动保护回路施工调试的验收管理，继电保护管理人员应与施工单位、试验单位共同到现场确认差动保护接线和参数配置，确保一致。

案例九　多台高压柜电量未上传至电量采集计量系统

一、装置（设备）概况

某公司千万吨新建项目配套扩建了重整 6kV 变电所，扩建后主要为 3#重整、苯抽提、航煤加氢等装置供电。

二、事故事件经过

联动试车阶段，电气人员发现重整 6kV 变电所电量采集计量系统无法读取新增 6 面高压柜内电度表的数据。

三、原因分析

（一）直接原因

电量采集计量系统未与新增电度表建立通信。

（二）间接原因

施工单位敷设了通信电缆，但未完成接线和调试。

（三）管理原因

施工过程管理和项目验收工作不到位，未同步完成电量采集计量系统验收。

四、整改措施

施工单位重新接线并调试合格。

五、经验教训

(1) 项目施工质量及验收管理应制定详细计划并保证全覆盖。
(2) 应加强边缘设备、边缘功能的管理和验收。

案例十　电动机变频器参数错误导致不能正常启动

一、装置（设备）概况

某公司烷基化装置热风机增压机主电动机 K-7100-KM01 容量为 90kW，额定电流为 165A，采用变频控制。

二、事故事件经过

电动机启动过程中，变频器出现过电流故障停机（故障代码为 F07801）。通过检查发现，该变频器启动后电流达到 1320A 过电流跳闸（约等于 8In）。变频器在启动过程中启动电流一般为 1.2~1.5In，最大不宜超过 2In，可见该变频器没有起到平滑启动负载的作用。考虑到风机的特性属于大惯性负载，且一般为带载启动，启动时负载呈线性增长，需要较长的斜坡上升时间，因此决定对变频器斜坡上升时间参数进行延长调整，由 30s 改为 120s 后电动机启动成功。

三、原因分析

（一）直接原因

电动机启动过程中变频器过流保护动作，引起电动机跳闸停机。

（二）间接原因

变频器斜坡上升时间参数设置不准确，不能满足该风机负载启动的要求。

（三）管理原因

(1) 变频器参数整定原则未根据负载类型设定，将斜坡上升时间统一设置为 30s，导致无法满足所有负载类型启动的要求。
(2) 变频器参数设定审核缺失，该变频器参数计算及输入环节均未能及时发现错误并纠正，审核流程管理存在漏洞。

四、整改措施

(1) 将烷基化 K7100 变频器斜坡上升时间参数由 30s 延长至 120s。

(2) 重新梳理各型号变频器参数整定原则是否合理，查找漏洞及不足并及时纠正。
(3) 举一反三查找流程管理漏洞，明确职责，发现问题及时修改或补充。

五、经验教训

(1) 重视电气设备尤其是变频器的参数整定及计算环节。
(2) 加强对特殊电力电子设备的理论学习及经验积累。
(3) 了解不同类型设备的启动特性，有针对性地制定参数设定原则。变频器斜坡上升时间需考虑负荷性质、变频器容量；通常风机类按 0.5~1.5 倍额定容量设置；泵类可适当缩短。具体时间设置以不发生过流保护为原则。

案例十一　电压波动造成多台变频器同时跳闸

一、装置（设备）概况

某公司千万吨扩建新厂区共有 4 座 110kV 变电站：华炼、新西、蜡油、渣油 110kV 变电站，其中华炼 110kV 变电站为枢纽站，采用双母线接线方式；其他三座 110kV 变电站采用线变组方式供电，低压配电系统中应用有 186 台 ACS880 变频调速装置，扩建装置于 2018 年投产。

二、事故事件经过

2018 年 10 月 10 日 18 时 30 分、10 月 29 日 17 时 30 分，当华炼 110kV 变电站 6kV 侧投入电容器组的瞬间，新建千万吨厂区均发生多台变频器同时停机的事件。事件发生时，溶剂再生及酸性水装置 6 台空冷变频风机同一时间停机，分别为空冷器风机 EA501B、EA801B、EA802B、EA602F、EA603B、EA801F 等，停机变频器均为 ACS880 型号。变频器屏幕显示报警代码为 2310，含义为过电流。进行复位后均能正常运转。

三、原因分析

（一）直接原因

电压波动引起溶剂再生及酸性水 6 台空冷变频器过电流，导致停机。

（二）间接原因

对变频器的原理和功能以及参数设置未能充分理解，在设置电动机控制模式时只是选择普通的标量模式，导致变频器抗干扰能力差。

（三）管理原因

(1) 技术人员未充分认识到变频器参数设定的重要性，在电气设备调试初期，对变频器参数理解不到位，未能及时发现变频器抗干扰能力弱的问题。

（2）风险评估不全面，没有充分认识到大容量电容器投切时对系统电压的影响。

四、整改措施

将变频器参数设定由标量控制改为 DTC 控制模式（矢量控制模式），提高变频器抗干扰能力。

五、经验教训

ACS880 变频器参数组 99.04 电动机控制模式设置由标量模式改为 DTC 模式，可有效避免电压波动造成的影响，降低电压波动导致变频器过流停机的概率。

案例十二　加氢裂化新氢压缩机低电压跳闸

一、装置（设备）概况

某公司加氢裂化装置由反应部分、循环氢脱硫部分、氢压机部分（新氢压缩机、循环氢压缩机）、加热炉部分及公用工程部分组成。新氢压缩机电动机电气量保护采用微机保护装置。

二、事故事件经过

装置在新氢压缩机 C 机切 A 机运行时，C 机自动跳闸。电气检查励磁控制柜的保护装置，面板显示低电压动作（图 4-22）。电气专业对保护装置进行检查，发现供应商设定的低电压保护定值较高（ALARM 85%，TRIP 80%），其他机组的低电压保护跳闸定值在 TRIP（40%~60%）。

三、原因分析

（一）直接原因

C 机和 A 机两台大机组在同一母线段，A 机启动时母线电压降低而引发 C 机低电压保护跳闸。

（二）间接原因

供货商设定的低电压保护定值较高，保护动作

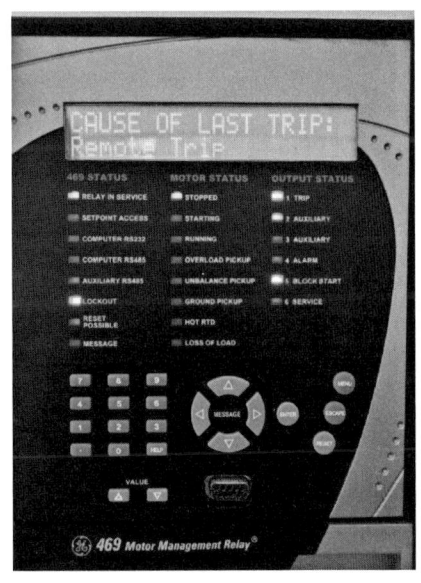

图 4-22　保护装置面板图

延时较短，A 机启动时母线电压波动容易达到低电压保护动作值。

（三）管理原因

（1）风险识别不到位，未认识到同一母线大机组启动瞬间对系统电压的影响。

（2）继电保护管理不到位，没有发现成套设备供货商设定的低电压保护定值不符合统一要求的隐患。

四、整改措施

（1）电气专业征得设备成套供货商的许可后，修改了三台压缩机低电压保护值动作延时。

（2）组织员工进行事故事件学习，吸取教训。

五、经验教训

（1）成套设备的中压保护定值应执行建设单位的整定原则。

（2）成套设备到现场后，建设单位应组织施工和调试单位核实保护装置内的整定值是否符合整定原则。

（3）成套设备技术谈判时，应将建设单位的电气技术条件提前通知成套设备供应商。

案例十三　35kV 变压器首次受电时线变组光差保护误动作

一、装置（设备）概况

某公司脱盐水变电所位于化工区公用工程部脱盐水装置，为脱盐水装置设备供电。上级总变采用两路 35kV 线变组为脱盐水变电所供电，线变组光纤差动保护采用 7SD610 微机保护装置。

二、事故事件经过

2012 年 8 月 9 日，电气运行人员在对脱盐水 35kV 1#变压器首次送电时，线变组光纤差动保护启动，总变侧馈线开关（脱盐水变 1#馈线 B306）跳闸（图 4-23）。

三、原因分析

（一）直接原因

变压器首次送电合闸时，线变组差动保护启动，出口误跳闸。

第四章　电气

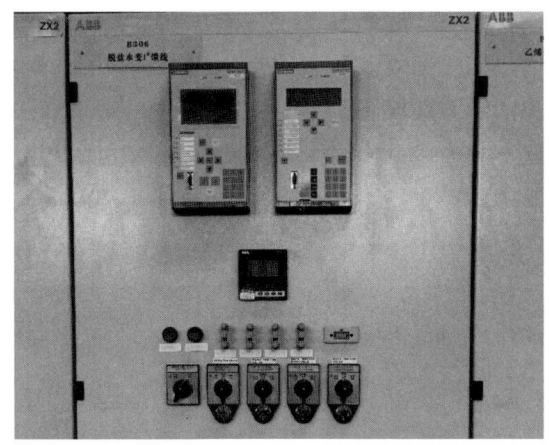

图 4-23　脱盐水变 1#馈线保护装置图

（二）间接原因

保护装置内部逻辑配置错误，将保护启动（正常不跳闸，仅发信）错配置到了跳闸出口。

（三）管理原因

（1）建设单位、施工调试单位和微机保护装置厂家人员对线变组保护逻辑配置把关不严，保护调试方案不全面，未发现逻辑配置错误的隐患。

（2）继电保护专业人员未仔细核对微机继电保护装置矩阵表。

四、整改措施

（1）修改 7SD610 微机保护装置内部逻辑，并检查参数、配置是否正确。

（2）对同品牌或同类型微机保护装置进行全面排查、试验，检查是否存在类似问题。

五、经验教训

（1）在调试阶段，建设单位应针对每一台继电保护装置出具完整正确的继电保护装置矩阵表，施工调试单位和继电保护厂家人员应按矩阵表正确开展配置和试验验证。在保护装置验收时，应进一步核对微机保护装置内部参数配置的正确性。

（2）建设单位在继电保护调试期间，应安排专人全过程跟踪验证。

案例十四　稳压智能照明柜变压器绕组接地故障

一、装置（设备）概况

某公司动力部铁路装卸车变电所内设 4 台 S10-M-1250/6.3 三相油浸式全密封配电变

压器，共有 4 条 0.4kV 进线（431、432、441、442），2 个母联（430、440）。所带负荷为铁路装卸车装置的洗槽站、油气回收、现场电动小爬车、照明、现场检修箱等。

正常情况下，0.4kV Ⅰ段、Ⅱ段分列运行，母联开关热备用，备自投装置投入运行；0.4kV Ⅲ段、Ⅳ段母线分列运行，母联开关热备用，备自投装置投入运行。低压电源进线框架断路器带有接地故障保护模块。

二、事故事件经过

1月9日9时5分，AALE04 智能照明柜稳压变压器绕组 B 相接地短路，导致铁路变电所 2#变压器 380V 侧开关跳闸（图 4-24）。由于故障未消失，智能照明柜抽屉柜内双电源切换开关动作后，又造成 1#变压器 380V 侧开关跳闸，全所失电。

图 4-24 故障开关柜图

三、原因分析

（一）直接原因

2#变压器所带的 AALE04 智能照明柜稳压变压器发生绕组 B 相接地短路故障，先后导致 2#和 1#进线开关越级跳闸，全所失电。

（二）间接原因

（1）智能照明柜 1#、2#电源 NS 空气开关无接地故障保护跳闸功能，但低压电源进线框架断路器带有接地故障保护模块，稳压变压器绕组单相接地后发生越级跳闸。

（2）下级出线短路故障 ATS 无法实现闭锁，导致事故扩大。

（三）管理原因

（1）设计阶段未对低压系统接地保护配置进行统一要求，导致低压馈线回路无接地保护，埋下越级跳闸的隐患。

（2）建设单位对 ATS 功能选型认识不足，没有发现下级出线短路故障、ATS 无法实现闭锁的缺陷。

四、整改措施

（1）对全厂智能照明柜进行排查，照明供电改由市电直接供电，取消了稳压变压器。

（2）加强员工安全教育和技能培训，熟悉设备性能和操作。

五、经验教训

（1）前期设计阶段应考虑所有低压出线回路均应加装低压综合保护装置，电源进线开关、母联开关均应采用微机综合保护装置，进一步完善继电保护配置。

（2）ATS 应具备接地短路保护闭锁切换功能，防止事故扩大。

案例十五　柴油加氢装置进料泵电动机工艺联锁跳闸闭锁现场启动

一、装置（设备）概况

某公司柴油加氢装置进料泵 P101A 电动机额定功率 1500kW，额定电流 171.6A。

二、事故事件经过

2019 年 5 月 15 日 22 时，柴油加氢装置进料泵工艺联锁跳闸，工艺人员现场复位后，仍无法现场启动电动机，经电气值班人员赶到柴油加氢变电站的高压开关柜，对微机综保再次复位后，才实现了现场启动电动机，延长了恢复生产的时间。

三、原因分析

（一）直接原因

工艺联锁跳闸后，需要工艺和电气人员两次复位，才能实现现场电动机启动。

（二）间接原因

6kV 电动机高压柜上的保护装置内部逻辑设置不合理，单次工艺联锁不应闭锁电动机合闸回路。

（三）管理原因

（1）由于增加了在变电所复位的步骤，在紧急情况下，电气人员需要时间赶往现场变电所，延长了装置恢复生产的时间。

（2）项目施工阶段与工艺、设备专业人员沟通不充分，没有意识到联锁逻辑需要两次复位对恢复生产的影响。

四、整改措施

（1）取消了柴油加氢装置进料泵 P101A 电动机工艺联锁跳闸后需要电气人员再次复位的步骤。

（2）对同类保护装置进行全面排查，保护装置只保留电气保护动作闭锁远方启动电动机，解除工艺联锁跳闸闭锁远方电动机启动的逻辑。

五、经验教训

（1）电动机低电压保护不应闭锁合闸回路，不需要人工复位。

（2）微机综合保护装置应设置电动机启动次数限制功能，避免频繁启动造成电动机绝缘损坏。

（3）在新上项目或挖潜技改项目时，项目设计和施工阶段应与工艺、设备专业人员充分沟通。

案例十六　催化裂化主风机电动机强台风故障跳闸

一、装置（设备）概况

某公司 $350×10^4$ t/a 重油催化裂化装置设有顶棚无墙的半封闭式主风机厂房，主风机电动机型号 YCH1120-4TH、额定电压 10000V、额定电流 1306A、额定功率 20000kW、防护等级 IP44。

二、事故事件经过

2012 年 8 月 18 日"启德"台风造成催化主风机电动机接线箱处连接母排三相短路故障后，该公司更换了母线夹板，利用云母带、硅橡胶带、玻璃丝带等绝缘材料对电动机引出线连接铜排进行全绝缘包封处理。

2019 年 8 月 2 日，第 7 号"韦帕"台风到达附近海面，最大风力达到 10~11 级，并伴随特大暴雨，台风中心距厂区约 50 千米左右。17 时 18 分 36 秒，重油催化裂化变电所主风机电动机速断保护动作跳闸。对主风机主电动机进行全面检查，发现主机尾端定子绕组引出线至过渡铜环处 A、B 两相搭接头处短路。

三、原因分析

（一）直接原因

主风机电动机尾端定子绕组引出线至过渡铜环处 A、B 两相短路，电动机速断保护动作跳闸，造成装置停工。

（二）间接原因

（1）经电动机厂家人员分析，电动机运行接近 10 年，绝缘材料出现老化现象，绝缘性能降低，加上台风期间，空气极度潮湿，虽然未发现电动机进水现象，但也会造成电动机绝缘进一步降低，导致 A、B 两相引出线接头处的绝缘薄弱环节发生绝缘击穿短路。

（2）催化裂化主风机电动机选择为户内型电动机，防护等级较低（IP44），但主风机厂房为有顶棚无墙的半封闭式厂房，无法抵御台风期间暴雨的四面袭击，以及极度潮湿空气的进入。

（三）管理原因

（1）未深刻吸取教训，电动机防护措施不到位。此次事故未能认真总结2012年8月18日"启德"台风造成催化主风机电动机出线连接母排三相短路事故的教训，虽然对电动机本体采取了较严密的防水措施，但未考虑极度潮湿的空气对电动机绝缘的影响。

（2）对长时间运行后电动机绝缘逐步老化的问题认识不足，未结合地域特点和电动机厂家的建议对电动机绝缘进行定期处理。

四、整改措施

（1）修复短路故障部位，恢复绝缘性能；同时在电动机壳体表面开孔，在台风期间通入一定压力的仪表净化风，以减少潮湿空气的进入。

（2）在2020年大检修期间，对主风机电动机进行返厂大修，主要进行定子绕组整体真空浸漆，以及转子绝缘加强等，恢复出厂性能。

（3）在原厂房内增加电动机防雨小屋，提高防雨防潮能力。

（4）进一步排查大机组继电保护配置方面存在的隐患及缺陷。

五、经验教训

（1）设计阶段要结合地域特点，合理选择电动机防护等级，并对电动机厂房进行必要的防雨设计。

（2）对全厂半敞开式大机组厂房的防雨情况进行定期检查，并及时处理修复，同时对大机组、关键机泵电动机的冷却器、电动机的密封材料等进行重点排查。

案例十七　主变压器高压侧套管与屋顶安全间距不符合规范

一、装置（设备）概况

某公司新西110kV变电站是某公司千万吨扩建项目配套建设的变电站，电压等级为110/6kV。新西110kV变电所主变压器采用半封闭式布置方案，一层为电缆爬升层，设计高度2.1m；二层为主变压器室，设计高度6.3m；新西变主变压器高度为4.7m（即高压侧瓷套管对基础底座间距）；主变安装后最高点（高压侧瓷瓶）对屋顶板间距应为1.5m（顶板有0.1m厚度）。变压器室土建剖面图见图4-25，变压器安装图见图4-26。

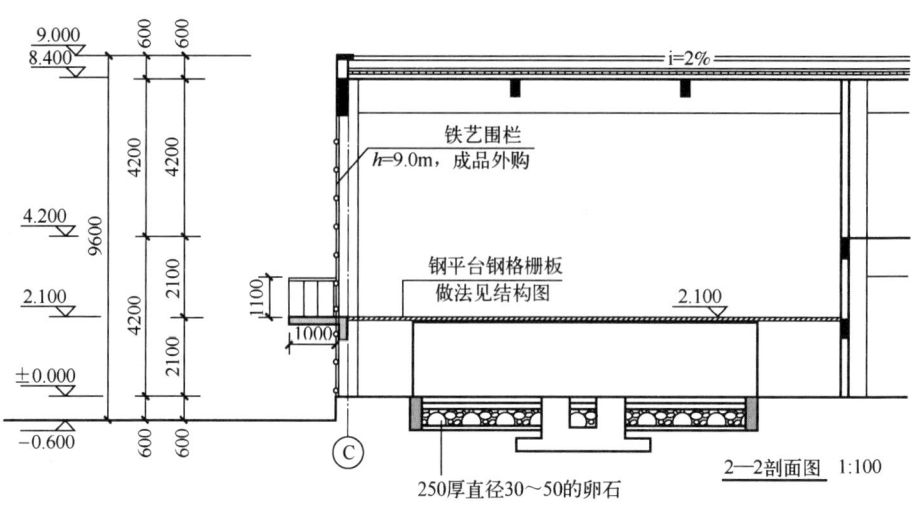

图 4-25 土建剖面图

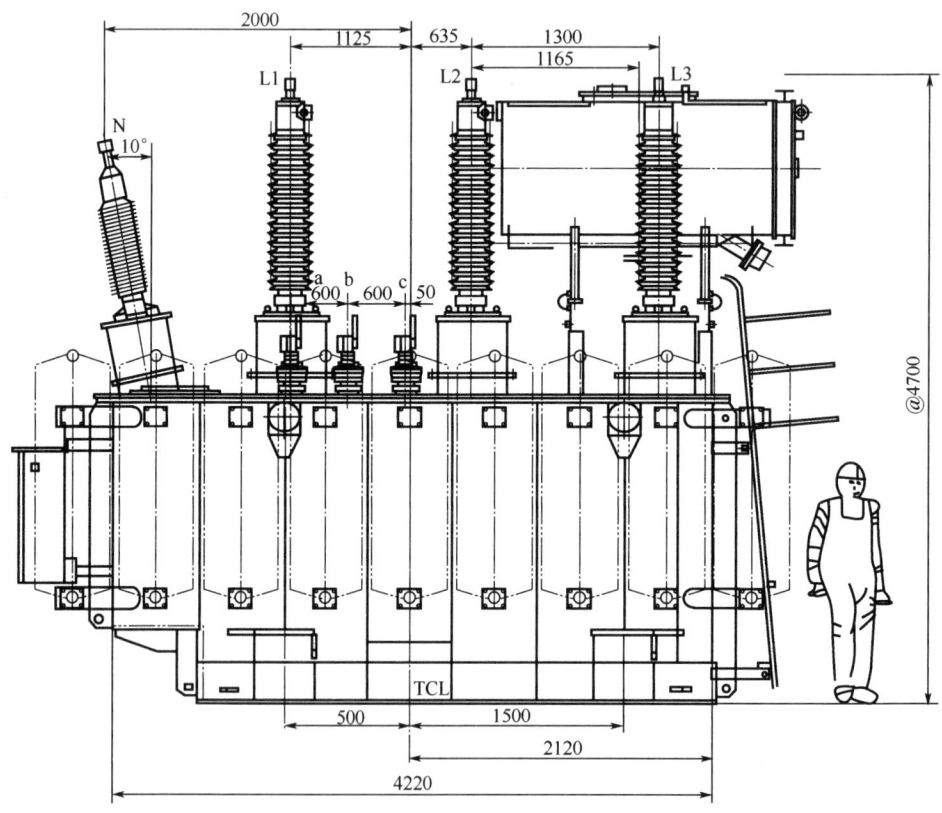

图 4-26 变压器安装图

二、事故事件经过

2017年6月7日上午，新西110kV变电所主变压器安装就位，现场施工人员反映主变压器高压侧瓷套管对屋顶间距较小。经现场实际测量，主变压器B相高压侧瓷套管距离上方大梁间距为 400mm 左右，不满足《3~110kV 高压配电装置设计规范》（GB 50060—2008）要求不小于 850mm 的安全间距，存在主变高压侧瓷套管对顶层楼板放电的安全隐患（图 4-27）。

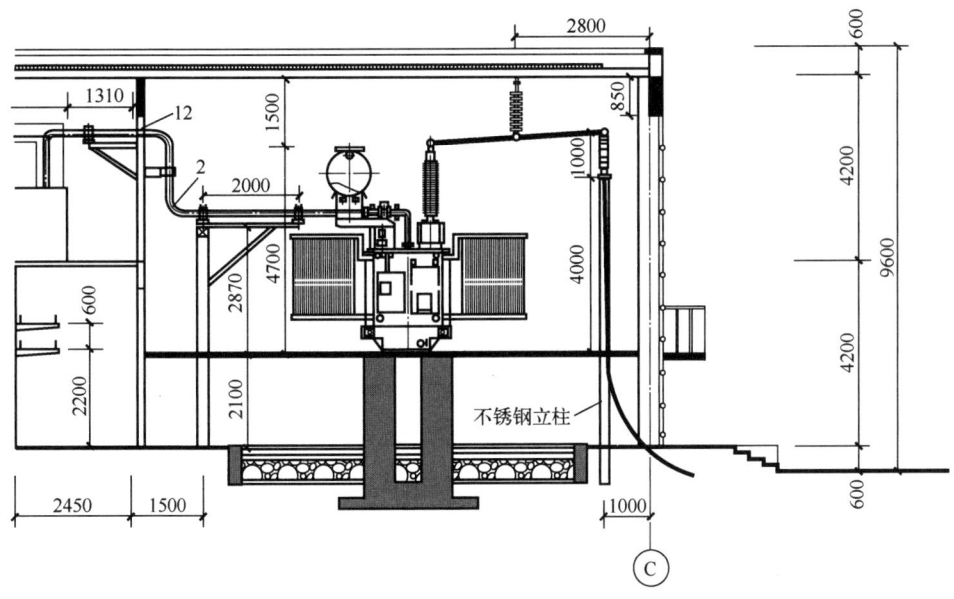

图 4-27 变压器安装侧视图

三、原因分析

（一）直接原因

110kV 变压器中心位置的 B 相高压侧瓷套管，其上方楼板正好有一处大梁，梁深 0.85m，因此造成 B 相高压侧瓷套管距离顶部横梁安全距离不满足规范要求，造成施工返工。

（二）间接原因

电气专业设计人员与土建专业设计人员配合不当，双方未仔细审核建筑物图纸，未核实变压器尺寸、电缆爬升层高度及大梁位置。

（三）管理原因

（1）建设单位与设计单位图纸审查不到位，未组织相关专业对图纸内容进行联合审查。

（2）施工单位在变压器安装前未仔细核实现场安装条件和尺寸，造成施工返工。

四、整改措施

设计单位出具变更设计，拆除已有主变基础，降低主变基础高度，将主变基础及二层钢格栅板降低 0.6m，满足规范要求的安全距离。

五、经验教训

（1）在新上项目或技措技改项目时，在设计审查阶段充分考虑电气专业给土建等相关专业的电气委托审查。

（2）施工前，建设单位要组织设计单位和施工单位进行电气设备安装的图纸联合审查。

案例十八　三座变电站发生漏水

一、装置（设备）概况

某公司动力变电站、蜡油加氢变电站、硫磺变电站于某公司千万吨建设周期内施工完成。蜡油加氢变电站为加氢裂化供电，硫磺变电站为硫磺、酸性水汽提和溶剂再生装置供电，动力站变电站为浓盐水、除盐水站、动力站、制冷站等装置供电。

二、事故事件经过

三座变电站建设因工期紧张，尤其是硫磺变电站多次变更土建施工单位，导致变电站的土建工作存在严重的施工质量问题，造成在雨季出现屋顶漏水事件。

三、原因分析

（一）直接原因

三座变电站屋顶防水施工有严重质量问题。

（二）间接原因

（1）土建施工工期紧张，未严格按照防水施工规范和工序施工，无法保证屋面防水施工质量。

（2）硫磺变电站多次变更土建施工单位，各施工单位之间衔接不紧密，影响防水施工质量。

（三）管理原因

（1）施工组织不合理，土建工期安排时间紧，没有考虑变电所防水施工工序的要求。

（2）土建施工过程监管和质量验收工作不到位。

四、整改措施

组织施工单位进行防水维修。

五、经验教训

（1）在变电站施工阶段重视土建施工的管理和验收工作，以质量为先，从源头上避免屋顶漏雨，防止雨水造成电气设备短路故障。

（2）根据地域特点，在项目设计阶段合理选择变电所屋顶防水形式，如坡面屋顶防水等。

案例十九　变电所发生鼠害

一、装置（设备）概况

某公司全厂变配电室共计 54 座，其中 220kV 变电所 1 座、35kV 升压站 1 座、35kV 变电所 12 座、6kV 配电所 6 座、6kV 变电所 21 座、0.4kV 配电室 10 座、10kV 码头变电所 3 座。大部分装置变电所电缆采用电缆沟和电缆孔洞进出。

二、事故事件经过

在施工阶段，由于变电所未安装防鼠板、出线孔洞堵塞困难，加之部分设备底板未封堵，变电所内没有采取防鼠措施，发生老鼠进入现象，老鼠尿溺造成 UPS 电路板损害，噬咬造成导线绝缘受损。

三、原因分析

（一）直接原因

变电所发生老鼠进入现象，造成 UPS 电路板损害、导线绝缘受损。

（二）间接原因

变电所防鼠措施不到位，建筑物孔洞封堵不严。

（三）管理原因

（1）施工管控不到位，未识别老鼠可进入变电所造成电气设备损坏的风险。

（2）变电所防小动物进入的专项排查不全面，出现漏洞，未能有效规避隐患和风险。

四、整改措施

（1）修复由于鼠害损坏的电气设备和电缆。

（2）对变电所电缆进出孔洞、配电柜底板进行封堵，采取有效的防鼠措施。

（3）举一反三对电气设备开展防小动物进入的专项排查。

五、经验教训

（1）施工过程中，电气设备安装阶段要重视防小动物进入，避免电气设备损坏。

（2）施工和设备安装阶段应制定变电所防小动物专项管理规定，并对施工人员进行交底。

第三节　装置初期运行阶段典型案例

案例一　空分空压装置电气人员误操作

一、装置（设备）概况

某公司空分空压装置微热再生式吸附干燥器 31-D-2001A/B/C 是新一代高效节能空气净化设备，利用变压吸附原理用以对空压装置压缩空气进行除油、干燥及除尘净化。机组型号 ADH140/10，处理气量 140Nm^3/min，功率 76.5kW，工作压力 1.0MPa。现场设有微热再生式吸附干燥器控制柜。

二、事故事件经过

2021 年 11 月 18 日 10 时，空分空压装置工艺操作人员要求对 31-D-2001A 微热再生式吸附干燥器电加热器进行电流测试。10 时 30 分，电气人员测得固态继电器上端电流为 0A，并将情况告知工艺操作人员和电气工程师。12 时 0 分，电气工程师同工艺操作人员到现场后，误认为加热器不工作是由于控制柜门上"无热/微热"转换开关导致（图 4-28），对"无热/微热"转换开关进行了操作，导致微热干燥系统紊乱，造成生产波动。

三、原因分析

（一）直接原因

电气工程师违规误操作 31-D-2001A 微热再生式吸附干燥器控制柜面板上"无热/微热"转换开关，导致微热干燥系统紊乱，造成生产波动。

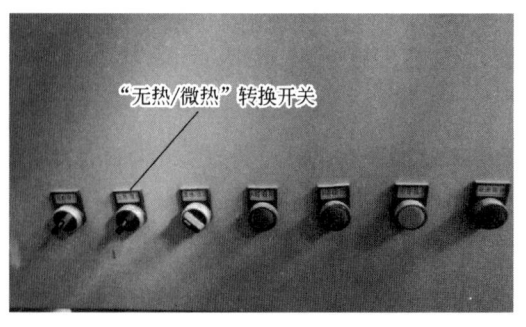

图 4-28　控制柜面板

（二）间接原因

电气工程师不清楚控制开关功能，仅凭借工作经验将控制模式开关误认为是电加热器控制开关，在没有经过确认的情况下误操作。

（三）管理原因

（1）电气作业人员操作纪律不严肃，未认真开展工作安全分析。
（2）培训和监管不到位，电气作业人员对现场控制柜控制开关功能不清楚。
（3）电力安全工作规程执行不到位，无票证作业。

四、整改措施

（1）针对此次事件，组织所有电气人员开展现场分析会，对相应的开关、设备进行现场讲解、学习培训。
（2）对于现场临时增加的作业内容，要认真开展工作安全分析，严格执行电力安全工作规程，杜绝违章作业、无票证作业。
（3）制定培训计划，加强员工培训，强化员工规矩意识，强化操作纪律的执行。

五、经验教训

（1）对成套设备组织专项培训，全面剖析检维修作业控制，培训完成后对内容进行考评。
（2）电气作业要严格执行电力安全工作规程，对没有工单进行作业的、无票证进行操作的人员进行严厉考核。
（3）对所有员工进行相关检修界面、票据方案等培训，强化检维修作业派工单管理。现场任何作业都需要有相关票据、方案。

案例二　高压变频器试运期间误跳闸

一、装置（设备）概况

某公司 PSA 解吸气压缩机 K761 电动机采用高压变频器控制，变频器型号 Power Flex 7000，功率 1400kW；该变频器于 2018 年 9 月 20 日装置投料运行（图 4-29）。

二、事故事件经过

PSA 装置 K761 高压变频器在试运过程中，开机启动运行 10min 后，变频器报"适配器 5 停机"故障，变频器跳闸停机。

三、原因分析

（一）直接原因

变频器在试运行过程中，适配器通道误报故障，造成变频器跳闸停机。

（二）间接原因

（1）厂家调试人员在该变频器调试结束后，未将调试通道关闭。

（2）在启机试运过程中，未关闭的调试通道受到电磁干扰，误报故障。

图 4-29　高压变频器图

（三）管理原因

（1）高压变频器现场调试管控不到位，未严格管控整个调试过程，没有及时发现调试通道未关闭的隐患。

（2）对高压变频器技术培训不到位，电气技术人员不熟悉高压变频器技术性能，未能及时查出故障原因。

四、整改措施

（1）将该调试通道关闭后，故障消除，同时要求厂家调试人员对所有变频器参数进行重新梳理、检查，保证所有参数准确无误。

（2）加强高压变频器的培训和学习，提高运维能力。

五、经验教训

（1）应重视高压变频器等电力电子设备的培训，提高技术人员故障分析处理能力，不能全依赖厂家。

（2）在高压变频器、UPS 等重要电力电子设备安装调试期间，应安排专人全程跟踪管控，杜绝设备调试后没有恢复到工作状态即投入运行的隐患。

案例三　220kV GIS 断路器送电时故障

一、装置（设备）概况

某公司总降变电所归属化工区公用工程部管辖，为全公司供电，220kV 一次设备采用 GIS（六氟化硫封闭式组合电器），共有 9 个断路器间隔。

本次故障设备为 220kV GIS 桥石线 262 断路器 B 相（图 4-30）。

二、事故事件经过

2012年7月19日20时37分，通过220kV桥石线向母线空载充电时（其余间隔均处于冷备用状态），仅历时20s便出现断路器B相短路故障，母差保护动作，桥石线262断路器跳闸。故障录波器显示220kV桥石线间隔线路侧CT故障电流为14000A，母线侧CT未采集到故障电流。

图4-30 桥石线262断路器图

三、原因分析

（一）直接原因

220kV桥石线262断路器B相在送电时，发生接地短路，差动保护动作跳闸（图4-31）。

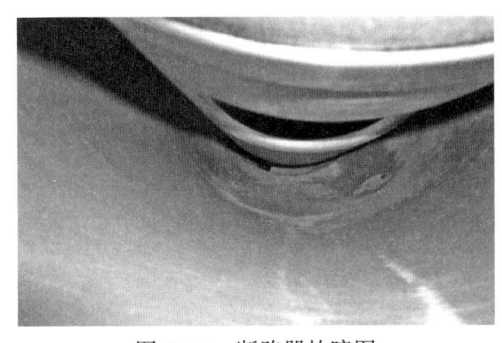

图4-31 断路器故障图

（二）间接原因

（1）对断路器B相解体检查发现，内部金属导体上存在设备制造时遗留的金属屑，由此判断设备在调试分合断路器时，金属碎屑落到了GIS气室筒壁上。在带电后，金属碎屑与带电体发生放电，造成B相对地短路。

（2）220kV GIS断路器设备存在生产制造缺陷问题，出厂及现场设备安装时，厂家相关人员、建设单位和监理单位均未能及时发现隐患。

（三）管理原因

（1）厂家在产品生产、监督制造、质量验收、出厂试验等环节未严格把关，220kV GIS断路器自带缺陷，存在发生短路故障的隐患。

（2）设备到达现场后建设单位和监理单位质量验收把关不严。

四、整改措施

（1）要求厂家立即更换220kV GIS桥石线262断路器故障B相，保障总降变电所按期完成受电。

（2）举一反三对其他冷备用间隔进行检查，要求厂家严格把控、保障高压设备质量，坚决杜绝类似恶劣问题再次发生。

五、经验教训

（1）对高压电气设备在产品生产、监督制造、质量验收、出厂试验等环节严格把关，对 GIS、主变压器等重要电气设备，宜安排电气专业技术人员驻场监造。

（2）对重要电气设备制造过程和出厂试验的关键节点，必须安排电气专业技术人员现场见证，并留存相应的影像资料。

案例四 重整装置电加热器频繁跳闸停运

一、装置（设备）概况

某公司重整装置 F301－F304 电加热器额定功率分别为 493kW、224kW、663kW、194kW，电源均引自重整 6kV 配变电所低压配电柜。

二、事故事件经过

2018 年 9 月，重整装置烘炉测试阶段，电加热器 F301 可控硅主板第一次出现故障，更换新主板（随机备件）后使用模拟负载进行了试验，未发现异常，更换下来的主板返厂维修，至 2019 年 2 月修好返回。2019 年 4 月 26 日至 2019 年 6 月 18 日，重整电加热器 F301 和 F303 又陆续出现 3 次停机故障，经与设备厂家技术人员探讨，判断均为可控硅主板故障，更换新主板后，故障消除。

三、原因分析

（一）直接原因

重整装置电加热器可控硅主板频繁故障，造成多次停机。

（二）间接原因

经过厂家对返厂维修的故障可控硅主板进行详细检测，发现该批次主板上的光耦合芯片存在质量缺陷，导致工作不稳定，造成可控硅主板频繁出现故障。

（三）管理原因

（1）可控硅主板出现第一次故障后，没有认真分析查找原因，导致同类故障重复发生。

（2）建设单位技术人员对新产品投产前的培训不到位，设备原理不熟悉，导致故障判断不正确。

四、整改措施

（1）对该批次可控硅主板进行更换，对光耦合芯片详细检查，保证稳定工作。

（2）将电加热器的可靠运行纳入攻关课题，梳理电加热器设备资料，研究工作原理；展开培训工作，通过基础培训及深入研究，逐步提高解决设备故障的技术能力。

五、经验教训

（1）设备调试过程中出现过的和反复出现的同类问题，应做好详细记录，以问题为导向，分析、研究、制定措施，预防设备正常投运后发生类似故障，提高运行可靠性。

（2）做好电加热器可控硅主板等易损件的备品备件储备。

（3）在电加热器送电前，应对可控硅做好检查和测试。

案例五　火车编组装车场小爬车控制回路器件老化

一、装置（设备）概况

某公司火车编组装车场的大鹤管装车系统于2019年8月投用，编组站大鹤管装车牵引2001小爬车电源引自运销低压配电间，开关柜型号MNSAA2-2。2001小爬车电动机的额定工作电压380V，额定功率37kW，额定电流78.7A。

二、事故事件经过

2020年2月18日0时30分左右，电气值班人员接到新编组站外操室电话通知2001小爬车无法前行。经电气人员、计量人员及保运人员的共同排查，于2020年2月19日3时左右，查明电气低压柜内与仪表常开点连接、控制小爬车前行的29号端子损坏，进一步检查发现该端子排内金属片断裂（图4-32），导致低压接触器无法得电吸合，造成2001小爬车无法前行。

图4-32　接线端子图

三、原因分析

（一）直接原因

控制小爬车前行的低压接触器无法吸合，导致自动前行回路不能正常工作。

（二）间接原因

电气低压柜内与仪表常开点连接、控制小爬车前行的 29 号端子损坏，端子内金属片断裂。

（三）管理原因

（1）该项目设备为橇装设备，在采购环节各专业对橇装设备技术协议中元器件质量要求不严格。

（2）对橇装设备现场安装调试管控不到位，对编组站的小爬车配套系统施工质量监督和验收不严格。

四、整改措施

（1）更换小爬车电气低压柜内的全部接线端子排。

（2）举一反三排查所有橇装设备电气低压柜内端子是否存在松动问题。

五、经验教训

（1）在设计阶段，要明确选用高可靠性的电器元件；在橇装设备技术协议中，选择既能保障运行稳定性、又便于储备的电器元件。

（2）考虑到同批次同品牌型号的产品，应制定计划，统一更换为高可靠性的智能端子。

案例六　储运罐区渣油供料泵电动机缺相

一、装置（设备）概况

某公司储运罐区渣油供料泵 P1304 电动机，功率为 90kW，额定电流为 165A；该电动机电源引自储运 6kV 配变电所低压配电柜 AA411-5 回路。

二、事故事件经过

2019 年 2 月 3 日上午，油品渣油供料泵 P1304 无法启动，电气维修人员发现该回路综合保护器报 "外部故障"，检查电动机对地绝缘良好，配电柜内各元器件正常。送电后启动再次跳闸，综合保护器仍报"外部故障"。随后电气维修人员打开电动机接线盒检查，发现电动机接线柱下侧有一相电缆断线，因缺相导致电动机无法运行。随即对新厂区同一品牌的电动机（380V/90kW 及以上）进行开盖检查，经过班组检查，发现所有电动机接线柱与内部多股电缆均为冷压连接且无挂锡，属制造质量问题。

三、原因分析

（一）直接原因

渣油供料泵 P1304 电动机引线断线引起电动机缺相，无法启动。

（二）间接原因

渣油供料泵 P1304 电动机接线柱与内部多股电缆均为冷压连接且无挂锡，导致电动机引线断线。

（三）管理原因

（1）管理人员在设备选型及技术协议签订考虑不充分，对技术要求不够全面。

（2）电动机到厂验收不到位，没有发现引线与接线柱的连接方式不合理，存在引线断线的隐患。

四、整改措施

（1）渣油供料泵 P1304 电动机引线断线部位进行熔焊处理，保证可靠连接。

（2）对新厂区同一品牌的电动机（380V/90kW 及以上）进行开盖检查。

五、经验教训

（1）在电动机采购环节中，针对电动机电缆引线方式和工艺技术作出明确技术要求，要求电动机接线柱与引出线使用熔焊技术，确保采购到可靠的设备。

（2）电动机安装后接线前，应对电动机接线盒打开检查引线连接情况，消除隐患。

案例七 循环水排污水装置搅拌器电动机轴承润滑效果差

一、装置（设备）概况

某公司循环水排污水装置设计处理量 150m³/h，处理来自该公司五个循环水场的排污水，经过物化、生化及双模脱盐处理后，产水作为循环水补充水回用到循环水场。共有搅拌器 22 台（图 4-33）。

二、事故事件经过

该搅拌机生产日期为 2018 年 11 月，投用时间为 2021 年 10 月。运转一段时间后，日常巡检发现混凝池搅拌器 M121A 电动机存在异响，经诊断发现轴承振动频谱异常，更换轴承后，电动机运行恢复正常（图 4-34）。

图 4-33　搅拌器电动机图

图 4-34　搅拌器电动机轴承图

三、原因分析

（一）直接原因

该搅拌器电动机运行中发生轴承异响，频谱异常，停机检查。

（二）间接原因

（1）轴承虽然为免维护类型，拆检发现内部润滑脂缺失，保持架略有松动，导致运转不畅。

（2）搅拌器存放时间较长，且电动机露天立式安装于池顶，受水汽侵蚀影响，加速润滑脂失效。

（三）管理原因

（1）对长期未运行电动机管理不到位，电动机投用前没有进行详细检查。

（2）对水汽侵蚀可能导致润滑脂加速失效的风险认识不足，未及时有效开展电动机轴承润滑情况检查。

四、整改措施

（1）更换混凝池搅拌器 M121A 电动机轴承。

第四章 电气

(2) 有针对性地组织电动机保养，定期对装置内搅拌器进行轴承诊断，发现异常情况及时处理。

(3) 定期检查电动机接线盒等密封点，防止水汽侵入电动机内部。

五、经验教训

(1) 对长期存放的电气设备应加强日常维护，并于投用前对润滑系统、易老化的橡胶密封件等进行检查，发现隐患及时更换，避免影响生产。

(2) 针对免维护封闭轴承制定相应的维护保养策略，防止润滑脂失效。

案例八 渣油加氢循环氢压缩机高压软启动器故障

一、装置（设备）概况

某公司渣油加氢 K-102S 循环氢压缩机采用高压软启动器控制启动，软启动器型号 VFS-S-F4250D-1，额定容量 4250kW，额定电压 10kV，额定电流 286A（图 4-35）。

二、事故事件经过

渣油加氢循环氢压缩机 K-102S 在启动过程中，高压软启动装置报"A 相击穿故障"，高压断路器正常闭合，软启动器接触器正常闭合，可控硅未导通，无电流指示。

图 4-35 高压软启动柜图

三、原因分析

（一）直接原因

渣油加氢循环氢压缩机 K-102S 在启动过程中，高压软启动装置报"A 相击穿故障"，启动失败。

（二）间接原因

经检查发现，高压软启动装置 A 相可控硅击穿，判断为高压软启动装置 A 相可控硅存在质量缺陷，在启动过程中，由于电动机启动电流较大，造成击穿。

（三）管理原因

(1) 电气技术人员培训不到位，对高压软启动器技术不清楚。

(2) 安装后调试验收不到位，软启动器设置参数不满足实际电动机启动要求。

四、整改措施

更换 A 相可控硅，重新检查并适当调整软启动器设置的启动参数后，再次启动正常。

五、经验教训

（1）利用好厂家现场调试机会，组织电气专业人员进行相应的培训，并在厂家的指导下进行实际操作。

（2）制作操作卡，将操作流程和故障代码信息做成文件，粘贴在设备上，便于操作、巡检和故障汇报。

（3）在技术协议中明确要求，当设备内部存在高压的裸露部位时，要增加其绝缘。

案例九 重整装置电加热器可控硅触发板故障

一、装置（设备）概况

某公司重整装置电加热器 3208-EH301-5，型号 GCHSS-60-531P-E5XX，总功率 531kW，额定电压 0.4kV，可控硅触发板见图 4-36。

二、事故事件经过

重整装置电加热器在试车过程中，连续出现可控硅触发板烧毁的故障。

三、原因分析

（一）直接原因

可控硅触发板的电路板基座螺钉缺少绝缘垫，造成试车过程中连续出现短路烧毁故障。

（二）间接原因

设备出厂时未配置电路板基座螺钉绝缘垫。

（三）管理原因

（1）设备验收质量管控不到位，设备到现场检查验收时没有发现此隐患。

图 4-36 电加热器可控硅触发板图

（2）对电加热器可控硅技术培训不到位，电气技术人员对电加热器控制原理不清楚，首次故障发生后没有查明真实原因，导致同类故障连续发生。

四、整改措施

（1）对所有存在此类问题的电加热器的触发板进行了更换，消除该隐患。
（2）加强电气技术人员培训，熟练掌握电加热器控制原理。

五、经验教训

在施工及送电前的验收阶段，提高设备验收质量，要重点关注功率元件的绝缘，加强对微小电气元件及隐蔽部位的设备质量验收，特别是绝缘垫的损坏和缺失的隐患。

案例十　柴油罐区低压柜抽屉短路

一、装置（设备）概况

某公司柴油罐区低压配电室紧邻储运一部外操室，罐区电气设备由低压配电室内低压开关柜供电。

二、事故事件经过

10月6日，柴油罐区低压配电室5号柜AAE5-6抽屉一次插头A相发生接地故障，产生弧光，造成一次插头和铜排连接处三相短路，抽屉回路烧毁（图4-37）。

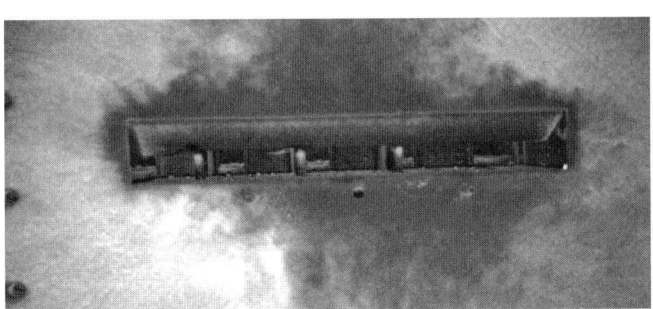

图4-37　开关柜短路部位图

三、原因分析

（一）直接原因

AAE5-6抽屉一次插头A相发生接地故障，产生弧光。

（二）间接原因

(1) A相接地产生的弧光造成一次插头和铜排连接处三相短路，抽屉回路烧毁。
(2) 抽屉柜动触头存在质量问题，电气作业人员在操作中未进行插头完好性检查。

（三）管理原因

(1) 员工操作规程培训不到位，不掌握抽屉柜的正确操作方式。
(2) 对抽屉柜操作风险识别不到位，操作过程没有仔细检查监督。
(3) 设备采购签订的技术协议管控不严格，未识别出大容量抽屉回路动触头容量不满足要求的隐患。

四、整改措施

(1) 将故障的抽屉回路进行修复处理，对所有250A馈电回路的一次插头由原来的一片更改为两片，增大触头容量。
(2) 加强对电气作业人员操作过程的培训，掌握该型号低压柜及抽屉室的操作与维护方法。

五、经验教训

(1) 针对大容量馈电回路，在项目前期设计及设备选型阶段，宜采用固定间隔或框架断路器结构。
(2) 在新安装设备到现场后，应及时组织操作培训，确保熟练掌握开关柜的操作方法。

案例十一 加氢裂化装置进料泵软启动器无法正常工作

一、装置（设备）概况

某公司加氢裂化装置进料泵P101A电动机为2017年生产，额定功率5800kW，额定电流639A，采用软启动器控制。

二、事故事件经过

2018年11月，该项目试车阶段，加氢裂化装置进料泵P101A软启动器发生多次无法正常工作的故障。该软启动器在启动过程中长时间无法切换至运行回路，造成启动失败；或启动后正常运行时的设备无故停机。更换启动柜与软启动柜之间的联络控制电缆，解决干扰问题后启停正常。

三、原因分析

(一) 直接原因

加氢裂化装置进料泵 P101A 软启动器发生多次无法正常工作的故障,导致该设备无法正常运行。

(二) 间接原因

经过排查,发现启动柜与软启动柜之间的联络控制电缆为非屏蔽电缆,且敷设路径不合理,易受到主回路高电压的电磁干扰,造成信号异常,从而引发多次无法启动或无故停机事件,导致软启动器不能正常工作。

(三) 管理原因

(1) 软启动器成套设备到现场后,质量验收和风险评估不到位,没有发现两柜之间的联络控制电缆不是屏蔽线,容易受到高电压电磁干扰的隐患。

(2) 软启动器现场调试人员责任心不强,调试过程中没有发现控制电缆受电磁干扰的问题。

(3) 设备签订技术协议时,没有对联络控制电缆提出具体要求。

四、整改措施

将启动柜与软启柜之间的联络控制电缆更换为屏蔽电缆,并选择无干扰的新路径敷设。

五、经验教训

(1) 在项目设计审查阶段,应重点关注成套设备供应商与设计单位的分界,当设备之间的连接电缆由成套设备供应商提供时,应避免出现强弱电电缆同槽敷设的情况,防止发生电磁干扰。

(2) 加强施工阶段、设备安装后以及电缆敷设等质量验收的管控,电气、仪表电缆交叉敷设时注意仪表电缆选型,电气动力电缆和控制电缆同槽敷设时应加装隔板。

案例十二 常压炉引风机发生无故障停机

一、装置(设备)概况

某公司共设有 6 台高压变频器设备,分别为常减压装置常压炉、减压炉引风机、$12 \times 10^4 Nm^3/h$ 及 $5 \times 10^4 Nm^3/h$ 制氢装置鼓引风机。设备容量为 450~1900kV·A。设备明细及容量见表 4-1。

表 4-1　设备明细及容量

序号	设备名称	设备位号	额定电压,kV	容量,kV·A
1	减压炉引风机变频调速装置	0100-K-0602-GF	10	450
2	常压炉引风机变频调速装置	0100-K-0402-GF	10	1000
3	$5\times10^4 Nm^3/h$ 制氢鼓风机变频调速装置	1440-FAN-2002-GF	10	450
4	$5\times10^4 Nm^3/h$ 制氢引风机变频调速装置	1440-FAN-2001-GF	10	1000
5	$12\times10^4 Nm^3/h$ 制氢鼓风机变频调速装置	1420-FAN-2002-GF	10	1000
6	$12\times10^4 Nm^3/h$ 制氢引风机变频调速装置	1420-FAN-2001-GF	10	1900

二、事故事件经过

2019年8月29日4时29分，该公司在开工过程中，35kV联合变电所（二）所带的10kV常压炉引风机变频器跳闸（图4-38），检查变频器本身、DCS、SIS均没有故障触发停机记录。6时45分，办理票证拆卸 $5\times10^4 Nm^3/h$ 制氢装置引风机变频器内CPS模块（电源模块），安装至常减压装置引风机变频器。9时42分，恢复常减压装置引风机供电，变频器装置运行正常。

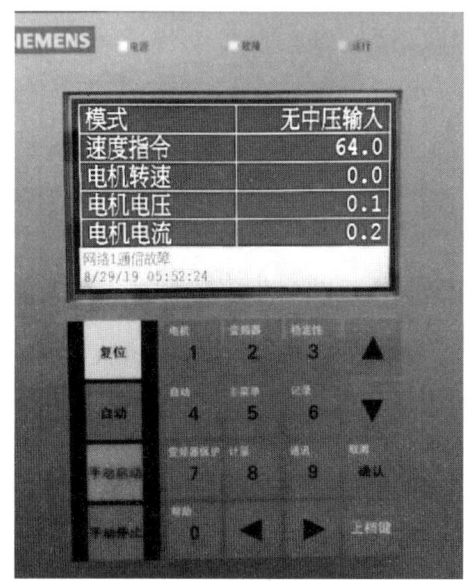

图 4-38　变频器故障信息图

三、原因分析

（一）直接原因

10kV常压炉引风机高压变频器运行中跳闸，导致装置引风机停机。

（二）间接原因

（1）组织厂家分析，发现高压变频器控制回路电压为24V DC，电压过低易受外部干扰，可导致变频器跳闸。

（2）通过测试发现变频器IOB主板24V供电出现间断，进一步检查发现变频器内部为该主板供电的CPS模块故障。

（三）管理原因

（1）针对高压变频器的培训不到位，电气技术人员不完全掌握变频器的原理、图纸、元器件性能及故障处置方法，导致停机原因分析不透彻。

（2）对变频器24V低电压控制回路易受到外部干扰的风险认识不足，没有采取相应的防范措施。

四、整改措施

改变变频器控制方案，将原DCS、SIS直接引入变频器的控制信号，改为先接入中压保护装置，将控制信号电压等级抬高至220V DC，再由中压保护装置控制变频器启停，减少外部对控制回路的干扰。

五、经验教训

（1）加强对于高压变频器控制回路供电稳定性的监视与检查，排查因单个控制元器件故障造成高压设备停机的可能性。

（2）充分重视电力电子器件抗干扰能力弱的问题，在项目设计阶段和技术协议签订阶段与设计单位和厂家充分结合，采取相应的抗干扰措施。

（3）要保持电力电子器件良好的运行环境，防止灰尘大、环境干燥、设备振动大，保持现场良好的温度、湿度和清洁度。

案例十三 炼油项目循环水场多台高压电动机跳闸

一、装置（设备）概况

某公司炼油项目循环水变电所6kV共两段母线，Ⅰ段和Ⅱ段互为备用，为循环水场循环水泵提供电源，同时带有动力站和中控的电源。

二、事故事件经过

6月5日，循环水场运行中的多台水泵突然停机，检查低电压保护未动作，综合保护也没显示故障报告。经过排查，发现来自MCS、DCS的低压电动机联锁接点接入的电气交流220V控制回路，与高压电动机联锁接点接入的电气直流220V控制回路混用同一根电缆，造成交、直流电压互窜，引起电动机跳闸。

三、原因分析

（一）直接原因

交、直流电源回路混用同一根电缆，造成交、直流电压互窜，引起电动机跳闸。

（二）间接原因

（1）设计单位出具的电缆设计不合理，将交、直流电源回路设计成同一根电缆。

（2）交、直流电源混用在同一根电缆里，易造成交直流电压互窜。

（三）管理原因

（1）设计审查不严格，施工管理和质量验收不到位，没有及时发现交、直流混用同一根电缆的问题。

（2）技术人员培训不到位，技术水平较低，对交、直流互窜的风险认识不足。

四、整改措施

（1）出具设计变更，对交、直流混用的电缆进行更换，分开使用。

（2）举一反三，对同类问题进行全面排查整改。

五、经验教训

（1）建设单位组织严格审查，设计单位电仪专业之间资料交接要清楚，防止出现电气、仪表和交流、直流电源电缆混用的问题。

（2）编制设计统一规定，明确交、直流电源严禁混用同一电缆的设计原则。

案例十四　重整抽提装置高压综合保护信号受到干扰

一、装置（设备）概况

某公司重整抽提装置联合变电所负责三联合装置、三联合现场机柜室、中心控制室、厂区办公的供电任务，4路10kV电源引自总变10kV配电系统。10kV配电回路采用微机综合保护装置，控制电压为220V DC。

二、事故事件经过

重整装置的两台机泵，由于功率输出不满足工艺要求，对电动机进行增容，电动机由90kW改为185kW，电压等级由0.4kV改为10kV，将电动机控制回路由低压柜迁移到高压柜后，电动机无法正常启动（图4-39）。

三、原因分析

（一）直接原因

该电动机主回路与控制回路迁移完成后，高压综合保护装置断续发出停车

图4-39　高压开关柜图

跳闸信号，造成电动机无法正常启动。

（二）间接原因

通过实测发现控制柜内的仪表联锁信号存在 100V 左右的感应电压，该电压对高压综合保护装置造成干扰，断续发出停车跳闸信号。

（三）管理原因

（1）风险识别不到位，在回路迁改时，未考虑到控制电源由交流变直流产生的影响，致使仪表联锁信号产生了感应电压。

（2）设备安装后检查验收不到位，在调试验收时，没有对仪表联锁信号存在的感应电压进行测量，导致没有及时发现隐患。

四、整改措施

（1）考虑装置在运行期间，无法重新敷设电缆，在控制柜内的停机回路中增设中间继电器，将仪表联锁信号经中间继电器后输入到高压综合保护装置，故障现象消失。

（2）择机重新敷设仪表联锁信号电缆，采取有效的抗干扰措施，彻底消除感应电压。

五、经验教训

（1）在进行回路改造、变更过程中，要充分评估交流变直流、低压变高压等带来的风险，并采取相应的防范措施，避免将风险隐患带入装置正常生产。

（2）控制电源如果采用直流电源，要避免靠近高压交流电源，并采取有效的屏蔽措施，防止感应电压对直流信号干扰。

（3）制定完善的质量验收方案，对可能产生感应电压的回路进行实际测量。

第四节　生产准备和开车阶段总结与提升

一、生产准备和开车阶段好的经验和做法

（一）电气系统及设备前期准备

1. 电气系统方案设计

（1）在项目实施前，制定电气设计统一规定，统一规定涵盖设计分工、设计原则、电压等级、系统接地方式、电气设备电压等级选择、变电所供电及土建设计、应急电源、继电保护配置、设备形式选择、设备命名等，确保各设计单位设计标准的统一。

（2）深度介入项目的各个阶段（包括预可研、可研、初步设计、基础设计、详细设

计等），梳理出其中的设计缺陷和不完善地方，及早与设计单位沟通、协调解决，保障施工进度，减少设计变更，为之后的开车顺利和运行平稳打下良好基础。

（3）加强前期项目调研，及时和设计单位沟通。电气设备在设计选型时结合地域特点，对使用环境、使用工况、负载启动方式进行充分的评估，并严格审核负载和电气设备参数的匹配度，在正常运行模式下考虑一定的裕量。

（4）网架结构设计合理，并且统筹考虑后续配套项目用电需求，220kV 变电所及 35kV 区域变均预留设备安装位置，为后期项目增容改造创造有利条件。

（5）110kV 主接线采用双母线分段接线，运行方式灵活可靠；采用 GIS 设备和单芯电缆，室内合理布置，比常规户外断路器布置节省占地面积。

（6）注重外部供电电源线路的建设，根据现场实际选择合理的线路敷设方式，均采用单塔单回的双重电源供电，保证供电容量及供电稳定性；对路边及穿过人员密集区的架空线路安装视频摄像头，实现远程监控。

2. 设备前期准备

（1）全厂工业炉风机、锅炉给水泵等高压电动机及关键低压电动机均应采用变频控制方式，避免变频器因抗晃电能力差、故障率高带来的停机事故。

（2）设独立变频器室，内设工业空调；高压变频器采用水冷或空冷加水冷方式散热，保证变频器有良好的工作运行环境。

（3）针对不同厂家不同型号高低压开关柜，制定典型二次原理图，大大降低厂家生产、设计单位设计、施工单位施工和调试等环节出错的风险；同时为运行维护人员熟悉掌握同类设备提供便捷，大大降低后期的运行维护工作量。

（4）中压开关柜电缆终端头、开关柜手车一次触头配置在线测温装置，实时监测上述电气连接部位的发热情况。

（5）低压进线开关、母联开关控制电源采用直流电源，提高开关运行可靠性。

（6）所有低压出线回路加装低压综合保护，电源进线开关、母联开关均采用独立的微机综合保护装置，进一步完善继电保护配置，使继电保护装置可靠动作。

（7）UPS 在设计阶段，未采用双机冗余并联模式，提高运行可靠性。

（8）电气综合自动化系统采用双环网结构，提高其运行可靠性。

（9）电气专业和仪表专业之间信号传输，参与联锁的采用硬线连接，参与报警和显示的采用光纤传输，不采用开关或接触器位置等单一接点作为联锁停机的条件。

（二）设备采购选型

（1）采用框架招标，对电气重要设备如高压开关柜、低压开关柜、110kV 主变压器、6kV 干式变压器、6kV 电容器等制定框架采购技术协议，降低设备采购成本；全厂设备选型统一，提高设备的互换性，减少备件的储备量，核心装置的变配电设备选用性能可靠、质量优良的产品，保证设备运行稳定，维护成本低。

（2）同一设备以及设备内的关键元器件如电容器等，要求严格的技术指标和高性能参数，选择性能可靠、质量优良、运行稳定的产品。

（3）主变 6kV 侧至开关柜连接母线采用全绝缘铜管母线，可提高抗恶劣天气能力和载流量。

（4）35kV、6（10）kV 电缆采用定尺采购，关注并及时协调总包单位和制造厂家提高单盘 35kV、6（10）kV 电缆长度，尽可能降低电缆中间头数量，消除电缆中间头带来的隐患。

（5）全厂电动机接线盒、室外动力箱、照明箱、控制箱、操作柱在订货时，要求由厂家配套提供防腐耐用材质的防雨罩，提高上述电气设备的防水能力。

（三）施工安装及调试

（1）组织专家根据电气系统网架结构及配电网运行方式，对继电保护的整定计算原则进行评审，使继电保护配置更加合理。

（2）注重继电保护的调试试验，派专人跟踪管控，把好继电保护及安全自动装置调试、电气二次接线检查验收关，及时发现接线错误、定值错误、控制逻辑错误等问题，并对试验结果的正确性进行检查验收。

（3）聘请专业技术公司对全厂供电系统继电保护配置情况进行全面分析，并对系统的负荷分配及潮流分布开展模拟演算，按照炼油化工和新材料分公司及本公司继电保护的整定原则计算保护定值。

（4）提前确定继电保护整定原则和保护矩阵配置表，从细从实开展继电保护计算和现场保护整定工作。

（5）制定低压馈线保护、电动机保护器、变频器的参数设定原则，并完善低压电动机保护配置，保证保护装置可靠动作。

（6）针对后台监控系统，提前确定各遥信、遥测、遥调量的报警分级管理，确保生产运行期间电气运行人员能够及时发现、快速甄别设备故障，并准确汇报和正确处置。

（7）建设单位技术人员、施工单位、监理单位、总包单位共同对电气交接试验进行全过程跟踪，确保试验方法正确，数据准确，试验全范围覆盖，及时发现试验中存在的问题并整改。

（8）6kV 及以上电力电缆均选用高可靠性的高弹性体硅橡胶材料制造的冷缩电缆头，低压电缆终端采用干包式，施工前编制下发电缆头制作标准方法并进行相关技术培训，施工过程中将电缆头制作作为关键工序进行质量管控，有公司按此执行运行 10 余年未发生电缆头引起的任何故障。

（9）变配电室送电前，安排专人核对图纸和接线，逐台设备进行检查验收、联调联试，验收合格后对高低压柜的二次端子重新紧固。

（10）将 ACS880 变频器参数组 99.04 电动机控制模式设置由标量模式改为 DTC 模式，从而有效避免电压波动造成的影响，降低电压波动导致变频器过流停机的概率。

（四）三查四定及交接验收

1. 设备安装

（1）变电所投运前验收标准高，送电前全面检查清理施工遗留的螺栓垫片等杂物，并将所内全部电气设备内外表面擦拭干净。

（2）对一次、二次每一颗连接螺栓均进行紧固验收，其中对母线及其他一次带电导体的固定螺栓进行定力矩紧固验收，有公司按此执行运行后期未发生任何由此引起的短路事故。

2. 开工前隐患缺陷排查整改

（1）根据变电所送电投运以来的运行情况及存在的缺陷、问题以及设备可能存在的隐形缺陷，在开工前组织进行一次全面检修、试验工作，工作重点从电气设备预防性试验、继电保护及安全自动装置调试、电气一二次连接螺栓紧固、设备清扫等方面开展。通过检修发现并消除继电保护装置设置错误、CT 相序接反、蓄电池不合格、一次电气连接不紧固等多项一次、二次方面存在问题，保障供电的安全可靠。

（2）开车前组织员工对全厂电气系统进行全面检查，保障装置平稳供电。对 66kV 系统、10kV 系统、0.4kV 系统的继电保护参数进行全面核对，保障继电保护装置准确可靠、动作无误。对快切装置、UPS 系统、高压变频、高压软启等重要电气设备进行专项检查，进行可靠性试验及参数优化，保障各装置开车期间的供电平稳。

3. 联锁联调

（1）在联锁联校过程中，电气专业与仪表专业、工艺专业紧密配合，重点研究电气、仪表联锁逻辑的合理性，为装置开车后平稳运行打下良好基础。

（2）电气、仪表专业共同组织信号联校工作。首先检查分析仪电联锁信号的逻辑关系及其信号来源，进行线路校核，经仪表专业确认无误后，再由试验位置上电联动调试，同时注意强电与弱电的隔离，避免强电信号窜入仪表板卡中，出现烧毁仪表板卡的现象。

4. 技术准备

（1）开展现场三查四定的同时进行现场人员技术培训及各项开工准备。在项目总体试车方案审查阶段，及时与专家进行充分的交流，介绍经验、吸取教训，并汇总成册，组织技术人员学习、交流，使其全面掌握。

（2）电气人员提前深度介入，在设备安装、调试、试车阶段时，到现场学习，边看图纸、边学结构原理、边参与质量把关；跟厂家技术服务人员学习，跟设计人员学习；直接参与接线的校核调试工作。

（3）在生产准备阶段同步制定、完善电气运行规程、事故处理规程等，并提早组织进行理论与实际相结合的员工培训，提高员工技术技能水平。

5. 开车备件准备

（1）对单一关键电气设备，如变频器、电动机等，保证其可行的备用运行方式并准备好离线备件，一旦发生此类电气设备故障可及时进行更换，保障装置快速恢复生产。

（2）建立开车备件台账，列出明细，包括型号、参数、数量、存放位置，并标注该备件适用于哪些回路或设备。

（五）单机试车

（1）编制单机试运进度表，每天对电动机试运情况、试运台数、存在问题等进行汇总分析，保证试运进度和质量。

（2）在试运期间实行包机管理，要求包机员工对电动机试运行期间的温度、声音、振幅、振速等数据进行严格监测和记录，发现问题及时处理，消除电动机缺陷，保障电动机开车期间运行平稳。

(3) 建立全厂高压电动机、低压电动机、可单试、不可单试的分类试运台账，组织施工方做好前期单机试运准备计划，并在台账上做好标记。

(4) 在电动机试运前，做好现场警戒与隔离，做好试运电动机的位号确认，保证变电所与现场位号一一对应。

(5) 在试车前一天先检查电动机接线是否符合要求，电动机润滑情况，接地线、格兰头是否上紧，电动机周围环境有无跑冒滴漏和杂物，确认电缆和盘柜符合试运要求，测量回路绝缘等，检查合格后才允许预约第二天的单试。

(6) 电动机单试时，总包单位负责提出送电申请，总包单位、监理单位、属地单位、钳工人员、电气人员、施工单位共同到现场进行试运测试，记录各项参数，形成试运报告。联动试车时也需要各方代表到场共同确认。试运结束后，及时停电，做好能量隔离措施。

(六) 初期运行管理阶段

1. 停、送电操作管理

(1) 在生产准备及开车阶段，电气人员在初次接手变电所后，需要对设备进行充分熟悉，必须严格执行电气操作的规章制度，否则在此期间极易出现电气的误操作。由于此时施工队伍未离场仍需进行保运工作，因此严禁施工人员再对设备进行操作，如需操作严格按照工作票制度进行，能有效避免由于开工阶段人员复杂、工作量大而导致的电气误操作情况发生。

(2) 在装置开工期间，设备首次送电前，要去现场检查接线情况，并对电气设备开展绝缘测试，确保绝缘合格后方可送电。不具备送电条件的设备做好记录及标记。

(3) 装置按规定办理停、送电手续，停、送电前与工艺人员确认好位号，保证电气位号与工艺位号的一致性。

2. 巡检监盘管理

(1) 对主要电气设备的负载情况进行摸底排查，在用电负荷逐渐增大的过程中，持续做好供电回路的温度监控（如大容量高、低压电动机，电加热器等），避免因接触不良、端子松动造成局部发热发现不及时，造成设备崩烧、短路等故障。

(2) 定期用红外成像仪对在用电气设备进行检查。

(3) 在开工阶段，加强电气运行人员对电力监控系统监盘的管控，要发现问题及时上报并组织处理，保证电力系统的平稳运行。

3. 人员及技术准备

(1) 项目建设前期对开工阶段人员力量方面准备充足，编制工作统筹，在整个开工前期阶段，保证现场人员高效、有序地开展工作。

(2) 要求员工熟悉电气操作规程、一次系统图以及关键设备的二次控制原理图。

(3) 将操作流程和故障代码信息制作成电气设备操作卡，粘贴在设备上，便于电气人员的巡检、操作和故障诊断。

二、生产准备和开车阶段的不足

(一) 设计审查阶段

1. 设计文件审核

(1) 在编制系统接入方案阶段,设计单位和建设单位对现场线路走廊勘查不到位,且没有拿到本市规划局等相关政府部门的批复文件,便直接通过国网某电力公司的审查审批流程,致使方案出现重大变更,导致其中一路线路无法施工。

(2) 对设计环节管理不到位。对设计单位出具的设计文件,审核不到位,导致部分电气设备设计选型不合理。

(3) 由于电气设计与土建、暖通、消防专业配合存在问题,导致在现场施工时出现多处重复拆建事宜,影响施工进度。

2. 土建专业

(1) 变电所的窗墙比设计过大,且未采取有效的隔热绝热措施,导致室内空调长期运行,耗能较高。

(2) 部分变电所建筑物在设计阶段未充分考虑后续发展的问题,没有预留备用位置,导致新增技改项目的用电负荷无法接入,造成原变电所进行扩建改造。

3. 电缆(架空线)设计

(1) 设计单位电气和仪表专业之间沟通不到位,电缆设计不合理,将交、直流电源回路设计混用同一根电缆,造成交直流电压互窜,引起电动机跳闸。

(2) 没有结合地区特点对电缆进出方式进行合理设计,且未考虑电缆沟排水问题,导致地沟长期积水,造成电缆损坏。

(3) 在新项目设计时,未充分考虑到该地区的雷暴强度,以及雷击对线路的危害程度,未对架空电源线路采取完善的防雷措施,导致雷击时电力系统产生波动。

4. 继电保护设计

(1) 部分6kV电源线路未按照炼油化工和新材料分公司"两项制度"要求设计光纤差动保护,不利于快速切除故障。

(2) 备自投逻辑设计存在缺陷,错误增加了进线断路器合闸状态判据,没有考虑进线偷跳的动作逻辑,没有发现上下级联跳与备自投的配合关系,导致备自投不正确动作。

(3) 抗晃电模块、PLC再启动柜故障率高,未在设计阶段深入研究抗晃电措施,没有解决好电动机再启动与工艺联锁之间存在的矛盾,导致晃电时措施失效。

5. 联锁设计

(1) 将电气仪表之间的通信信号参与仪表联锁,造成联锁误动。

(2) 在设计阶段,电气仪表专业沟通深度不够,DCS系统将电气保护跳闸信息作为输入条件再次返送电气跳闸,属于无效设计,且增加误动概率。

6. 一次设备

(1) 在设计变频器的容量时,只考虑与电动机额定功率相匹配,未考虑被驱动电动机的额定电流，导致变频器处于过载运行状态。

（2）在设计时，未充分评估变频器故障对工艺生产造成的影响，重要低压电动机均采用变频控制，且没有针对变频器抗晃电能力弱的问题采取有效的抗晃电措施，导致晃电时大量变频器停机。

（3）变压器中性点接地线设计截面不符合"中国石油炼化企业电气反事故（技术）措施"和国能安全〔2014〕161号《防止电力生产重大事故的25项重点要求》，低压侧中性点接线板截面较小，中性点接地及与低压进线柜N、PE母排连接时较为困难，变压器中性点（N）接地线仅为一根。

（4）电容器低电压保护设计中，没有采用母线电压互感器提供电压，而错误地选择本回路真空接触器之后的电压互感器，造成断路器合闸后，真空接触器还未吸合，电容器低电压保护误动作，断路器跳闸。

（5）低压开关柜指示信号灯图纸设计不合理，设计采用的发光二极管指示信号灯未经开关柜辅助接点隔离，导致控制电源带电时，指示信号灯闪烁，干扰电气运行人员的判断。

（6）在设计时，将低压变频器电气控制柜顶冷却风机的故障，设计联锁停主电动机，造成装置生产波动。

（7）在设计时，装置区内关键区域缺少动力配电箱，比如大机组一楼未设置配电箱，无法为机组滤油机提供电源。

（8）在设计UPS、EPS等电源类设备，涉及多组蓄电池时，单组蓄电池没有设置开关，造成一组蓄电池有问题时，蓄电池总开关跳闸。

（二）设备选型及采购阶段

1. 设备选型

（1）催化主风机电动机选择为户内型电动机，防护等级较低（IP44），且主风机安装厂房为有顶棚无墙的半封闭式，无法抵御台风期间暴雨的四面袭击，以及极度潮湿空气的进入，造成电动机在台风、暴雨天气短路故障。

（2）在选择单芯电缆附件的恒力弹簧时，使用了微磁性材料，且施工时电缆两侧均直接接地，未按照规范要求设置护层电压限制器，导致运行中电缆发热。

（3）差动保护装置设备选型不当，没有结合系统接线方式提出具体要求，采用了不具备两组母线电压自动切换功能的保护装置，导致现场无法实现两组母线电压自动切换功能。

（4）变频器内部空间较小，设备功率大造成控制柜散热问题突出，控制柜内部温度长时间超过70℃运行，造成控制柜内元器件故障率高。

（5）选择成套橇装设备时，电气专业介入深度不够，存在以下问题：图纸资料不全；厂商自带保护不满足现场运行要求；控制柜体及柜门质量差；元器件品牌五花八门、质量参差不齐；控制柜内接线凌乱。

（6）在设备选型时未充分考虑地域特点，比如海拔、台风、季节温差及暴雨等特殊环境对设备的影响，如变压器未按高海拔地区进行选择、全密封变压器未考虑冬夏季温差导致的油位变化等。

2. 采购阶段

（1）采购框架涵盖范围不全，大量同类物资没有实施全厂统一框架采购，导致各装置如操作柱大小、高矮、品牌五花八门，不利于投运后备件储备及维护管理。

（2）变电所在采购空调时，选用民用分体式空调，造成空调投运后发生数起着火事故。

（3）电气设备采购管理不到位，中低压配电柜及橇装设备到现场后，发现设备和订货技术协议存在偏差，技术资料不全且不满足设计能力要求，导致设备换货和现场改造。

（三）施工安装及调试阶段

1. 施工安装

（1）直埋电缆施工不规范，电缆外绝缘护套受损，且未按要求铺砂盖砖，受雨水、地表水长期浸泡，造成电缆故障。

（2）直埋电缆施工中，未按照规范要求在地面设置电缆走向标识，造成低压电缆发生多次挖断事件。

（3）通信电缆的施工管理不到位，敷设后的通信电缆没有完成接线和调试，造成开工后生产数据无法上传，需要电气运行人员现场抄表，增加劳动强度。

（4）变电所土建施工因工期紧张，未严格按照防水施工规范和工序施工，且多次变更土建施工单位，各施工单位之间衔接不紧密，造成变电所出现漏水情况。

（5）在项目中交之后，出现施工单位疏于管理、属地单位尚未接手的空当期，在后期调试运行过程中发现大量电气设备附属设施损坏，影响调试进度。

（6）变电所设备安装前，空调系统未先行投运，导致室内空气湿度达到饱和状态，变配电设备受潮无法送电。

（7）继电保护装置施工过程管理不到位，二次接线错误、接线松动、CT变比及定值输入错误现象较为普遍，特别是通过对线路差动保护、变压器差动保护装置的差流检查，发现多台差动保护接线错误，会造成保护误动作。

（8）电缆施工管理不到位，存在高低压柜内控制电缆编号不规范或无编号的情况，导致无法准确查找故障电缆。

（9）变电所内电缆敷设过程中标识贴反，导致1#、2#变压器电缆进错间隔，发生交叉错位，造成误送电。

（10）电气专业对于成套设备的验收存在漏洞，比如智能型电动机保护器的CT模块紧固情况未组织检查确认，造成电动机运行中停机。

（11）施工现场临时目视化管理不到位，开关柜、电缆、变压器标志不清，可造成走错间隔及误送电等问题。

（12）施工单位不重视变电所防鼠，未安装防鼠板，未堵塞出线孔洞，未封堵设备底板，导致开工期间发生鼠害，造成UPS电路板损害和导线绝缘受损。

（13）对施工质量管控不到位，未能严格按照图纸接线，未进行接线校对，出现接线错误，且未组织对电气接线进行验收便盲目上电，造成交、直流互窜。

（14）开关柜施工安装时检查把关不严，导致开关柜垂直母排绝缘隔板遗留有金属物，带电运行时金属物掉入垂直母排造成相间短路。

（15）施工单位未按定值通知单要求核对现场 CT 极性是否与参数设置一致，人为误将下侧差动保护装置内的 CT 星形点位置设置成"指向线路"，导致存在差流，造成高压电动机启动时差动保护误动。

（16）施工单位向建设单位提供的电气设备图纸资料不完善，影响问题查找分析。

2. 调试阶段

（1）在电动机主回路与控制回路迁改时，未考虑到控制电源由交流变直流产生的影响，同时在设备安装后检查调试验收不到位，没有对仪表联锁信号存在的感应电压进行测量，致使仪表联锁信号产生的感应电压对综合保护的直流信号进行干扰，设备无法启动。

（2）变频器的参数整定原则未根据负载类型区分，将斜坡上升时间统一设置为 30s，导致变频器无法满足所有负载启动的要求。

（3）对大机组启动瞬间对系统电压影响的风险识别不到位，导致大机组启动时，同一母线段的在运电动机因低电压跳闸。

（4）微机保护装置内部逻辑配置错误，误将保护启动（正常不跳闸，仅发信）配置到了跳闸出口，造成继电保护装置误动作。

（5）开车前未对继电保护定值逐一认真核对，造成继电保护默认为出厂参数设置，如低压电动机保护定值、变频器滤波器参数等，导致开工初期电动机因保护定值设置不合理停机。

（6）电气专业对送往 DCS 系统的硬接点信号，存在告警和跳闸共用输出端子的情况，有误联锁的风险。

（7）在首次应用新技术设备时，缺少系统培训，造成电气技术人员不掌握新技术设备原理和性能，不利于后期的运行与维护。

（8）变频器供货厂家人员在调试结束后，未及时关闭变频器调试通道，造成变频器在运行过程中，调试通道受到电磁干扰，引发故障停机。

（9）施工工期未做好统筹，没有留给电气方面充裕的时间，不利于电气人员对施工质量进行监督、验收，发现的问题没有充足的时间进行整改，耽误项目投产。

（四）初期运行管理阶段

（1）电气运行人员在项目建设期间介入深度不够，对设备位置、电气原理、运行操作等掌握不够，影响了电气设备送电操作。

（2）电气工程师不清楚橇装设备控制开关功能设置，电气作业人员操作纪律不严肃，在没有经过确认的情况下进行了误操作，导致生产波动。

（3）电气运行人员在低压抽屉首次上电前，未进行插头完好性检查，造成低压开关柜触头短路崩烧。

三、生产准备和开车阶段管控要点

在新项目建设的各个阶段，应严格执行炼油化工和新材料分公司的"中国石油炼化企业电气反事故（技术）措施"及"中国石油炼化企业继电保护及安全自动装置整定原则"的相关要求。

（一）土建设计阶段

（1）根据地域特点，在项目设计阶段合理选择变电所屋顶防水形式，如坡面屋顶防水等；变电站内、外电缆桥架搭接处，要保证内部基础略高于外部基础，防止雨水倒灌；室内电缆沟应设有固定排水设施及防水浸措施。

（2）变电站的电源进、出线尽量选用桥架敷设，要避开建筑承重梁及人员出入口。

（3）变电所的窗墙比不宜设计过大，且要有有效的隔热措施，缓解室内空调负荷，确保空调能长期运行；沿海多台风地区要考虑门窗增加防台风设计。

（4）变电所建筑物要考虑后续负荷增加的情况，按照规范预留空间。

（5）结合地域特点，对半敞开式大机组厂房，审查防雨措施，增设防雨棚，室外电动机增设防雨罩，立式空冷电动机增设挡水板。

（6）现场电动机、加热器、变压器等电气设备，要考虑预留吊装点及周围检修空间，保障今后设备检修、拆安的方便性。

（二）电气设计阶段

（1）在电网系统接入方案论证阶段，要积极协调电网公司、地方政府等相关部门，参加方案的审核，保证各环节工作的准确性和可实施性。

（2）针对多雷地区的架空线路设计，应充分重视雷击带来的风险，宜全线加装避雷器，提高耐雷水平；建设单位应深度介入防雷设计和选型，并提高负载侧电气设备抗雷击能力。

（3）电缆桥架拐弯处、垂直段部分应合理设置固定支架，避免桥架局部受力过于集中，引起散架、折断现象；同时电缆在上述部位敷设时，应进行固定。

（4）电容器低电压保护电压的采集，应来自母线电压互感器，零序电压由电容器柜电压互感器提供，实现保护的可靠性。

（5）UPS、EPS、直流电源等重要电力电子设备，应制定统一采购框架，特别注意双电源切换和自动旁路的设计，保证不间断供电。

（6）电气设计要结合装置特点，对重要回路完善抗晃电设施，如变频器启用低电压穿越功能、变频器增加直流母线电压支撑、电动机采用再启动模块等，按照工艺要求进行分批次启动，降低晃电对装置生产的影响。

（7）电气设计要结合电力系统运行特点，对电缆中间盒、变压器二次侧套管、开关柜电缆终端头等不容易巡检但易发热的部位，增加在线监测设备。

（8）对6（10）kV配电系统及重要电动机完善成熟可靠的在线绝缘监测功能。

（三）设备选型及采购阶段

（1）变电所涉及的空调除湿设备，均应选用工业产品，不宜选用民用产品。

（2）电缆桥架盖板的固定应结合地域特点，有台风的地域宜采用专用不锈钢带绑扎固定，每块盖板固定点不少于2处，且间距不大于2m。

（3）单芯电缆头附件恒力弹簧不能采用磁性材料；严格按照《电力工程电缆设计标准》（GB 50217—2018）等规范对电力电缆金属层实施接地。

（4）为减少施工作业过程中异物掉入垂直母排、提高垂直母排绝缘水平，应在技术协议阶段明确规定垂直母排顶部须密封处理、母排底部须进行绝缘处理。

（5）在技术协议中明确要求，UPS、EPS、直流和智能照明柜内部存在带电的裸露部位时，应采取相应的防护措施或增加绝缘。

（6）在设计审查时，应重点关注成套设备供应商与设计单位的分界，当设备之间的连接电缆由成套设备供应商提供时，应避免出现强弱电电缆同槽敷设的情况，防止发生电磁干扰。

（7）电气、仪表电缆交叉敷设时要注意仪表电缆选型，电气动力电缆和控制电缆同槽敷设时应加装隔板。

（8）变频器属于电力电子设备，受电压波动影响较为严重，且自身产生谐波影响电源质量，所以在选用时要充分评估变频器停机对工艺生产造成的影响，若条件允许宜优先选用其他调节手段。同一位号的重要设备不建议全部选用变频器。

（9）要充分认识变频器抗晃电能力弱的特点，对重要回路完善抗晃电措施，如变频器具备低电压穿越功能、变频器增加直流母线电压支撑，以应对瞬时性电压波动，从而保障生产的连续运行。

（10）针对电动机电缆引线方式和工艺技术，明确电动机接线柱与引出线使用熔焊的技术要求，确保采购到可靠的设备。

（11）根据设备易损情况，及时储备相关易损件备品备件，防止故障发生后，因没有备件延长处理时间。

（四）设备生产制造阶段

（1）对高压电气设备在产品生产、监督制造、质量验收、出厂试验等环节严格把关，对 GIS、主变压器等重要电气设备，宜安排电气专业技术人员驻场监造。

（2）对重要电气设备制造过程和出厂试验的关键节点，要安排电气专业技术人员现场见证，并留存相应的影像资料。

（五）设备储存运输阶段

（1）电气设备的运输过程中及现场存储（存放）期间，应做好防雨、防潮措施。

（2）对长期存放设备应加强日常维护，并于投用前对润滑系统、易老化的橡胶密封件等进行检查，发现隐患及时更换，避免投产运行时发生故障，影响生产。

（3）对于转动电气设备运输，除了注意防雨防潮还要注意转动部位的固定，防止磨损其他附件；在储备期间则要定期盘车，并检查绝缘性能。

（六）施工安装及调试阶段

（1）在变电站施工阶段应重视土建施工的管理和验收工作，从源头上避免屋顶漏雨，防止屋顶漏水造成电气设备短路故障。

（2）应对所有配电间的进户门安装防鼠板，增加防鼠设施，及时封堵电缆出入口，避免老鼠窜入室内，造成设备损伤，引发电气事故。

（3）在制作电缆中间和终端头，应安排专业技术人员进行全程旁站监督，按照制作标准进行检查验收。

（4）沿海等湿度较大的地区，开关柜、干式变压器等电气设备进入变电所时，应同步启用除湿措施。

（5）施工阶段，明确关键施工节点，例如供配电系统主回路安装，要重点管控架空线搭接及母线搭接的紧固度，每一个螺栓都应派专人使用力矩扳手进行复检确认，做好复检记录。

（6）重视保护试验过程管理，应安排专人跟踪，对于设有差动保护的回路在送电后应开展"六角图"测量，过程中发现疑问应及时反馈处理，保护装置不得带病、带故障投运。

（7）制定备自投和快切装置的试验方案，表格化列出全部试验内容，按步骤对每一套装置进行试验，送电前完成备自投和快切装置试验内容，保证快切和备自投装置逻辑正确、可靠动作。

（8）施工现场的开关柜、电缆、变压器、电动机等电气设备设施应有临时位号标识，且标识应准确。

（9）变配电室受电前，由建设单位统一组织确定变电所受电应具备的条件，组织相关单位开展变电所受电前安全检查，针对发现的问题，落实整改措施、整改责任人和完成时间，实时跟踪验收整改情况，确保变配电室一次受电成功。

（10）总变及每个装置变的首次受电方案要详细、全面，并对已制定的可操作送受电方案，提前进行模拟演练，进行桌面推演，对受电过程中可能发生的问题进行事故预想，为首次受电做好充足的准备工作，确保受电过程中设备、人身安全，并保证带电试验有序进行。

（11）变电所受电后，施工单位严格执行建设单位电气管理规定，任何进站作业要提前申请，并编制作业方案，方案要逐级审核把关，施工作业人员的资质要严格审查，规范施工验收程序，填补管理漏洞。

（12）根据电动机重要等级进行分类，合理设定低电压延时及抗晃电的再启动时间。

（13）完善现场目视化管理，带电设备合理设置安全警示标志牌；变电所设备位号与装置现场设备逐一核对，避免位号不一致情况。

（14）现场电动机单机试车前应逐一打开接线盒进行检查，主要检查接线有无脱落和松动现象，导体之间及与接地体之间安全间距，线缆是否受损，弯曲半径是否符合标准，接线盒内是否潮湿、存水，绝缘及与配电回路对应情况等；同时宜检查电动机润滑情况，开车前对所有电动机进行有效润滑。

（15）停运设备，应能自动开启空间加热设备。

（16）加强施工和调试阶段的培训管控，对成套设备开展专项培训，制定专项检维修作业方案，培训完成后对培训效果进行评估。

（17）对结构复杂、元器件多、故障率较高、运行及维护技术含量高，且在该公司应用较少、应用经验不足的电气设备，利用厂家在现场服务和调试机会，组织现场实操培训、理论知识讲解和维修方案编制，提高综合运维能力。

（18）根据设备实际情况，建设单位组织技术人员统一编制每一类电气设备的验收标准，明确旁站式监督隐蔽工程施工节点，并分组对现场施工质量进行专项检查，充分保证设备验收及施工质量。

（七）三查四定及交接验收阶段

（1）做好项目各阶段问题汇总，对项目尾项、三查四定问题、设备安装质量问题，落实整改专项责任人，明确整改时间，全面消除影响开车的各类隐患和遗留问题。

（2）应对成套设备组织入场验收，编制验收方案，组织建设单位、监理单位等多方验收。

（3）不能遗漏对边缘设备、边缘功能的管理和验收。

（4）在设备安装完成后，要及时建立设备台账，避免送电后部分设备参数无法收集。

（5）开车前应该对电流接线端子的完好性进行再次检查确认。

（6）对于外连CT模块的智能型电动机保护器，应重点检查连接螺栓紧固情况，发现问题及时组织整改。

（7）建设单位应高度重视联锁联调工作，机、电、仪各专业协调配合。一要细化联锁联调方案，确定联调措施，落实责任人；二要重视联调记录的填写，确保规范准确；三要对照联锁台账，全面统筹推进，确保无遗漏；四要及时对联调过程中发现的问题落实整改，确保联锁系统可靠投用。

（八）初期运行管理阶段

（1）为了确保装置开工，要制定电气管理专项方案，内容涵盖电气运行、电气设备维保、电气设备巡检等各方面内容。

（2）对已经送电的变电所，严格按照建设单位正式运行变电所进行管控，制定停送电管控要求，作业执行预约程序，严格执行电力安全工作规程中工作票制度，相关作业执行建设单位和施工单位共同监护。

（3）严控作业管理，对所有员工开展检修界面、票据方案的培训，要求任何电气作业都需要有相关票据、方案，对无票证进行作业和操作的人员严厉考核。

（4）加强低压回路停送电管理，在每次送电前认真检查抽屉柜内有无金属异物等情况。

（5）对差动保护（含母线差动、线路差动、主变差动保护等），在带负荷前一定要进行CT极性校验，确认极性正确、无差流后再投入保护装置跳闸功能。

（6）成套控制柜、高低压开关柜在首次上电前后，均要测量外送及外部输入端子的电压是否正常。

（7）为仪表DCS等控制系统供电的UPS，应开展完整的停电切换试验，保证UPS停电切换时不会对仪表DCS、SIS等控制系统造成影响。

（8）变电所智能监控及综合自动化系统应随电气设备一同完成调试和交接。

（9）要在变配电室交接前，配置齐全试验合格的安全工器具、警示牌及消防设备设施；组织安全环保、专业技术人员统一制定电气设备安全标志和设备标志。

（10）装置试车时，严格遵守电动机使用说明书要求，热态允许启动一次，冷态允许连续启动两次，避免短时间内频繁启停同一台电动机，以免造成绕组过热、绝缘损坏。